"十二五"江苏省高等学校重点教材

CHUANBO HANJIE WUSUN JIANCE

船舶焊接无损检测

（第二版）

主　编　蔡厚平
副主编　李志祥
主　审　王圣军

人民交通出版社股份有限公司
China Communications Press Co.,Ltd.

内 容 提 要

本书是“十二五”江苏省高等学校重点教材,并为中国交通教育研究会职业教育分会推荐教材。主要内容由船舶焊接无损检测技术相关内容分析、X射线检测、超声波检测、磁粉检测、渗透检测和涡流检测等六个项目共二十九个项目任务组成,着重讲解了X射线检测、超声波检测、磁粉检测、渗透检测和涡流检测的基本原理和实施检测的操作方法、焊缝质量的评定和安全防护措施等。

本书适用于高职高专船舶检验专业以及船舶工程技术等相近专业学生学习,也可作为船厂无损检测人员的初级培训教材。

图书在版编目(CIP)数据

船舶焊接无损检测 / 蔡厚平主编. —2版. —北京:人民交通出版社股份有限公司, 2016.6

ISBN 978-7-114-13082-3

Ⅰ. ①船… Ⅱ. ①蔡… Ⅲ. ①造船—焊接工艺—无损检验—高等职业教育—教材 Ⅳ. ①U671.84

中国版本图书馆CIP数据核字(2016)第122365号

“十二五”江苏省高等学校重点教材

书　　名:船舶焊接无损检测(第二版)
著 作 者:蔡厚平
责任编辑:张　淼
出版发行:人民交通出版社股份有限公司
地　　址:(100011)北京市朝阳区安定门外外馆斜街3号
网　　址:http://www.chinasybook.com
销售电话:(010)64981400,59757915
总 经 销:北京交实文化发展有限公司
印　　刷:北京鑫正大印刷有限公司
开　　本:787×960　1/16
印　　张:18
字　　数:390千
版　　次:2013年6月　第1版
2016年6月　第2版
印　　次:2016年6月　第2版　第1次印刷　总第2次印刷
书　　号:ISBN 978-7-114-13082-3
定　　价:50.00元

前　言

随着无损检测技术的发展、船舶建造新规范和新标准的应用，船舶无损检测的标准也相继更新。这些反映前沿的新知识、新技术、新工艺、新规范等，要及时纳入教材内容，以便学生所学的知识和技能跟上时代的发展和适任职业岗位的需要。

本次修订，新增了“项目六——涡流检测”，“项目五——渗透检测”中的“任务二——比较渗透检测剂”、“任务三——配制溶剂悬浮湿式显像剂”、“任务四——检测荧光渗透剂紫外线稳定性”。细化了“项目四——磁粉检测”中的工作任务，将过去的“准备磁粉检测”任务分解为“任务一——测试通电导体的磁场”、“任务二——测试工件 *L/D* 值对纵向磁化效果的影响”和“任务三——选择工件磁粉检测方法”等，并对书中的其他项目和任务进行了补充和完善。经过修订，本教材既能反映前沿的新知识、新技术、新工艺、新规范的要求，又能紧密结合企业生产实际、符合行业企业需求，并充分体现了“理实一体”的教学改革思路。

本书修订后主要分为六个项目共二十九个任务。项目一内容为船舶焊接无损检测技术相关内容分析，共一个任务，主要介绍了无损检测技术相关内容与方法。项目二内容为X射线检测，共六个任务，主要介绍了X射线检测的原理、方法、设备以及安全防护、质量评定等。项目三内容为超声波检测，共六个任务，主要介绍了超声波探伤的原理、方法、设备及缺陷识别。项目四内容为磁粉检测，共五个任务，主要介绍了磁粉检测的基本原理、方法、设备及磁痕的记录与评级。项目五内容为渗透检测，共六个任务，主要介绍了渗透检测的基本原理、方法、设备及显示缺陷的判定。项目六内容为涡流检测，共五个任务，主要介绍了涡流检测理论、涡流检测工艺参数选择、涡流检测管件、材质和厚度等。

本书由南通航运职业技术学院船舶与海洋工程系主任蔡厚平副教授担任主编，南通中远川崎船舶工程有限公司质检部部长王圣军高级工程师主审。南通中远川崎船舶工程有限公司仇挺编写项目一，人民交通出版社股份有限公司的杨川编写项目二中的任务三～任务六，南通航运职业技术学院李志祥编写项目三中的任务一～任务三、项目六，南通航运职业技术学院傅晓斌编写项目四中的任务三～任务五、项目五中的任务三～任务六，九江职业技术学院奚泉编写项目五中的任务一，蔡厚平编写了其余内容，并负责了全书的统稿。

船舶焊接无损检测教材修订过程中，我们充分听取了船舶类高校和造船企业对本书第一版的使用意见，本书修订初稿完成后，大连中远川崎船舶工程有限公司潘志远高级工程师、江南造船(集团)有限责任公司张俭高级工程师、扬州大洋造船有限公司陈鹤荣高级工程师对本书的修订提出了许多宝贵意见,对他们的大力支持,我们在这里深表谢意。

尽管本书修订的参编人员都是从事船舶焊接无损检测工作的,经过编者的努力,本书修订后较之第一版有了很大的进步,但限于编者的水平和经验,教材中难免存在错误和取舍不当之处,祈望专家和广大读者批评指正。

编　者

2016 年 4 月

目录

项目一　船舶焊接无损检测技术相关内容分析

能力要求

1. 熟悉无损检测技术的发展与应用、内容与特点；

2. 初步具有船舶焊接无损检测技术内容的分析能力。

工作任务

分析船舶焊接无损检测技术相关内容。

任务一　分析船舶焊接无损检测技术相关内容

【任务目标】

1. 了解无损检测技术的发展与应用；
2. 熟悉无损检测的内容与特点；
3. 初步具有船舶焊接无损检测技术相关内容的分析能力。

【任务解析】

1. 工作任务名称：分析船舶焊接无损检测技术相关内容。
2. 工作任务背景：船舶焊接无损检测。
3. 完成工作任务要达到的技术标准：船舶规范与标准。
4. 完成工作任务所需要的资料：钢质海船入级与建造规范、船舶焊接无损检测作业指导书。
5. 完成任务的思路，完成任务的技能点和知识点：

(1)完成任务的思路：了解无损检测技术的发展与应用；熟悉无损检测技术的特点；完成船舶焊接无损检测内容的分析。

(2)完成任务的技能点和知识点：无损检测技术的内容与应用；无损检测技术的特点；船舶焊接无损检测技术方法与内容。

【任务实施】

一、相关理论与知识学习

(一)无损检测技术内容与应用

无损检测技术是一门新兴的综合性应用学科，是在不损伤被检测对象的条件下，利用材料内部结构异常或缺陷存在所引起的对热、声、光、电、磁等反应的变化,来探测各种工程材料、零部件、结构件等内部和表面缺陷,并对缺陷的类型、数量、形状、位置、尺寸、分布及变化做出判断和评价。

无损检测的目的在于定量掌握缺陷与强度的关系,评价构件的允许负荷、寿命或剩余寿命;检测设备(构件)在制造和使用过程中产生的结构不完整性及缺陷情况,以便改进制造工艺、提高产品质量,及时发现故障,保证设备安全、高效、可靠的工作。

长期以来,无损检测有3种简称,即NDT(Non-destructive Testing)无损检测、NDI(Non-destructive Inspection)无损检查和NDE(Non-destructive Evaluation)无损评价。目前大多称之为NDT,即无损检测。实际上国外无损检测技术已逐步从NDI和NDT向NDE过渡,即用无损评价来代替无损检查和无损检测。因为无损评价已经包含了无损检查和无损检测的内容,而无损评价还具有更广泛的内容,要求无损检测工作者有更宽广的知识面、更扎实的基础和更强的综合分析能力。无损检测仅仅检测出缺陷;无损检查则以无损检测的结果为评定基础,对检测对象的使用可能性进行判定,含有检查的意思。无损评价是在掌握对象的负载条件、环境条件(如断裂力学中预测材料的安全性及寿命等)下,对构件的完整性、可靠性及使用性能等进行综合评价。无损检测技术的另一个发展是从无损评价向自动无损评价和定量无损评价发展,逐步减少人为因素的影响,改用计算机进行检测和分析数据,从而提高检测可靠性。

随着微电子学和计算机等现代科学技术的飞速发展,无损检测技术也得到了迅速发展,涉及的领域不仅仅局限于无损检测和试验,还涉及材料的物理性质、制造工艺、产品设计、断裂力学、数据处理、模式识别等多种学科和专业技术领域。据统计,用于工业现场的各种无损检测诊断方法已达70余种,特别是激光、红外、微波、超声、声发射、工业CT、工业内窥镜等无损检测诊断方法越来越被人们重视。

射线数字照相技术,该技术使用光感屏(存储光电子板)代替传统的射线胶片,也称为计算机照相(Computed radio graphy,CR),图像板存储了隐藏的X射线或γ射线能量的图像。当图像板被激光以特殊的频率扫描时,以与曝光量相等的比例释放光线,在扫描的同时该光线被光电二极管阵列采集,并且将其转化成数字值,经过优化处理以二维图形显示在计算机屏幕上。由于存储在板上的图像可以被删除,因此该存储板能够被重复使用几千次。与传统的射线照相技术相比,它具有高线性、较高的动态范围、高灵敏度、可重复使用、无暗室处理过程以及能进行后续的图像处理等优点,但同时也具有空间分辨率低、对散射辐射敏感等缺点,目前,CR技术已成功应用在焊缝检测方面。

船舶无损检测仪器,金属陶瓷管的小型X射线机、X射线工业电视和图像增强与处理装置、安全可靠的γ射线装置和微波直线(回旋)加速器等都应用于工业现场。基于图像增强器的射线实时成像法是指X射线穿透工件的同时,通过荧光屏观察工件的内部状况。X射线实时成像检测系统都是将穿过被测工件后的不同强度的X射线转换为可见光,再由摄像机转换成视频信号,最终显示在监视器上。这种信号可以采用录像带存储,目前多采用数模转换后,将数字图像在计算机屏幕上显示的方式。因此,可以方便地实现数字存储、打印和管理,并且还可进行各种图像处理和缺陷识别等操作。基于平板探测器的实时成像技术,20世纪90年代,出现了非晶硒和非晶硅平板探测器,首先应用于医学领域,然后转移到无损检测领域。该装置由薄胶片半导体探测器组成二维阵列,当 X 射线曝光时,进行每个像素采集和存储电荷。两种成像板的差别是采集的电荷数值不同:对于非晶硅板,被 X 射线激发的荧光屏不直接处理每个像素的电荷,而是通过发光二极管转换;对于非晶硒板,无须荧光物,因为硒层能够直接将光电子转换成电子。这两个装置都能够存储电荷,且每个像素都可被数字化,因此能以二维图像显示在监视器上。线阵列射线实时成像检测技术是值得关注的数字化实时成像检测技术。最近,高分辨率的线阵也应用到了焊缝检测上,并开发出用于管道焊缝检验的线阵列射线实时成像系统。线阵照相机是基于一个由 2048 个光电二极管组成的集成电路和一个 CCD 逻辑读出芯片而构成的。它在焊缝检测方面的应用是利用了时间延迟整合技术,而方法是把几百个线阵平行布置在一起,这样可大大地提高扫查的效率。将该技术应用到双壁环焊缝的检测上,可以把检测时间从几小时减少到几分钟。

X 射线、γ 射线和中子射线计算机辅助层析摄影技术(CT 技术)在工业检测中已经得到成功地应用。工业 CT(Industry computed tomography,简称 ICT)可以获得被检测断层的二维灰度图像,它以图像的灰度来分辨被检测断面内部的结构组成、装配情况、材质状况、有无缺陷、缺陷的性质和大小等。由于只需沿扫描线扫得足够多的断层二维图像就可以得到被检物的三维图像,国际无损检测界把工业 CT 称为最先进的无损检测手段。工业 CT 可用于检测和评价焊接结构的质量、检测微小气孔、夹渣和裂纹等缺陷,并用于进行精确的尺寸测量。

康普顿散射成像技术是依据 γ 或 X 射线与物质相互作用中的康普顿散射效应,由被测物体的单侧测量不同位置某特定散射角所对应的康普顿散射光子数,求出被测物质中的电子密度分布,经过一定数据处理或"重建",从而得出被测物三维密度分布图像。康普顿散射成像法作为一种新的焊缝无损检测手段,其优点是源和检测器布置较灵活,可置于工件同一侧。由于其检测低密度物质的灵敏度比 CT 高,因而更适宜检测轻材料。同时,由于形状与缺陷的指示不重叠,有很好的位置灵敏性,因而能检测几何形状复杂的和多层的焊缝结构。另外,当缺陷体积大于或等于检测单元体积时,所检出的散射强度与材料密度成正比,而与缺陷和被检测工件的相对厚度无关。

黑白和彩色超声波电视装置,B 扫描,C 扫描及超声全息成像装置和超声显微镜,具有多种信息处理和显示功能的多通道、全波形声发射监测系统,TOFD 技术及相控阵检测技术,以及采用自适应网络对缺陷波形进行识别和分析的微机化智能无损检测诊断仪器已开始应用。

超声 P 扫描成像技术是利用微机控制和数据处理功能,集缺陷的超声信号采集、数据处理和图像显示于一体的超声检测技术,专门用于焊缝检测的投影成像检测方法。超声 P 扫描成像根据 A 型、B 型、C 型和 E 型四种实时图像,通过投影成像合成技术,得到缺陷的三维空间位置分布信息。其中,A 型显示缺陷幅度信息、B 型显示缺陷深度信息、C 型显示缺陷平面信息、E 型显示焊缝端面缺陷信息。这样,根据 B 型和 C 型显示,可得到缺陷的形貌及尺寸信息,结合 E 型显示对焊缝缺陷进行准确的定位,从而获得缺陷的全部信息。

超声 TOFD(Time of Flight Diffraction)法是基于接收缺陷端部的超声衍射波,通过检测系统生成一维、二维数字信号对缺陷进行表征的一种检测手段。这种方法具有快捷、准确度高、可重复性好、检测数据可保存等优点;与 X 射线检测技术相比,超声 TOFD 法更为直接,并能识别出 X 射线法无法检测到的缺陷。

超声相控阵成像技术是通过控制换能器阵列中,各阵元的激励(或接收)脉冲的时间延迟,改变由各阵元发射(或接收)声波到达(或来自)物体内某点时的相位关系,实现聚焦点和声束方位的变化、完成超声成像的技术。由于相控阵阵元的延迟时间可动态改变,所以使用超声相控阵探头检测也主要是利用它的声束角度可控和动态聚焦两大特点。这种技术可以显著减少扫描检测时间,提高检测效率,同时具有很高的检测灵敏度。

采用机器人自动跟踪复杂形状构件的超声多维扫查成像系统,它能在三台微机交互控制下工作。操作系统软件采用模块化结构和 C++ 语言,通过在中文平台下的 Windows 编程,实现操作系统汉化和用户友好的操作界面,并能对缺陷进行三维显示和轨迹扫查。复杂形面构件超声多维扫查成像机器人,已用于飞行器多种复杂形面构件(包括金属和非金属材料构件)的实时快速多维扫查成像检测。

目前,无损检测技术正向快速化、标准化、数字化、程序化和规范化的方向发展,其中包括高灵敏度、高可靠性、高效率的无损检测诊断仪器和无损检测方法,无损检测和验收标准的制定,无损检测诊断操作步骤的程序化,实施方法的规范化,缺陷判断和评价的标准化等。另外,还要进行全国统一的人员资格培训、鉴定和考核。将来,无损检测技术在工业生产中实现质量控制、过程监控、改进工艺和提高劳动生产率等方面将发挥重要作用。

用于高速自动化检测的漏磁、录磁探伤装置和多频多参量涡流测试仪,各类高速、高温、高精度和远距离检测等技术和设备都获得了迅速发展,微型计算机在数据和图像处理、过程自动控制等方面得到广泛应用,使某些项目达到了在线和实时检测的目的。

(二)无损检测技术的特点

无损检测是利用材料内部组织和结构异常时引起的物理量变化的原理,再依靠物理量的变化来推断材料内部组织和结构的异常。它具有以下特点:

1. 无损检测与破坏性检测

无损检测是在不损伤和破坏原材料和结构的前提下,利用材料因有缺陷而发生变化的现象来判断构件内部和表面是否存在缺陷。为了对质量和性质做出判断,必须对同样条件的试样进行无损检测,再进行破坏性检测,无损检测的结果必须与破坏性检测的结果相比较后,才能知道怎样来评价无损检测的结果。如果不经过前面检测结果的对比,不管所进行的无损检测的灵敏度有多高,所做的评价都没有任何意义。

2. 无损检测实施时间

无损检测选择的时间必须是评定质量的最适当的时间。无损检测应该在对材料或工件的质量有影响的每道工序之后进行。例如焊缝的检测,在热处理前应对原材料和焊接工艺进行检查,在热处理后则是对热处理工艺的检查。另外时效变化也可能对某些焊缝的质量产生影响。例如,高强度钢焊缝有时会发生延迟裂纹,它在焊接后几小时才开始发生,而后逐步扩大。因此如果焊接后过早地检查,则检查后还会发生许多裂纹,所以,通常至少要放一昼夜后再检查。

3. 无损检测结果的可靠性

无损检测时，材料内部物理量的变化与材料内部的组织结构的异常不一定是一一对应的。也就是说，材料的内部异常不一定能使所有物理量都发生变化。因此，需要根据不同情况选用不同的物理量，而且有时往往需要综合考虑几种不同物理量的变化情况，才能对材料内部组织结构的异常情况做出可靠判断。无损检测的可靠性与工件的材质、组成、形状、表面的状态、所采用的物理量的性质以及被检工件异常部位的状态、形状、大小、方向性和检测装置的特性等关系很大。而且还受人为因素、精度要求、数据处理和环境条件等的影响。因此，不能盲目地任意使用无损检测方法，否则不但不能提高产品的可靠性，而且要增加制造成本。因而必须掌握无损检测的理论基础，选用最适当的检测方法，应用正确的检测技术，在最适当的时间进行检测才能充分发挥其效果。

(三)使用无损检测应注意的问题

为了更好地发挥无损检测技术的作用，必须掌握下列几方面知识：

(1)必须知道不同加工制造方法可能引起的缺陷特征，选用最适于发现这种缺陷的无损检测方法。例如要发现船舶结构锻造及冲压加工所产生的缺陷，不宜采用射线检测；对于表面淬火裂纹等则应选用磁粉检测。从事无损检测工作的技术人员也需要对制造过程具有丰富的知识。此外，产生缺陷的时间是一个重要因素，例如，经过焊接或热处理的材料会出现延迟断裂现象，即在加工或热处理后，经过几小时甚至几天才产生裂纹。因此，必须了解情况以确定检测时间。

(2)必须具备关于缺陷对材料性能影响方面的丰富知识，以便根据检测结果来鉴定材料与工件是否符合性能要求。例如，某一工件有缺陷存在，但该缺陷对性能的影响在设计要求所允许的范围内，那么就不必把该工件作报废处理。为了使这种判断正确可靠，必须掌握关于缺陷对材料强度以及其他各种性能的影响方面的广泛知识。

(3)设计人员应该很好地了解无损检测技术，因为如果设计的产品不能或很难进行无损检测，那就很难保证该产品的性能要求。

(四)船舶焊接无损检测方法

随着船舶结构复杂化、模块化、信息化、智能化程度的提高，对船舶质量提出了更高的要求。作为船舶质量检查手段和技术之一的无损检测方法正发挥着越来越重要的作用。无损检测技术在船舶工业中的应用越来越广泛，技术要求也越来越高。船舶焊接无损检测的特点是：检测对象复杂(有焊缝、铸件、管子等)，检测量大及检测条件差(90%以上检测在现场)。船舶无损检测项目有两大类：船舶结构件(船体、舱壁、船舵及螺旋桨推进器等)和船内管道系统等船舶无损检测方法很多，适用于不同的场合，最常用的方法有，射线检测、超声检测、磁粉检测、渗透检测和涡流检测5种常用方法。船舶焊接无损检测是一项对人员的技术和技能要求很高，并且要通过相应的培训和资格考试才能具体从事的工作。

二、工作任务训练

(一)训练资料、设备和工具

(1)船舶规范与手册；

(2)X射线机、超声波检测仪、磁粉检测仪，渗透检测系统，船舶焊接无损检测实训中心。

(二)训练过程

1. 下达工作任务(表1-1)

表1-1

<table>
<tr><td>任务名称</td><td colspan="4">分析船舶焊接无损检测技术相关内容</td></tr>
<tr><td>任务安排</td><td colspan="4">1. 小组以4～6人组成，每小组推选一名组长与副组长；
2. 组长总体负责本组人员的任务分工，组织协调完成任务；
3. 副组长负责仪器和资料使用及安全管理等事务；
4. 各成员要相互配合、团结合作、各司其职地完成任务。</td></tr>
<tr><td>任务要求</td><td colspan="4">完成船舶焊接无损检测技术相关内容分析。</td></tr>
<tr><td>技术要求</td><td colspan="4">1. 查阅规范与标准；
2. 认识实训中心相关设备；
3. 完成船舶焊接无损检测技术相关内容分析。</td></tr>
<tr><td rowspan="2">成员组成</td><td>小组号</td><td></td><td>组长</td><td></td></tr>
<tr><td>副组长</td><td></td><td>组员</td><td></td></tr>
</table>

2. 制定工作计划

1)任务分工(表1-2)

表1-2

<table>
<tr><td>小组号</td><td colspan="4"></td></tr>
<tr><td>组长</td><td colspan="2"></td><td>资料借领与归还者</td><td></td></tr>
<tr><td>资料号</td><td colspan="4"></td></tr>
<tr><td colspan="5">分　工　安　排</td></tr>
<tr><td>任务编号</td><td>任务内容</td><td>资料查阅者</td><td>设备查阅者</td><td>结论记录者</td></tr>
<tr><td>1</td><td></td><td></td><td></td><td></td></tr>
<tr><td>2</td><td></td><td></td><td></td><td></td></tr>
<tr><td>3</td><td></td><td></td><td></td><td></td></tr>
<tr><td>4</td><td></td><td></td><td></td><td></td></tr>
<tr><td>5</td><td></td><td></td><td></td><td></td></tr>
<tr><td>6</td><td></td><td></td><td></td><td></td></tr>
</table>

2)实施方案设计

(1)实训的步骤：

①查阅规范有关内容；

②将实训任务进行分解编号,由不同的成员承担完成相应的分析项目;
③记录实训中心相关设备;
④小组讨论;
⑤填表,完成实训任务。
(2)注意事项与技术要求:
①熟悉无损检测技术的内容与应用;
②熟悉规范、标准对船舶焊接无损检测的要求;
③掌握船舶焊接无损检测的相关仪器设备及相关船舶无损检测内容。

3. 实施工作计划,并完成如下记录

1)实施工作计划
(1)布置实训任务;
(2)将实训任务进行分解编号;
(3)研究实训任务,查阅相应手册与资料,查阅实训设备仪器;
(4)组织小组讨论;
(5)填表完成实训任务。

2)船舶焊接无损检测技术相关内容分析记录表(表1-3)

表1-3

<table>
<tr><td colspan="2">任务名称</td><td colspan="2">分析船舶焊接无损检测技术相关内容</td><td>小组号</td><td></td></tr>
<tr><td colspan="2">组长</td><td></td><td>组员</td><td colspan="2"></td></tr>
<tr><td colspan="6">分析记录表</td></tr>
<tr><td>序号</td><td>实训项目</td><td colspan="4">实训记录</td></tr>
<tr><td rowspan="5">1</td><td rowspan="5">船舶无损检测技术方法</td><td colspan="2">检测方法名称</td><td colspan="2">检测内容与特点</td></tr>
<tr><td colspan="2"></td><td colspan="2"></td></tr>
<tr><td colspan="2"></td><td colspan="2"></td></tr>
<tr><td colspan="2"></td><td colspan="2"></td></tr>
<tr><td colspan="2"></td><td colspan="2"></td></tr>
<tr><td rowspan="5">2</td><td rowspan="5">船舶无损检测设备仪器</td><td colspan="2">设备仪器名称与型号</td><td colspan="2">设备仪器应用</td></tr>
<tr><td colspan="2"></td><td colspan="2"></td></tr>
<tr><td colspan="2"></td><td colspan="2"></td></tr>
<tr><td colspan="2"></td><td colspan="2"></td></tr>
<tr><td colspan="2"></td><td colspan="2"></td></tr>
<tr><td>3</td><td>船舶无损检测应用</td><td colspan="4"></td></tr>
</table>

【任务小结】

一、学生自我评估(表1-4)

表1-4

实训项目	分析船舶焊接无损检测技术相关内容				
小组号		任务号		实训者	
序号	检查项目	分值	要求		自我评定
1	任务完成情况	40	按要求按时完成实训任务		
2	实训记录	20	记录规范、完整		
3	实训纪律	20	不在实训场地打闹,无事故发生		
4	团队合作	20	服从组长的任务分工安排,能配合小组其他成员工作		
实训总结: 小组评分:________ 组长:________ ____年____月____日					

二、教师评定反馈(表1-5)

表1-5

实训项目	分析船舶焊接无损检测技术相关内容				
小组号		任务号		实训者	
序号	检查项目	分值	要求		教师评定
1	资料查阅	20	资料查阅正确、针对性强		
2	设备查阅	20	设备查阅正确		
3	效率检查	10	按时完成实训		
4	信息记录	20	记录规范、完整		
5	成果检测	10	成果符合要求		
6	团队合作	20	小组各成员能相互配合,协调工作		
存在问题: 考核教师:________ ____年____月____日					

【拓展提高】

案例:分析船舶焊接无损检测相关新技术。

【课后自测】

问答题

1. 无损检测技术的内容有哪些方面?
2. 无损检测各种方法的特点是什么?

项目二　X射线检测

能力要求

1. 熟悉射线探伤的原理及性质；
2. 掌握X射线机的操作使用规程与方法；
3. 掌握X射线探伤的技术与方法；
4. 掌握X射线探伤的缺陷识别技术。

工作任务

1. 操作X射线机；
2. 实施电离辐射安全防护；
3. 制作射线机曝光曲线；
4. X射线检测平板焊缝；
5. X射线检测管件焊缝；
6. 评定X射线底片。

任务一　操作X射线机

【任务目标】

1. 了解射线检测的原理；
2. 熟悉X射线机的构造；
3. 掌握X射线机安全操作规程；
4. 初步具有安全操作X射线机的能力。

【任务解析】

1. 工作任务名称：操作X射线机。
2. 工作任务背景：焊缝X射线检测。
3. 完成工作任务要达到的技术标准：X射线机安全操作规程。
4. 完成工作任务所需要的资料：X射线机安全操作规程。
5. 完成任务的思路，完成任务的技能点和知识点：

(1)完成任务的思路：了解X射线检测的原理；熟悉X射线机的构造；掌握X射线机安

全操作规程;完成安全操作 X 射线机的任务。

(2)完成任务的技能点和知识点:X 射线检测的原理;X 射线机的构造;X 射线机安全操作规程。

【任务实施】

一、相关理论与知识学习

射线检测技术中应用最广泛是射线照相技术,常规用 X 射线和 γ 射线照相检测技术。射线照相法探伤实质,是根据被检工件,与内部缺陷介质对射线能量衰减程度的不同,而引起透过后射线强度分布差异(射线强度分布差异形成射线图像,又称辐射图像),在感光材料(胶片)上获得缺陷投影所产生的潜影,经过暗室处理后获得缺陷影像,再对照有关标准来评定工件内部质量。

(一)射线检测的原理

X 射线是从 X 射线管中产生的,X 射线管是一种两极电子管。将阴极灯丝通电使之白炽,电子就在真空中放出,如果两极之间加几十千伏以至几百千伏的电压(叫作管电压)时,电子就从阴极向阳极方向加速飞行、获得很大的动能,当这些高速电子撞击阳极时,与阳极金属原子的核外库仑场作用,放出 X 射线。电子的动能部分转变为 X 射线能,其中大部分都转变为热能。电子是从阴极移向阳极的,而电流则相反,是从阳极向阴极流动的,这个电流叫作管电流,要调节管电流,只要调节灯丝加热电流即可,管电压的调节是靠调整 X 射线装置主变压器的初级电压来实现的。利用射线透过物体时,会发生吸收和散射这一特性,通过测量材料中因缺陷存在影响射线的吸收来探测缺陷的。X 射线和 γ 射线通过物质时,其强度逐渐减弱。射线还有个重要性质,就是能使胶片感光,当 X 射线或 γ 射线照射胶片时,与普通光线一样,能使胶片乳剂层中的卤化银产生潜像中心,经过显影和定影后就黑化,接收射线越多的部位黑化程度越高,这个作用叫作射线的照相作用。

因为 X 射线或 γ 射线的使卤化银感光作用比普通光线小得多,所以必须使用特殊的 X 射线胶片,这种胶片的两面都涂敷了较厚的乳胶,此外,还使用一种能加强感光作用的增感屏,增感屏通常用铅箔做成。

把这种曝过光的胶片在暗室中经过显影、定影、水洗和干燥,再将干燥的底片放在观片灯上观察,根据底片上有缺陷部位与无缺陷部位的黑度图像不一样,就可判断出缺陷的种类、数量、大小等,这就是射线照相探伤的原理,见图 2-1。

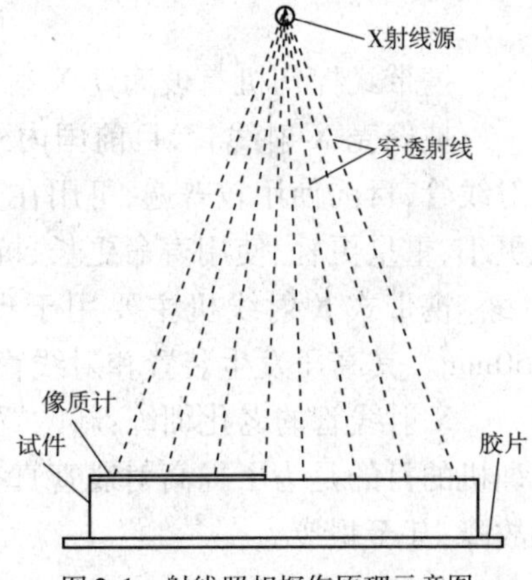

图 2-1　射线照相探伤原理示意图

(二)X 射线探伤机的构造

X 射线探伤机是用 X 射线管产生的 X 射线束透照试件来检测其内部缺陷的装置。射线机主要由机头、高压发生装置、供电及控制系统、冷却防护设施四部分组成。可分为携带式、移动式两类。

移动式 X 射线探伤机通常由操纵台、高压发生器、射线管头、冷却装置、高压电缆和低压电缆、升降拖车及水管等组成，主要用在透照室内的射线探伤，如图 2-2 所示。它具有较高的管电压和管电流，管电压可达 450kV，管电流可达 20mA，最大穿透厚度约 100mm。它的高压发生装置、冷却装置与 X 射线机头都分别独立安装，X 射线机头通过高压电缆与高压发生装置连接。机头可通过带有轮子的支架在小范围内移动，也可固定在支架上。

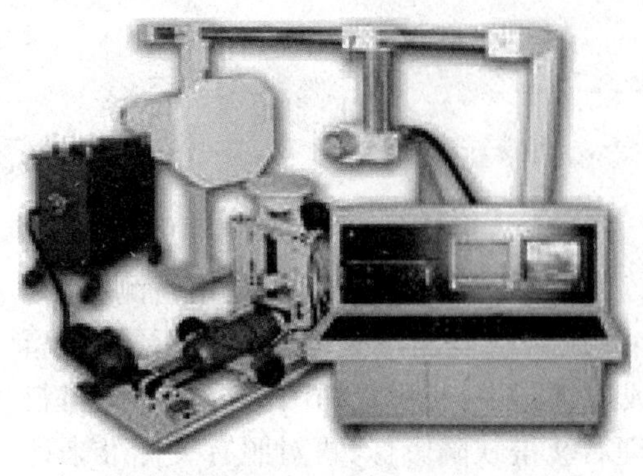

图 2-2　移动式 X 射线探伤机

携带式探伤机分定向辐射、周向辐射两种，主要由操纵器、X 射线发生器和低压连接电缆三部分组成，如图 2-3 所示。定向辐射是固定的，射线束辐射圆锥角一般为 40°～45°范围。周向辐射射线束是在与 X 射线管轴线成垂直方向的 360°圆周上同时辐射 X 射线，其对于检测大口径管件和球形容器的环形焊缝，通过一次曝光可以完成整个焊缝的探伤照相工作，因而可以大大地提高检测效率。

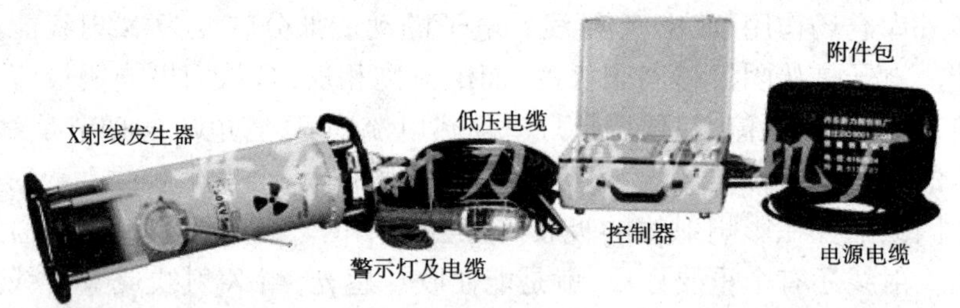

图 2-3　携带式探伤机结构示意图

携带式探伤机有玻璃壳 X 射线管和波纹陶瓷 X 射线管两种。

玻璃壳 X 射线管，目前国内外使用比较少，但它制造比较简单，造价低廉。波纹陶瓷 X 射线管，目前使用较普遍，可用在变频气绝缘携带式 X 射线机上，它具有 X 射线发生器体积更小、重量更轻、使用寿命更长、抗震方面更优等金属陶瓷管的一些特点。

携带式 X 射线机主要用于现场射线照相，管电压一般小于 320kV，最大穿透厚度约 50mm。其高压发生装置和射线管在一起组成机头，通过低压电缆与控制箱连接。

X 射线管的老化训练：新购置的或长期不用的 X 射线机，使用前，应对其进行老化训练，训机的目的是为了提高射线管真空度。如果真空度不良，会烧了阳极或者击穿射线管，导致故障，甚至报废。

(三)X 射线机安全操作规程

1. 适用范围

本规程适用于额定管电压小于等于 300kV 的 X 射线探伤机操作使用。

2. 人员要求

(1)X 射线探伤机操作人员都应经过专业培训，并持有国家有关部门认可的 I 级或 I 级以上的射线检验人员资格证书；

（2）X射线探伤机操作人员应熟悉所用设备的基本结构、性能、各部分作用及相关安全知识；

（3）X射线探伤机操作人员应严格按照本程序操作X射线探伤机，并对设备使用的安全性负责。

3. 操作步骤

1）开机前的准备工作

（1）检查X射线探伤机操作箱和机头，无任何损坏痕迹以及安装螺丝脱落、电线破损，方可接上电源。使用条件不符合无损检测仪器说明书要求时，不得使用。

（2）根据试件的材料和厚度选取合适的曝光条件。控制探伤曝光条件时，必须严格符合设备性能要求。探伤机定位后，必须与相应定位工具固定拴紧，以免颠翻跌落。

2）开机顺序

（1）将X光机出射窗口对准被检工件，注意集光罩与工件被检部分方向一致。

（2）用对焦器调整X光机集光罩对准焊缝中心及两者的焦距。探伤机定位后，必须与相应定位工具固定拴紧，以免颠翻跌落。

（3）打开控制器电源开关，电源灯亮，冷却风机旋转，显示“dd”，约10s后显示“AA”，扬声器发出连续响声3s，表示控制器工作基本正常。如发现不正常应立即切断电源，并且及时通知设备部。

（4）预置透照时间：调节计时器至所需的曝光时间的位置。

（5）预置透照电压：调节千伏码盘至所需管电压的位置。

（6）按下高压按钮。

3）注意事项

（1）X光机在第一次使用或一段时间未使用时，X光机灯管必须按规定进行训机一次，方可正常使用。

（2）开始曝光后，禁止再次调节计时器。

（3）X光机注意不受剧烈振动，搬运时注意不要与他物碰撞。

4）正常关机步骤

（1）达到规定曝光时间后，机器自动切断高压输出。

（2）关闭电源开关，拔下电源电缆和高压电缆。

（3）将各部件按规定整理好以备下次使用。

5）紧急停机

紧急停车是在X光机发生异常情况或发现有其他人员进入射线作业区，如果设备继续运行势必危及设备及人身安全时采取的紧急措施。能不做紧急停机的，应尽量避免。紧急停机步骤如下：

（1）按下红色关机按钮，切断高压输出。

（2）切断电源开关。

（3）检查并排除故障。

（4）做好故障记录。

6)记录

每次使用后操作人员应做好清洁工作,并认真检查探伤机是否处于安全位置。填写设备运行记录。

二、工作任务训练

(一)训练资料、设备和工具

(1)我国辐射防护方面的有关标准;

(2)X 射线实训室安全操作规程;

(3)便携式 X 射线机,船舶无损检测实训中心。

(二)训练过程

1. 下达工作任务(表 2-1)

表 2-1

<table>
<tr><td>任务名称</td><td colspan="4">操作 X 射线机</td></tr>
<tr><td>任务安排</td><td colspan="4">1. 小组以 4 ~6 人组成,每小组推选一名组长与副组长;
2. 组长总体负责本组人员的任务分工,组织协调完成任务;
3. 副组长负责仪器和资料使用及安全管理等事务;
4. 各成员要相互配合、团结合作、各司其职地完成任务。</td></tr>
<tr><td>任务要求</td><td colspan="4">完成操作 X 射线机训练。</td></tr>
<tr><td>技术要求</td><td colspan="4">1. 我国辐射防护方面的有关标准;
2. 熟悉便携式 X 射线机及安全操作规程;
3. 完成便携式 X 射线机安全操作。</td></tr>
<tr><td rowspan="2">成员组成</td><td>小组号</td><td></td><td>组长</td><td></td></tr>
<tr><td>副组长</td><td></td><td>组员</td><td></td></tr>
</table>

2. 制定工作计划

1)任务分工(表 2-2)

表 2-2

<table>
<tr><td>小组号</td><td colspan="3"></td></tr>
<tr><td>组长</td><td></td><td>资料借领与归还者</td><td></td></tr>
<tr><td>资料号</td><td colspan="3"></td></tr>
<tr><td colspan="4">分 工 安 排</td></tr>
<tr><td>任务编号</td><td>任务内容</td><td>任务实施者</td><td>结论记录者</td></tr>
<tr><td>1</td><td></td><td></td><td></td></tr>
<tr><td>2</td><td></td><td></td><td></td></tr>
<tr><td>3</td><td></td><td></td><td></td></tr>
<tr><td>4</td><td></td><td></td><td></td></tr>
<tr><td>5</td><td></td><td></td><td></td></tr>
<tr><td>6</td><td></td><td></td><td></td></tr>
</table>

2）实施方案设计

（1）实训的步骤：

①查阅我国辐射防护方面的有关标准；

②将实训任务进行分解编号，由不同的成员承担完成相应的项目；

③记录实训中心相关设备构造名称与型号；

④小组研究讨论；

⑤填表，完成实训任务。

（2）注意事项与技术要求：

①熟悉我国辐射防护方面的有关标准；

②熟悉 X 射线机安全操作规程；

③掌握 X 射线机构造与操作。

3. 实施工作计划，并完成如下记录

1）实施工作计划

（1）布置实训任务；

（2）将实训任务进行分解编号；

（3）研究实训任务，查阅安全标准和操作规程，熟悉设备仪器；

（4）进行 X 射线机安全操作；

（5）填表完成实训任务。

2）操作 X 射线机记录表（表 2-3）

表 2-3

任务名称	操作 X 射线机	小组号	
组长		组员	
操作 X 射线机记录表			
序号	实 训 项 目	实　训　记　录	
1	便携式 X 射线机构造	部件名称	型号和作用
2	X 射线机安全操作要点	操作要点	注意事项

续上表

序号	实训项目	实训记录	
		操作步骤	注意事项
3	操作X射线机步骤		

【任务小结】

一、学生自我评估(表2-4)

表2-4

实训项目	操作X射线机					
小组号			任务号		实训者	
序号	检查项目	分值	要求			自我评定
1	任务完成情况	40	按要求按时完成实训任务			
2	实训记录	20	记录规范、完整			
3	实训纪律	20	不在实训场地打闹,无事故发生			
4	团队合作	20	服从组长的任务分工安排,能配合小组其他成员工作			
实训总结: 小组评分:________ 组长:________ ____年____月____日						

二、教师评定反馈(表2-5)

表2-5

实训项目	操作X射线机				
小组号		任务号		实训者	
序号	检查项目	分值	要　求		教师评定
1	资料、设备查阅	20	资料、设备查阅正确、针对性强		
2	操作步骤	20	操作规范正确		
3	效率检查	10	按时完成实训		
4	信息记录	20	记录规范、完整		
5	成果检测	10	成果符合要求		
6	团队合作	20	小组各成员能相互配合,协调工作		
存在问题: 考核教师:________　　____年____月____日					

【拓展提高】

案例:移动式X射线机操作。

【课后自测】

问答题

1. X射线机的组成是什么?
2. X射线机的工作原理是什么?
3. X射线机的操作步骤有哪些?
4. X射线机操作时的安全防护要点是什么?

任务二　实施电离辐射安全防护

【任务目标】

1. 了解电离辐射损伤相关知识;
2. 熟悉电离辐射安全防护法律法规、安全防护相关知识和防护措施;

3. 初步具有电离辐射安全防护的实施能力。

【任务解析】

1. 工作任务名称:实施电离辐射安全防护。

2. 工作任务背景:船舶X射线无损检测。

3. 完成工作任务要达到的技术标准:《电离辐射防护与辐射源安全基本标准》GB 18871—2002。

4. 完成工作任务所需要的资料:辐射安全法规与标准。

5. 完成任务的思路,完成任务的技能点和知识点:

(1)完成任务的思路:了解电离辐射损伤相关知识;熟悉电离辐射安全防护法律法规、安全防护知识;完成电离辐射安全防护措施实施。

(2)完成任务的技能点和知识点:电离辐射安全防护法律法规;电离辐射安全防护知识;电离辐射安全防护的实施。

【任务实施】

一、相关理论与知识学习

(一)辐射损伤概述

辐射损伤是一定量的电离辐射作用于机体后,受照机体所引起的病理反应。主要分为急性放射损伤和慢性放射损伤。急性放射损伤是由于一次或短时间内受大剂量照射所致,主要发生于事故性照射。在慢性小剂量连续照射的情况下,值得重视的是慢性放射损伤,主要由于X射线职业人员平日不注意防护,较长时间接受超允许剂量所引起的。

电离辐射不仅能引起全身性急慢性放射损伤,而且也能引起局部的皮肤损害。在发现X射线后第二年,X射线管的制造者格鲁贝的手就发生了特异性皮炎。1899年史蒂文斯首先报道了X射线对皮肤的伤害。人类的经验已证明,X射线的应用可以给人类带来巨大的利益(如放射诊断、放射治疗等),但是在应用中如果不注意防护或使用不当,也可造成一定的危害(如个体受到损伤或人群中癌症发病率增高等)。

1. 辐射损伤机理

X射线照射生物体时,与机体细胞、组织、体液等物质相互作用,引起物质的原子或分子电离,因而可以直接破坏机体内某些大分子结构,如使蛋白分子链断裂、核糖核酸或脱氧核糖核酸的断裂、破坏一些对物质代谢有重要意义的酶等,甚至可直接损伤细胞结构。另外射线可以通过电离机体内广泛存在的水分子,形成一些自由基,通过这些自由基的间接作用来损伤机体。辐射损伤的发病机理和其他疾病一样,致病因子作用于机体之后,除引起分子水平,细胞水平的变化以外,还可产生一系列的继发作用,最终导致器官水平的障碍乃至整体水平的变化,在临床上便可出现放射损伤的体征和症状。对人体细胞的损伤,只限于个体本身,引起躯体效应;而对生殖细胞的损伤,则影响受照个体的后代而产生遗传效应。单个或小量细胞受到辐射损伤(主要是染色体畸变、基因突变等)可出现随机性效应。辐射使大量细胞或受到破坏即可导致非随机性效应。在辐射损伤的发展过程中,机体的应答反应则进一步起着主要作用,首先取决于神经系统的作用,特别是高级神经活动,其次是取决于体液的调节作用。由此可知,高等动物的疾病不能仅仅归结于那些简单的或孤立的细胞中所产生的过程,它包含着十分复杂的过程。

2. 影响辐射损伤的因素

1)辐射性质

辐射性质包括射线的种类和能量。不同质的射线在介质中的传能线密度(LET)不同,所产生的电离密度不同,因而相对生物效应有异。X 射线和 γ 射线的生物效应基本一样。而中子的 LET 大得多,1 ~10 兆电子伏的快中子产生的生物效应比 X 射线、γ 射线大 10 倍。

同一类型的射线,由于射线能量不同产生的生物效应也不同。例如,低能 X 射线造成皮肤红斑所需照射量小于高能 X 射线。这是因为低能 X 射线主要被皮肤所吸收,而高能 X 射线照射时,能量可达深层组织,这不仅对放射治疗有价值,而且在射线防护中很有意义。

2)X 射线剂量

射线作用于机体后,所引起的机体损伤直接与 X 射线剂量有关。以不同剂量照射动物,可以发现当剂量达到一定量时才开始出现急性放射病征象,继续增加剂量时,则可出现死亡,剂量越大,死亡率越高,当增加到一定大的剂量时,则 100% 的动物发生死亡。

3)剂量率

剂量率即单位时间内的吸收剂量。一般说来,总剂量相同时,剂量率越高,生物效应越大。但当剂量率达到一定值时,生物效应与剂量率之间失去比例关系。在极小的剂量率条件下,当机体损伤与其修复相平衡时,机体可长期接受照射而不出现损伤。小剂量长期照射,当累积剂量很大时,便可产生慢性放射损伤。

4)照射方式

总剂量相同,单方向照射和多方向照射产生的效应不同。一次照射和多次照射,以及多次照射之间的时间间隔不同,所产生的效应也有差别。

5)照射部位和范围

机体各部位对于射线的辐射敏感性不同,所谓辐射敏感性是指机体对电离辐射的抵抗能力,即辐射的反应强弱程度或时间快慢,辐射敏感性高的组织容易受损伤。细胞对辐射的一般规律是,处于正常分裂状态的细胞对辐射是敏感的,而正常不分裂的细胞则是抗辐射的。

人体各组织对射线的敏感性大致有以下顺序:

(1)高度敏感组织:

①淋巴组织(淋巴细胞和幼稚的淋巴细胞);

②胸腺(胸腺细胞),骨髓组织(幼稚的红、粒和巨核细胞);

③胃肠上皮,尤其是小肠隐窝上皮细胞;

④性腺(精原细胞、卵细胞);

⑤胚胎组织。

(2)中度敏感组织:

①感觉器官(角膜、晶状体、结膜);

②内皮细胞(主要是血管、血窦和淋巴管内皮细胞);

③皮肤上皮(包括毛囊上皮细胞);

④唾液腺;

⑤肾、肝、肺组织的上皮细胞。

(3)轻度敏感组织:

①中枢神经系统;

②内分泌(性腺除外);

③心脏。

(4)不敏感组织:

①肌肉组织;

②软骨和骨组织。

(5)结缔组织。

同一剂量,生物效应随照射范围的扩大而增加,全身照射比局部照射危害大。

6)环境因素

在低温、缺氧情况下,可延缓和减轻辐射效应。此外、受照者的年龄、性别、健康情况、精神状态及营养状况等不同,所产生的效应亦不同。由此可见,机体对射线的反应受各种因素的影响。

3. 慢性小剂量照射的生物效应

射线对机体的影响,由于受多种因素的影响所引起的临床反应亦多种多样。射线对人体的损伤显现在受照者本身时称躯体(本体)效应。如影响到受照者后代则称遗传效应。按对受照者损伤的范围不同又可分全身效应(如急、慢性放射病)、单一组织的效应(如皮肤损伤、眼晶体损伤等)和胎内照射的效应(如胎儿畸形等)。若从X射线作用于机体后产生效应的时间考虑,尚可分近期效应和远期效应。

根据国际放射防护委员会的新建议,将辐射、生物效应分为随机效应和非随机效应。随机效应是指发生的概率(而非严重程度)与剂量的大小有关的效应。对于这种效应不存在剂量的阈值,任何微小的剂量也可引起效应,只是发生的概率极其微小而已。在辐射防护所涉及的剂量范围内,遗传效应和致癌效应为随机效应。非随机效应的严重程度则随着剂量的变化而改变,对于这种效应可能存在着剂量的阈值,它是某些特殊组织所独有的躯体性效应。例如眼晶体的白内障、皮肤的良性损伤、骨髓内细胞的减少,从而引起造血障碍;性细胞的损伤引起生育能力的损害等。

(二)X射线防护相关知识

1. X射线防护的基本概念

1)描述辐射与物质相互作用的物理量及其单位

放射线能使物质的中性原子或分子形成离子(正离子和负离子),这种现象称为电离。我们把这种能够在通过物质时能间接或直接地诱生离子的粒子或电磁辐射的辐射,称作电离辐射(或致电离辐射)。直接电离辐射通常是指阴极射线、β射线、α射线和质子射线,间接电离辐射是指X射线、γ射线和中子射线。

电离辐射传递给每单位质量的被照射物质的平均能量,称为吸收剂量。吸收剂量的国际单位是戈瑞,Gy,专用单位是拉德,rad,两者的换算关系是1戈瑞=1焦耳/千克=100拉德,1 拉德 $=10^{-2}$戈瑞,1 拉德 =100 尔格/克。单位时间内的吸收剂量就称为吸收剂量率,其单位是戈瑞/小时(Gy/h)。

由于不同种类的射线(X、γ、中子、电子、α、β 等),不同类型的照射条件(内照射、外照射),即使吸收剂量相同,对生物所产生的辐射损伤程度也可以是不同的,为了统一衡量评价不同类型的电离辐射在不同照射条件下对生物引起的辐射损伤危害,引入了剂量当量这一物理概念。通用于各种辐射的当量,表示被照射人员所受到的辐射。剂量当量 H 是生物组织内被研究的一点上的吸收剂量 D 与辐射的品质因素 Q(也称作线质因数,表示吸收能量微观分布对辐射生物效应的影响,对生物因数与辐射类型和能量的关系做了适当修正)及其修正因素 N(吸收剂量空间、时间等分布不均匀性对辐射生物效应的影响)的乘积,即 $H=DQN$, 吸收剂量当量的国际单位是希沃特,Sv,专用单位是雷姆,rem,两者的换算关系是 1 希沃特 =1 焦耳/千克 =100 雷姆,1 雷姆 $=10^{-2}$希沃特。对于 X 射线、γ 射线,就防护而言,Q 和 N 值均近似取为 1,所以可以认为吸收剂量和剂量当量在数值上是相等的。

直接测量吸收剂量是比较困难的,但是可以通过仪器测量照射量来计算被辐照物体的吸收剂量。

2)辐射生物效应

辐射作用于生物体时能造成电离辐射,这种电离作用能造成生物体的细胞、组织、器官等损伤,引起病理反应,称为辐射生物效应。辐射对生物体的作用是一个非常复杂的过程,生物体从吸收辐射能量开始到产生辐射生物效应,要经历许多不同性质的变化,一般认为将经历以下四个阶段的变化。

(1)物理变化阶段:持续约 10^{-16}s,细胞被电离。

(2)物理—化学变化阶段:持续约 10^{-6}s,离子与水分子作用,形成新产物。

(3)化学变化阶段:持续约几秒,反应产物与细胞分子作用,可能破坏复杂分子。

(4)生物变化阶段:持续时间可以是几十分钟至几十年,上述的化学变化可能破坏细胞或其功能。

辐射生物效应可以表现在受照者本身,也可以出现在受照者的后代。表现在受照者本身的称为躯体效应(按照显现的时间早晚又分为近期效应和远期效应),出现在受照者后代时称为遗传效应。从辐射防护的观点,电离辐射引起的生物效应(辐射生物效应)可以分为随机效应与非随机效应两类。

(1)随机效应是在放射防护中,发生概率与剂量的大小有关的效应,即剂量越大,随机效应的发生率越大,但效应的严重程度与剂量大小无关,即这种效应的发生不存在剂量的阈值。例如遗传效应和躯体致癌效应。衡量随机效应的重要概念是危险度(单位剂量当量在受照器官或组织诱发恶性疾患的死亡率,或出现严重遗传疾病的发生率)和权重因子(各器官或组织的危险度与全身受到均匀照射的危险度之比)。具体参见表 2-6。

(2)非随机效应是效应的严重程度随剂量而变化,即这种效应要在剂量超过一定的阈值后才能发生,效应严重程度与剂量大小有关,亦即只要限制剂量当量就可以避免非随机效应的发生。例如对眼(眼晶体的白内障)、皮肤(皮肤的良性损伤)和血液引起的效应。具体参见表 2-7。

射线防护的目的在于防止有害的非随机效应,并限制随机效应的发生率,使之达到可以接受的水平。

器官和组织的危险度与权重因子　　表 2-6

器官、组织	效　应	危险度(1/Sv)	W(权重因子)
生殖腺	二代重大遗传疾病	4×10^{-3}	0.25
乳腺	乳腺癌	2.5×10^{-3}	0.15
红骨髓	白血病	2×10^{-3}	0.12
肺	肺癌	2×10^{-3}	0.12
骨	骨癌	5×10^{-4}	0.03
甲状腺	甲状腺癌	5×10^{-4}	0.03
其他组织	癌	5×10^{-3}	0.30(注)
全身	诱发癌症	1×10^{-2}	
	一代遗传疾病	4×10^{-3}	

注:选取其他 5 个接受剂当量最大的器官或组织,每个器官或组织的权重因子取为 0.06,其他器官或组织不计。胃、小肠、大肠上段、大肠下段可作为四个独立器官

非随机效应的剂量阈值　　表 2-7

器官、组织	效　应	单次照射的剂量阈值	多次照射累积剂量阈值
生殖腺	永久性不育	3Gy	
眼晶体	晶体浑浊	0.55 ~ 2.0Sv	>15Gy
红骨髓	造血机能损伤	1.5Sv	>20Gy
皮肤	难以接受的变化		>20Gyμ

3)辐射损伤

电离辐射产生的各种生物效应对人体造成的损伤称为辐射损伤,它可以来自人体之外的辐射照射,也可以产生于吸入(例如放射性尘埃)或进入(例如受放射性污染的水、食物或其他物体)人体内的放射性物质的照射。

辐射损伤过程主要有急性损伤和慢性损伤两种类型。急性损伤是指短时间内全身受到大剂量的照射(例如数戈瑞)而产生的辐射损伤。典型症候常表现为以下三个阶段。

(1)前驱期:受照者出现恶心、呕吐等症状,约持续 1 ~ 2 天;

(2)潜伏期:一切症状消失,可持续数日或数周;

(3)发症期:表现出辐射损伤的各种症状,如呕吐、腹泻、出血、嗜睡、毛发脱落等,严重者导致死亡。

急性损伤主要是中枢神经系统损伤、造血系统损伤、消化系统损伤,以及可以造成性腺损伤、皮肤损伤等。急性损伤将会造成严重后果,必须防止短时间内大剂量照射的情况发生。急性损伤的主要效应特点见表 2-8。

急性损伤的主要效应特点　　表 2-8

剂量(Gy)	可能产生的效应
0~0.25	无口检出效应,可能无迟发效应
0.5	血象轻度暂时变化,可能有迟发效应
1	恶心、疲劳
2	受照后24h内出现恶心、呕吐,一周潜伏期后出现毛发脱落、厌食、虚弱等(例如腹泻、喉炎)
4(称为半致死剂量)	受照后几个小时出现恶心、呕吐,两周内可见毛发脱落、厌食、虚弱、体温增高,第三周出现紫斑、口腔和咽部感染,第四周出现苍白、腹泻、迅速消瘦,50%个体可能死亡
≥6(称为致死剂量)	受照后1~2h出现恶心、腹泻,一周出现呕吐等,体温升高,迅速消瘦,第二周出现死亡,死亡率可达80%~100%

2. 我国辐射防护方面的有关法律和标准

我国辐射安全管理的法律体系分为国家法律、国务院条例、部门规章、标准与导则和技术文件共5个层次。国家法律有《中华人民共和国放射性污染防治法》;国务院条例包括《放射性同位素与射线装置放射防护条例》、《放射性同位素与射线装置安全和防护条例》;部门规章包括《辐射安全许可证管理办法》、《放射源安全管理办法》、《放射源事故管理规定》、《放射性同位素与射线装置安全和防护管理办法》;标准与导则有《电离辐射防护与辐射源安全基本标准》;技术文件包括《放射源分类管理办法》、《放射装置分类管理办法》、《关于γ射线探伤装置的辐射安全要求》等。

在射线的安全防护中,是以剂量当量作为衡量指标,我们把不会引起病变的最大剂量叫作最高允许剂量。本教材以GB 18871—2002《电离辐射防护与辐射源安全基本标准》为内容(表2-9),从剂量当量限值、特殊照射两个方面介绍对于射线检测人员的有关规定。

GB 18871—2002关于年剂量限值的规定　　表 2-9

效　应	照射对像或方式	年剂量当量限值(mSv/a)		连续三个月的剂量当量限值(职业 mSv)
		放射性职业人员	公众人员	
非随机效应	眼晶体	150	50	75
	其他单个器官或组织	500	50	250
随机效应	全身均匀外照射	50	5	25
	全身非均匀外照射	$\Sigma H_T W_T \leqslant 50$	$\Sigma H_T W_T \leqslant 5$	$\Sigma H_T W_T \leqslant 25$
	内外混合照射	$\frac{H_E}{50}+\frac{\Sigma I_j}{ALI_j}\leqslant 1$		$\frac{H_E}{50}+\frac{\Sigma I_j}{ALI_j}\leqslant 1$

续上表

<table>
<tr><td rowspan="2">效　应</td><td rowspan="2">照射对像或方式</td><td colspan="2">年剂量当量限值（mSv/a）</td><td rowspan="2">连续三个月的剂量当量限值（职业 mSv）</td></tr>
<tr><td>放射性职业人员</td><td>公众人员</td></tr>
<tr><td colspan="5">注：H_E——全身一年的有效剂量当量（器官或组织一年接受的剂量当量与该器官或组织的相对危险度重因子的乘积）；
H_T——器官或组织 T 在一年接受的剂量当量；
W_T——器官或组织 T 的相对危险度权重因子；
I_j——放射性核素 j 的年摄入量，Bq/a（Bq 为放射性活度法定计量单位）；
ALI_j——放射性核素的年摄入量限值，Bq/a。
这里的 a 为“年”的英文简写。</td></tr>
</table>

1）年剂量当量限值

放射性工作人员的年剂量当量是指一年工作期间所受到照射的剂量当量和待积剂量当量（摄入人体内的放射性核素产生的累积剂量当量）两者之和，但不包括天然本底照射（例如大气环境中的宇宙射线成分）和医疗照射。

2）特殊照射

在正常工作中的一些特殊情况下，有时需要少数人员接受超过年剂量当量限值的照射，这种情况属于特殊照射。GB 18871—2002 对此有相应的规定：

（1）这种照射必须经过事先的周密计划；

（2）计划执行前必须经过单位领导和辐射防护负责人员的批准；

（3）所接受的有效剂量当量在一次（照射）事件中不大于 100mSv，在一生中不大于 250mSv，并符合非随机效应的规定（即前面所说的非随机效应的剂量阈值）；

（4）对接受这种照射的人员应进行医学观察，所接受的剂量当量及医学观察结果应详细记入该人员的健康档案；

（5）孕妇、授乳妇、16～18 岁的实习人员不能接受这种照射。

简言之，我国对射线检测工作人员规定的最高允许剂量每年为 5 雷姆（0.05Sv），亦即平均每周为 100 毫雷姆（1mSv），每小时为 2.1 毫雷姆（0.021mSv），全身照射的终身累积剂量不得超过 250 雷姆（2.5Sv）。

3. 射线防护的基本方法

对于射线检测人员，主要考虑的是外照射的辐射防护，通过防护控制外照射的剂量，使其保持在合理的最低水平，不超过国家辐射防护标准规定的剂量当量限值。射线防护的三要素是距离、时间和屏蔽，或者说射线防护的主要方法是时间防护、距离防护和屏蔽防护，俗称为射线防护的三大方法。

1）时间防护

在辐射场内的人员所受照射的累积剂量与时间成正比（剂量＝剂量率×时间）。因此可根据照射率的大小确定容许的受照射时间。在照射率不变的情况下，缩短照射时间便可减少所接受的剂量，或者人们在限定的时间内工作，就可能使他们所受到的射线剂量在最高允许剂量以下，确保人身安全（仅在非常情况下采用此法），从而达到防护目的。时间防护的要点是尽量减少人体与射线的接触时间（缩短人体受照射的时间）。

2）距离防护

距离防护是外部辐射防护的一种有效方法，采用距离防护的射线基本原理是首先将辐射源是作为点源的情况下，辐射场中某点的照射量、吸收剂量均与该点和源的距离的平方成反比，我们把这种规律称为平方反比定律，即辐射强度随距离的平方成反比变化（在源辐射强度一定的情况下，剂量率或照射量与离源的距离平方成反比）。增加射线源与人体之间的距离便可减少剂量率或照射量，或者说在一定距离以外工作，使人们所受到的射线剂量在最高允许剂量以下，就能保证人身安全。从而达到防护目的。距离防护的要点是尽量增大人体与射线源的距离。

平方反比定律可用公式说明：

$$I_A/I_B = F_B/F_A$$

式中：I_A——距离 A 处的射线强度；

I_B——距离 B 处的射线强度；

F_B——射线源到 B 处的距离；

F_A——射线源到 A 处的距离。

该公式说明射线一定时，两点的射线强度，与它们的距离平方成反比，显然，随着距离的增大将迅速减少受辐照的剂量。不过要注意：上述的关系式适用于没有空气或固体材料的点射线源，实际上的射线源都是有一定体积的，并非理想化的点源，而且还必须注意到辐射场中的空气或固体材料会使射线产生散射或吸收，不能忽略射源附近的墙壁或其他物体的散射影响，使得在实际应用时应适当地增大距离以确保安全。

3）屏蔽防护

屏蔽防护是根据射线穿透一定厚度的屏蔽物质时强度会减弱的原理，在辐射源与人体之间设置足够厚的屏蔽物（屏蔽材料），便可降低辐射水平，使人们在工作所受到的剂量降低最高允许剂量以下，确保人身安全，达到防护目的。屏蔽防护的要点是在射线源与人体之间放置一种能有效吸收射线的屏蔽材料。

对于 X 射线常用的屏蔽材料是铅板和混凝土墙，或者是钡水泥（添加有硫酸钡，也称重晶石粉末的水泥）墙。

4）安全距离的计算

《500kV 以下工业 X 射线探伤机防护规则》规定，在管电压低于 200kV 时，距其焦距 1m 处的漏射线比释动能率应不大于 2.5mGy/h，而在电压高于 200kV 时应不大于 5mGy/h。

射线检测职业人员年允许照射量为 20mSv。国际标准对 X 射线探伤机的照射量是有限制的。一般开机电压为大于 200kV 时候，离射线源 1m 处空气中的照射量为 5mSv/h。就是说，你站在离定向的机器 1m 处让其对着你照 4h，你的剂量就超标了。

X 射线的发生原理是需要高压的，机器一关射线几乎是立即消失，跟手电筒差不多。

如果一天工作 8h，机器都是一比一休息，相当于有效照射时间是 4h，一年按照 360 天算，只要保持空气中的剂量率在 14μSv/h 以下，你的剂量都不会超标。如果按照刚才离射线源 1m 处空气中的照射量为 5mSv/h 算的话，你的安全距离是 18m，这是纯粹理论数据，如果机器和你之间由其他屏蔽物，这个距离可以更小。业界的说法是安全距离 30m，这是绝对安全的距离。

5)电离辐射防护警告标志

(1)电离辐射标志。电离辐射的标志如图 2-4a)所示。其中 D 是中间圆的直径。

(2)电离辐射警告标志。电离辐射的警告标志如图 2-4b)所示。警告标志的含义是使人们注意可能发生的危险。其背景为黄色,正三角形边框及电离辐射标志图形均为黑色,“当心电离辐射”用黑色粗等线体字。正三角形外边 $a_1=0.034L$,内边 $a_2=0.700a_1$,L 为观察距离。

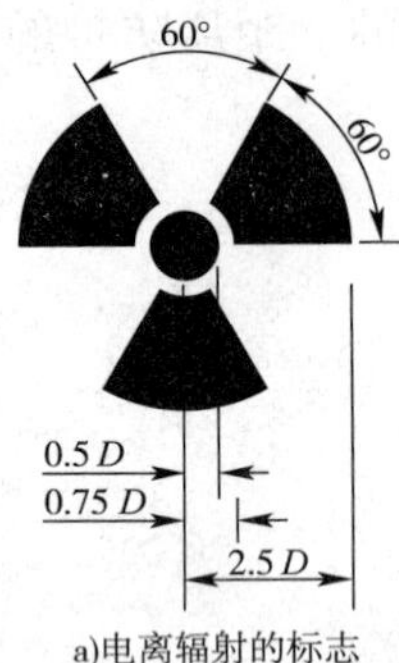

a)电离辐射的标志

b)电离辐射警告标志

图 2-4 电离辐射防护警告标志

二、工作任务训练

(一)训练资料、设备和工具

(1)电离辐射安全法规、条例;

(2)X 射线实训楼、曝光室。

(二)训练过程

1. 下达工作任务(表 2-10)

表 2-10

任务名称	实施电离辐射安全防护			
任务安排	1. 小组以 4 ~6 人组成,每小组推选一名组长与副组长; 2. 组长总体负责本组人员的任务分工,组织协调完成任务; 3. 副组长负责仪器和资料使用及安全管理等事务; 4. 各成员要相互配合、团结合作、各司其职地完成任务。			
任务要求	完成电离辐射安全防护实施报告。			
技术要求	1. 查阅法规与条例; 2. 检查 X 射线实训楼、曝光室安全防护情况; 3. 完成电离辐射安全防护实施报告。			
成员组成	小组号		组长	
	副组长		组员	

2. 制定工作计划

1)任务分工(表2-11)

表2-11

小组号			
组长		资料借领与归还者	
资料号			
分　工　安　排			
任务编号	任务内容	任务实施者	结论记录者
1			
2			
3			
4			
5			
6			

2)实施方案设计

(1)实训的步骤:

①查阅法规、条例有关内容;

②将实训任务进行分解编号,由不同的成员承担完成相应的分析项目;

③记录实训中心相关电离辐射安全防护措施;

④小组讨论;

⑤填表,完成实训任务。

(2)注意事项与技术要求:

①熟悉实施电离辐射安全防护的内容与应用;

②熟悉电离辐射安全防护的法律法规要求;

③掌握电离辐射安全防护的方法与措施。

3. 实施工作计划,并完成如下记录

1)实施工作计划

(1)布置实训任务;

(2)将实训任务进行分解编号;

(3)研究实训任务,查阅相应法律法规,寻找实训中心相关防护措施;

(4)组织小组讨论;

(5)填表完成实训任务。

2)电离辐射安全防护实施报告记录表(表2-12)

表 2-12

任务名称	实施电离辐射安全防护		小组号	
组长		组员		
电离辐射安全防护实施报告记录表				
序号	实 训 项 目	实 训 记 录		
1	船舶无损检测设备仪器	设备仪器名称与型号	设备仪器安全使用方法	
2	实训中心电离辐射安全防护采用措施	电离辐射安全防护措施	电离辐射安全防护措施特点	
3	实训中心电离辐射安全防护改进建议			

【任务小结】

一、学生自我评估(表2-13)

表2-13

实训项目	实施电离辐射安全防护				
小组号		任务号		实训者	
序号	检查项目	分值	要求	自我评定	
1	任务完成情况	40	按要求按时完成实训任务		
2	实训记录	20	记录规范、完整		
3	实训纪律	20	不在实训场地打闹,无事故发生		
4	团队合作	20	服从组长的任务分工安排,能配合小组其他成员工作		
实训总结: 小组评分:________ 组长:________ ____年____月____日					

二、教师评定反馈(表2-14)

表2-14

实训项目	实施电离辐射安全防护				
小组号		任务号		实训者	
序号	检查项目	分值	要求	教师评定	
1	资料查阅	20	资料查阅正确、针对性强		
2	设备查阅	20	设备查阅正确		
3	效率检查	10	按时完成实训		
4	信息记录	20	记录规范、完整		
5	成果检测	10	成果符合要求		
6	团队合作	20	小组各成员能相互配合,协调工作		
存在问题: 考核教师:________ ____年____月____日					

【拓展提高】

案例:电离辐射安全防护法律法规查阅。

【课后自测】

1. 判断题

(1)辐射防护一般有距离防护,屏蔽防护,时间防护。

(2)作业现场的防护与安全第一责任人是作业组负责人。

(3)γ 机操作过程必须至少 2 人在场,一人操作,一人监护。

(4)γ 源每次领用及归还入库时使用人对探伤机主机及附件进行检查,确认无异常后,就可领用或归还入库。

(5)γ 机领用时,发现故障应立即登记、汇报,项目部应立即追查上一次使用情况及保管情况,若未登记、汇报,最终使用及专管人分担全部责任。

(6)γ 源收回到贮罐位置,连锁装置应自动锁上,此时行程显示器的数字应为“0000”。

(7)γ 源在临时存放时不必有人监控。

(8)只有在高空作业时才应该戴安全帽、系安全带,地面上时不必。

2. 选择题

(1)检测记录和报告等保存期不得少于(　　)年。

A. 3　　B. 5　　C. 7　　D. 10

(2)现场进行射线检测时,应进行哪些准备工作(　　)。

A. 划定控制区和管理区(监督区)、设置告警告标志

B. 配带个人剂量仪、携带剂量报警仪

C. 划定控制区和管理区(监督区)、设置告警告标志、配带个人剂量仪、携带剂量报警仪

D. 设置告警告标志、配带个人剂量仪、携带剂量报警仪

(3)运输 γ 源时,人与探伤机屏蔽壳相距应大于(　　)m。

A. 0.5　　B. 1　　C. 2　　D. 3

(4)检测人员在检测开始前,应先检查现场安全状况,检查内容包括(　　)。

A. 脚手架是否牢固　　B. 无非放射工作人员

C. 防护屏蔽物　　D. 以上都是

(5)γ 源控制手柄部分若需清洗,可用(　　)清洗。

A. 煤油　　B. 机油　　C. 黄油　　D. 水

(6)γ 源导源管与机体连接的次序为(　　)。

A. 卸下机前端顶的源鞭　　B. 将源鞭插入到机体端部专设的小管内

C. 源出口处接上导源管　　D. 握住塑料导源管往外拉

E. 检查快换接头联结是否牢靠

(7)《射线机使用安全操作程序执行卡》的内容包括(　　),填写时应对各部分内容分别签名。

A. 使用前的准备工作　　　　B. 使用过程记录
C. 工作完毕记录　　　　　　D. 异常情况说明

任务三　选择X射线探伤曝光条件

【任务目标】

1. 熟悉 X 射线探伤曝光条件的有关内容；
2. 初步具有选择 X 射线探伤曝光条件的能力。

【任务解析】

1. 工作任务名称:选择 X 射线探伤曝光条件。
2. 工作任务背景:焊缝 X 射线检测。
3. 完成工作任务要达到的技术标准:《金属熔化焊接接头射线照相》GB 3323—2005,《船舶钢焊缝射线照相工艺和质量分级》CB/T 3558—2011。
4. 完成工作任务所需要的资料:国家标准与规范。
5. 完成任务的思路,完成任务的技能点和知识点:

(1)完成任务的思路:熟悉 X 射线探伤曝光条件的有关内容;完成 X 射线探伤曝光条件的选择。

(2)完成任务的技能点和知识点:像质等级;灵敏度;几何参数;曝光规范;典型工件透照方向。

【任务实施】

一、相关理论与知识学习

射线照相法具有灵敏度较高、所得射线底片能长期保存等优点,目前在国内外射线探伤中,应用最为广泛。射线照相法探伤法是通过底片上缺陷影像,对照有关标准来评定工件内部质量的。对于焊接射线探伤而言,我国已经制订了国家标准。射线探伤系统的组成见图 2-5。如何选择射线照相中的各项主要技术条件,是射线照相的关键所在。

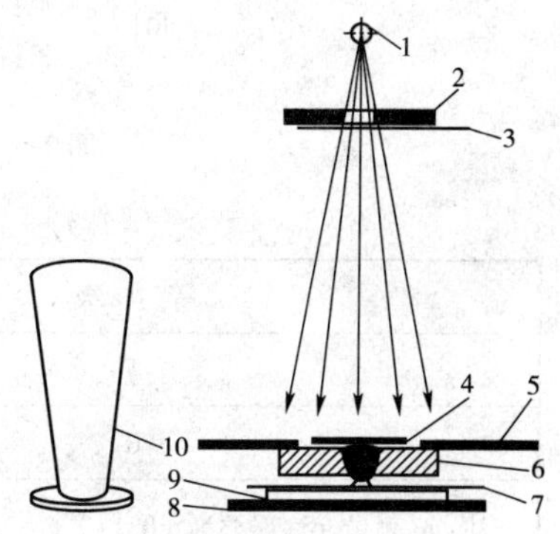

图 2-5　探伤系统基本组成示意图
1-射线源;2-铅光阑;3-滤板;4-像质计、标记带;5-铅遮板;6-工件;7-滤板;8-底部铅板;9-暗盒、胶片、增感屏;10-铅罩

(一)像质等级的确定

1. 像质等级

像质等级就是射线照相质量等级,是对射线探伤技术本身的质量要求。对给定工件进行射线照相法探伤时,应根据有关规程和标准要求选择适当的探伤条件。例如,透照钢熔

焊对接接头时应以 GB 3323—2005 为依据。其中对射线探伤技术本身的质量要求,是以所规定的照相质量等级来体现:

A 级——成像质量一般,适用于承受负载较小的产品及部件。

AB 级——成像质量较高,适用于锅炉和压力容器产品及部件。

B 级——成像质量最高,适用于航天和核设备等极为重要的产品及部件。

不同的像质等级,对射线底片的黑度、灵敏度均有不同的规定。为达到其要求,需从探伤器材、方法、条件和程序等各方面预先进行正确选择和全面合理布置,对给定工件进行射线照相法探伤时,应根据有关规定和标准要求选择适当的像质等级。

2. 黑度

底片黑度(或光学密度)是指曝光并经暗室处理后的底片黑化程度,其大小与该部分含银量的多少有关,含银量多的部位比少的部位难于透光,即它的黑度较大。

黑度定义的数学表示如下:

$$D = \lg L_0 / L \tag{2-1}$$

式中:D——底片黑度;

L_0——照射强度;

L——透过光强。

射线底片黑度可用黑度剂(光密度计)直接在底片的规定部位测量,见图 2-6 所示。灰雾度 D_0 是指未经曝光的胶片经显影处理后获得的微小黑度,当然也包括了片基本身的不透明度。当 $D_0 < 0.2$ 时对射线底片影像影响不大,若其值过大则会损害影像的对比度和清晰度,而降低灵敏度。GB 3323—2005 规定各像质等级的底片黑度值如表 2-15 所示。

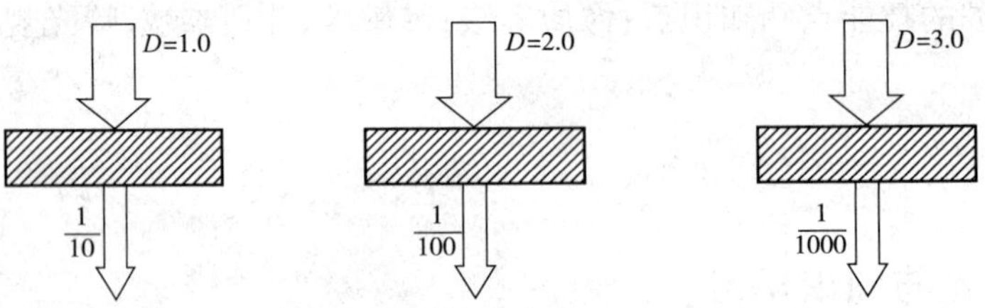

图 2-6　底片黑度不同时,透射光强与照射光强的关系

像质等级与底片黑度表　　表 2-15

等　级	黑　度[a]
A	≥2.0[b]
B	≥2.3[c]

注:a. 测量允许误差为 ±0.1;

b. 经合同各方商定,可降为 1.5;

c. 经合同各方商定,可降为 2.0。

(二)灵敏度的确定

灵敏度是显示缺陷的程度或能发现最小缺陷的能力,它是评价射线照相质量的最重要指标。灵敏度包括绝对灵敏度和相对灵敏度。在射线底片上能发现被检试件中与射线平行

方向的最小缺陷尺寸的，称为绝对灵敏度；在射线底片上能发现被检工件中与射线平行方向的最小缺陷尺寸占缺陷处试件厚度的百分数，称为相对灵敏度。

由于预先无法了解沿射线穿透方向上的最小缺陷尺寸，为此必须采用已知尺寸的人工"缺陷"——像质计来度量。这样就达到两个目的；其一，在给定的射线探伤工艺条件下，底片上显示出人工"缺陷"影像，以获得灵敏度的概念；其二，监视底片的照相质量。应该明了，用像质计得到的灵敏度并非是真正发现实际缺陷的灵敏度，而只是表征对于某些人工"缺陷"（金属丝等）发现的难易程度，但它完全可以对影像质量做出客观的评价。

目前，测定底片的射线照相灵敏度采用像质计，最广泛使用的像质计有，线型、孔型和槽型等。线型像质计由于结构简单、易于制作，已经被广泛采用。采用与被透照工件材料相同或相近的材料制作的金属丝，按照直径大小的顺序，以规定的间距平行排列，封装在对射线吸收系数很低的透明材料中，并配一定的标志说明字母和数字。关于丝的直径，一般采用等比数列决定的一个优选数列，并对丝径编号，如图2-7所示。

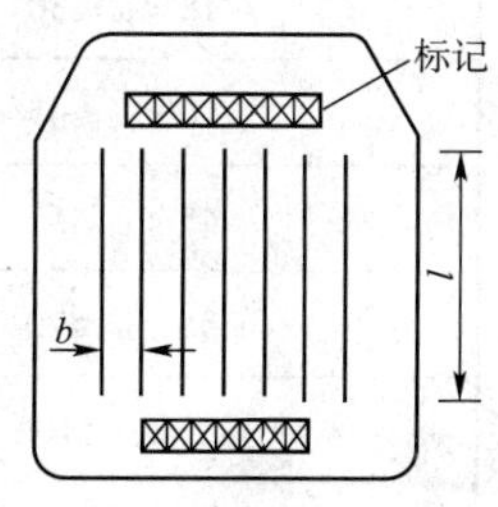

图2-7 线型像质计结构

GB 3323—2005 规定，射线照相灵敏度以像质指数表示，它与像质等级和透照厚度的相互关系见表2-16。但是该表并没有给出实际透照时应该选用哪个型号的像质计，在这里推荐表2-17，它以B级像质等级为例，可保证底片上至少可观察到两根金属丝的影像。

像质等级与透照厚度关系表 表2-16

像质计型号 / 像质等级	Ⅲ#(10/16)	Ⅱ#(6/12)	Ⅰ#(1/7)
A	≤10	>10~60	>60~200
AB	≤16	>16~80	>80~200
B	≤25	>25~50	>150~200

线型像质计的选用 表2-17

B 级		
穿透厚度 ω (mm)	像质计数值	
	应识别的丝径(mm)	应识别的丝号
ω≤1.5	0.050	W19
1.5<ω≤2.5	0.0630	W18
2.5<ω≤4.0	0.080	W17
4.0<ω≤6.0	0.100	W16

续上表

穿透厚度 ω (mm)	B 级	
	像质计数值	
	应识别的丝径(mm)	应识别的丝号
6.0 < ω ≤ 12	0.125	W15
12 < ω ≤ 18	0.16	W14
18 < ω ≤ 30	0.20	W13
30 < ω ≤ 45	0.25	W12
45 < ω ≤ 55	0.32	W11
55 < ω ≤ 70	0.40	W10
70 < ω ≤ 100	0.50	W9
100 < ω ≤ 180	0.63	W8
180 < ω ≤ 300	0.80	W7
ω > 300	1.00	W6

(三)增感屏的选用

由于射线胶片吸收入射射线的能量很少,为达到更好的透照效果,缩短曝光时间,常使用增感屏与胶片一起进行射线照相。

某些盐类物质在射线的作用下可以发射荧光,金属在高能量射线作用下可以发射电子和荧光射线,荧光和电子都具有使射线胶片感光的作用。增感屏就是将盐类物质涂布在支持物上或将金属箔粘接在支持物上制成的屏。

增感屏主要有三种类型:金属增感屏、荧光增感屏、复合增感屏(金属荧光增感屏)。

金属增感屏是由金属箔粘合在纸基或胶片片基上制成,探伤时与射线胶片紧密接触。增感屏被射线透射后可产生二次电子和二次射线,增加对胶片的感光作用(称增感效应)。同时,它对波长较长的散射线又有吸收作用(称滤波作用),减小散射线引起的灰雾度。因而,金属增感屏的存在,提高了胶片的感光速度和底片的成像质量。

荧光增感屏,在支持物上均匀涂布一层荧光物质,上面在涂布一层保护物质。尽管其具有很大的增感系数(例如,荧光增感屏与增感胶片相配,增感系数可高达200~300)。但由于荧光增感屏的荧光体颗粒粗,产生荧光扩散,荧光增感屏不能截止散射线,屏斑效应等会引起成像质量显著降低,影像模糊,清晰度差,灵敏度低,缺陷分辨力差,易造成细小裂纹等危险缺陷的漏检,故在透照焊缝时一般不选用。

复合增感屏(金属荧光增感屏),是金属增感屏和荧光增感屏的组合,金属箔一般用铅箔,能吸收散射线。荧光物质在一次射线的照射下发射荧光,产生增感作用。由于金属荧光增感屏能吸收工件产生的散射线,不能克服荧光增感屏的其他缺点,所以在射线照相中也未得到广泛应用。

每组增感屏分前屏和后屏。布置在先于胶片接受射线照射者称前屏,后于胶片接受射线照射者称后屏,一般前屏厚度较薄,后屏厚度较大。前后屏具有各种厚度,适用于不同能量的射线和不同的透照对象。

在一般检测技术和较高检测技术条件中应采用金属增感屏。在进行射线照相时应根据工件的特点、质量要求、透照条件正确选择增感屏。使用增感屏时应注意:

(1)增感物质表面朝向胶片;

(2)增加物质表面与胶片表面应直接接触,不能放置其他物品,如纸张等;

(3)射线照相过程中应保证增感屏和胶片紧密接触,但不能过分弯曲和挤压;

(4)在前后屏之间装入胶片或取出胶片时应尽量避免摩擦;

(5)检查增感屏表面是否污染或损坏,受到污损的增感屏不能使用。

(四)几何参数的选择

1. 焦点大小的影响

由于焦点不是点源,而有一定的几何尺寸,射线焦点的大小对探伤取得的底片图像细节的清晰程度影响很大,它使缺陷的边缘线影像变得模糊,因而影响探伤灵敏度。焦点为点状时,得到的缺陷影像最为清晰。而当焦点为直径 d 的圆截面时,缺陷在底片上的影像将存在黑度逐渐变化的区域 U_g,称为半影。它使得缺陷的边缘线影像变得模糊而降低射线照相的清晰度。且焦点尺寸愈大,半影也愈大,成像就愈不清晰。所以,探伤时应当尽量减小焦点尺寸。

2. 透照距离的选择

透照距离即指焦点至胶片的距离 F,又称焦距。在射线源选定后,增大透照距离可提高底片清晰度,也增大每次透照面积。但同时也大大削弱单位面积的射线强度,从而使得曝光时间过长。因此,不能为了提高清晰度而无限地加大透照距离。探伤通常采用的透照距离为400~700mm。

3. 缺陷至胶片距离

当缺陷至胶片距离为 b 时,则有:

$$u_g = \frac{db}{F-b} \tag{2-2}$$

式中:u_g——几何不清晰度(mm);

b——缺陷至胶片距离(mm);

d——焦点尺寸(mm);

F——焦距(mm)。

如图2-8所示。

当缺陷位于工件表面时,几何不清晰度将最大,即

$$u_{gmax} = \frac{\delta d}{F-\delta} \tag{2-3}$$

式中:u_{gmax}——最大几何不清晰度(mm);

δ——工件厚度(mm);

d——焦点尺寸(mm);

F——焦距(mm)。

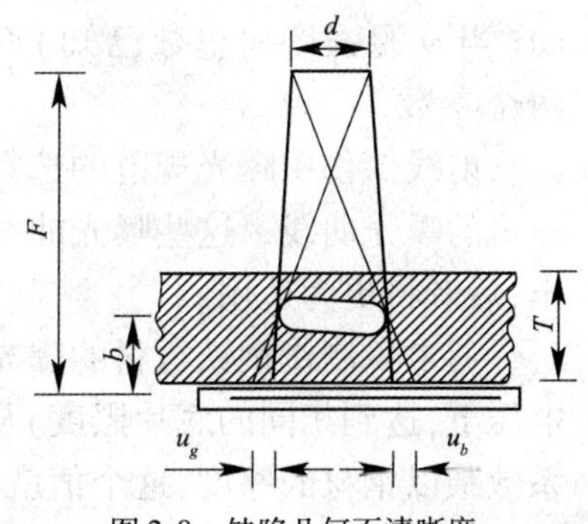

图2-8　缺陷几何不清晰度

综上所述,目前在射线探伤的标准中,均依几何不清晰度原理推荐使用诺模图(图 2-9)来确定透照距离。

【例 2-1】 已知 $d=3\text{mm},\delta=20\text{mm},u_g=0.4\text{mm}$。试通过诺模图决定最小透照距离。

解:在图 2-9 中 d 标尺上找到"3"刻度,在 δ 标尺上找到"20"刻度,连接此二点交于中间标尺 $F-\delta$ 的"150"刻度处。即射线源焦点距工件表面距离最小值应为 150mm,因此最小透照距离(最小焦距)$F_{\min}=(150+20)\text{mm}=170\text{mm}$,这时才能满足规定的几何不清晰度 $u_g=0.4\text{mm}$ 的要求。

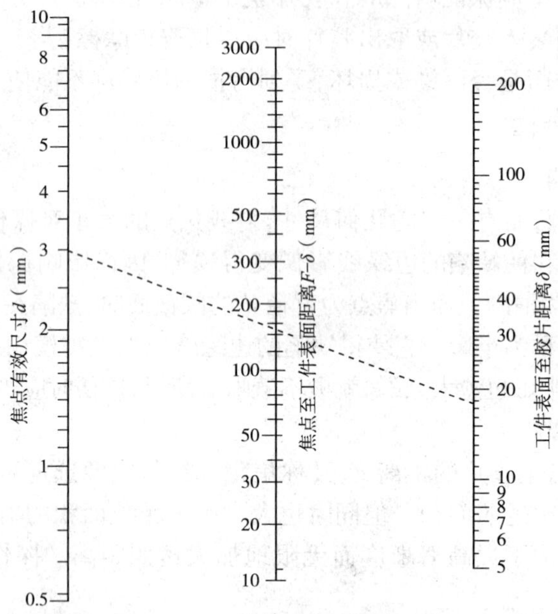

图 2-9　确定焦点至工件表面的诺模图($u_g=0.4\text{mm}$)

(五)曝光规范的选择

在一定的探伤器材、几何条件和暗室处理等条件下,欲获得规定黑度值的底片,对某一厚度工件应选用的透照参数叫曝光规范,又称曝光条件。其中,X 射线探伤时,主要是指管电压、管电流、焦距和曝光时间 4 个参数,γ 射线探伤时,主要是焦距和曝光时间(当 γ 源强度居里数已知)两个参数;高能 X 射线探伤时主要是焦距和拉德数(rad)两个参数。

射线探伤中曝光规范的选择,利用曝光曲线最为实用和方便。图 2-10、图 2-11 是 X 射线机的曝光曲线。这些曝光曲线图均由探伤机制造厂给出或由探伤人员自己用试验方法做出,后者将更为适用。

通常只制作钢铁材料的曝光曲线,当透照其他材料时,可使用等效系数(原理:在一定管电压下,达到相同的底片黑度)从钢铁材料曝光曲线上查出相应的曝光量。从表中查出等效系数乘以钢材的厚度,这个值就是相应于钢铁材料的等效厚度。射线透照等效系数的近似值见表 2-18。

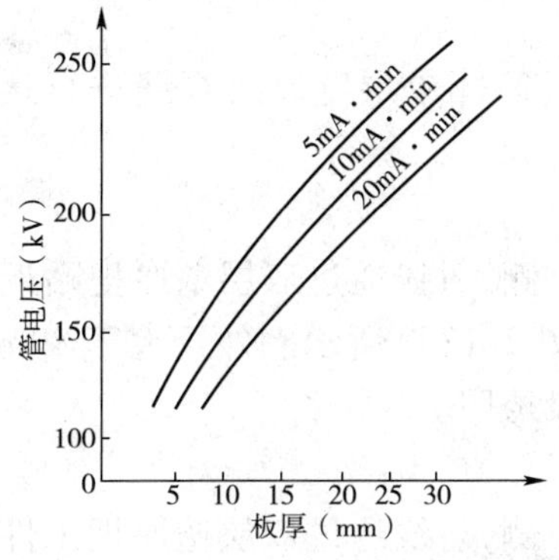

图 2-10　以管电压为参数的曝光曲线图

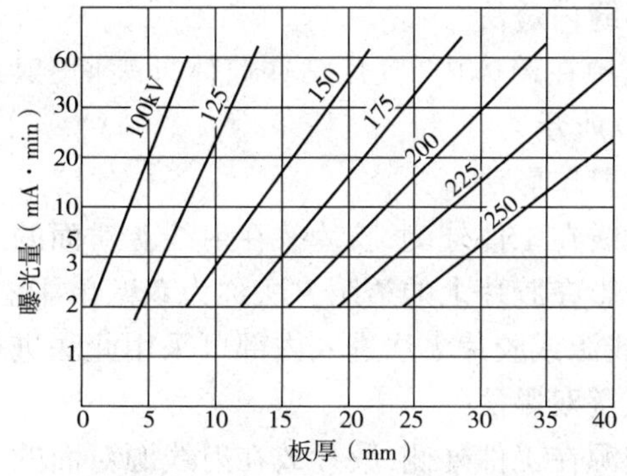

图 2-11　以曝光量(mA · min)为参数的曝光曲线图

几种常用材料的射线透照等效系数(以钢为例)　　表 2-18

金　属	能　量　等　级									
	100kV	150kV	220kV	250kV	400kV	1MV	2MV	4～25MV	铱 192	钴 60
锰	0.05	0.05	0.08							
铝	0.08	0.12	0.18						0.35	0.35
铝合金	0.10	0.14	0.18						0.35	0.35
钛		0.54	0.54		0.71	0.9	0.9	0.9	0.9	0.9
铁/所有金属	1.0	1.0	1.0	1.0	1.0	1.0	1.0	1.0	1.0	1.0
铜	1.5	1.6	1.4	1.4	1.4	1.1	1.1	1.2	1.1	1.1
锌		1.4	1.3		1.3			1.2	1.1	1.0
黄铜		1.4	1.3		1.3	1.2	1.1	1.0	1.1	1.0
因科镍合金 X		1.4	1.3		1.3	1.3	1.3	1.3	1.3	1.3
蒙内尔合金	1.7		1.2							
锆	2.4	2.3	2.0	1.7	1.5	1.0	1.0	1.0	1.2	1.0
铅	14.0	14.0	12.0			5.0	2.5	2.7	4.0	2.3
铪			14.0	12.0	9.0	3.0				
铀			20.0	16.0	12.0	4.0		3.9	12.6	3.4

(六)典型工件的透照方向选择

进行射线探伤时,为了彻底地反映工件接头内部缺陷的存在情况,应根据焊接接头形式和工件的几何形状合理布置透照方法。按照射线源、工件和胶片之间的相互位置关系,焊缝的透照方法分为纵缝透照法、环缝外透法、环缝内透法、双壁单影法和双壁双影法 5 种,见图 2-12 所示。

1. 纵缝透照法

纵缝即平板对接焊缝或筒体纵缝,纵缝透照法是最常用的透照方法,如图 2-12a)所示。

2. 环缝外透法

射线源在工件外侧,胶片放在筒体内侧,射线穿过单层壁厚对焊缝进行透照, 如图 2-12b)所示。

3. 环缝内透法

射线源在筒体内,胶片贴在筒体外表面,射线穿过筒体单层壁厚对焊缝进行透照,如图 2-12c)所示。

4. 双壁单影法

当射线在工件外侧,胶片放在射线源对面的工件外侧,射线通过双层壁厚把贴近胶片侧的焊缝投影在胶片上的透照方法称为双壁单影法,如图 2-12d)所示。外径大于 89mm 的管子,当射线源或胶片无法进入内部可采用此法进行分段透照。

5. 双壁双影法

射线源在工件外侧,胶片放在射线源对面的工件外侧,射线透过双层壁厚把工件两侧都投影到胶片上的透照方法称为双壁双影法,如图 2-12e)所示。外径小于等于 89mm 的管子对接焊缝可采用此法透照。透照时,为了避免上、下层焊缝的影像重叠,射线束方向应有适当倾斜。GB/T 3323—1987 规定,射线束的方向应满足上下焊缝的影像在底片上呈椭圆形显示,其间距以 3 ~ 10mm 为宜,最大间距不得超过 15mm。

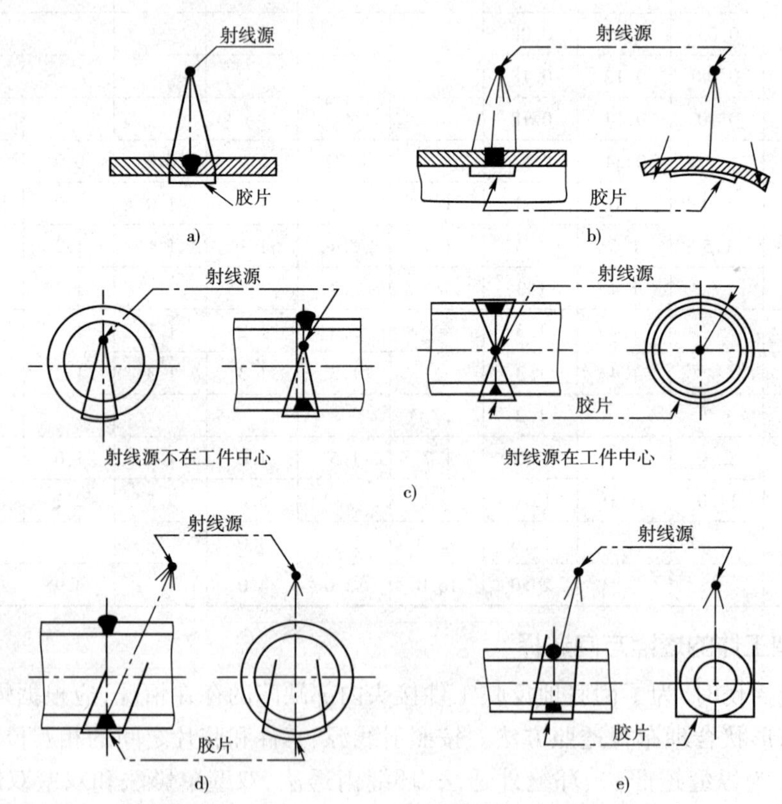

图 2-12 焊缝常见透照方法

二、工作任务训练

(一)训练资料、设备和工具

(1)射线机;

(2)焊缝工件;

(3)铅衬板、垫块和直尺等;

(4)暗袋、胶片、增感屏和铅字等。

(二)训练过程

1. 下达工作任务(表2-19)

表2-19

<table>
<tr><td>任务名称</td><td colspan="5">选择X射线探伤曝光条件</td></tr>
<tr><td>任务安排</td><td colspan="5">1. 小组以4～6人组成,每小组推选一名组长与副组长;
2. 组长总体负责本组人员的任务分工,组织协调完成任务;
3. 副组长负责仪器和资料使用及安全管理等事务;
4. 各成员要相互配合、团结合作、各司其职地完成任务。</td></tr>
<tr><td>任务要求</td><td colspan="5">完成X射线探伤曝光条件选择训练。</td></tr>
<tr><td>技术要求</td><td colspan="5">1. 我国X射线探伤方面的有关标准;
2. 熟悉便携式X射线机及安全操作规程;
3. 完成X射线探伤曝光条件选择。</td></tr>
<tr><td rowspan="2">成员组成</td><td>小组号</td><td colspan="2"></td><td>组长</td><td></td></tr>
<tr><td>副组长</td><td></td><td>组员</td><td colspan="2"></td></tr>
</table>

2. 制定工作计划

1)任务分工(表2-20)

表2-20

<table>
<tr><td>小组号</td><td colspan="3"></td></tr>
<tr><td>组长</td><td></td><td>资料借领与归还者</td><td></td></tr>
<tr><td>资料号</td><td colspan="3"></td></tr>
<tr><td colspan="4">分　工　安　排</td></tr>
<tr><td>任务编号</td><td>任务内容</td><td>任务实施者</td><td>结论记录者</td></tr>
<tr><td>1</td><td></td><td></td><td></td></tr>
<tr><td>2</td><td></td><td></td><td></td></tr>
<tr><td>3</td><td></td><td></td><td></td></tr>
<tr><td>4</td><td></td><td></td><td></td></tr>
<tr><td>5</td><td></td><td></td><td></td></tr>
<tr><td>6</td><td></td><td></td><td></td></tr>
</table>

2)实施方案设计

(1)实训的步骤:

①查阅熟悉我国X射线探伤方面的有关标准;

②将实训任务进行分解编号,由不同的成员承担完成相应的项目;

③记录实训中心相关条件的选择;

④小组研究讨论;

⑤填表,完成实训任务。

(2)注意事项与技术要求:

①熟悉国家标准与规范;

②掌握 X 射线探伤曝光条件。

3. 实施工作计划,并完成如下记录

1)实施工作计划

(1)布置实训任务;

(2)将实训任务进行分解编号;

(3)研究实训任务,查阅 X 射线探伤国家标准;

(4)选择 X 射线探伤曝光条件;

(5)填表完成实训任务。

2)选择 X 射线探伤曝光条件记录表(表 2-21)

表 2-21

<table>
<tr><td colspan="2">任务名称</td><td>选择 X 射线探伤曝光条件</td><td>小组号</td><td></td></tr>
<tr><td colspan="2">组长</td><td></td><td>组员</td><td></td></tr>
<tr><td colspan="5">选择 X 射线探伤曝光条件记录表</td></tr>
<tr><td>序号</td><td>实 训 项 目</td><td colspan="3">实 训 记 录</td></tr>
<tr><td rowspan="4">1</td><td rowspan="4">选择像质等级</td><td>像质等级</td><td colspan="2">选择结果</td></tr>
<tr><td></td><td colspan="2"></td></tr>
<tr><td></td><td colspan="2"></td></tr>
<tr><td></td><td colspan="2"></td></tr>
<tr><td rowspan="6">2</td><td rowspan="6">选择像质计</td><td></td><td colspan="2"></td></tr>
<tr><td></td><td colspan="2"></td></tr>
<tr><td></td><td colspan="2"></td></tr>
<tr><td></td><td colspan="2"></td></tr>
<tr><td></td><td colspan="2"></td></tr>
<tr><td></td><td colspan="2"></td></tr>
<tr><td rowspan="6">3</td><td rowspan="6">选择几何参数</td><td>参数名称</td><td colspan="2">选择结果</td></tr>
<tr><td></td><td colspan="2"></td></tr>
<tr><td></td><td colspan="2"></td></tr>
<tr><td></td><td colspan="2"></td></tr>
<tr><td></td><td colspan="2"></td></tr>
<tr><td></td><td colspan="2"></td></tr>
<tr><td rowspan="2">4</td><td rowspan="2">选择 X 射线
透照参数</td><td>参数分析</td><td colspan="2">选择结果</td></tr>
<tr><td></td><td colspan="2"></td></tr>
<tr><td rowspan="2">5</td><td rowspan="2">选择透照方法</td><td>方法分析</td><td colspan="2">选择结果</td></tr>
<tr><td></td><td colspan="2"></td></tr>
</table>

【任务小结】

一、学生自我评估（表2-22）

表2-22

实训项目	选择X射线探伤曝光条件				
小组号		任务号		实训者	
序号	检 查 项 目	分值	要　求	自 我 评 定	
1	任务完成情况	40	按要求按时完成实训任务		
2	实训记录	20	记录规范、完整		
3	实训纪律	20	不在实训场地打闹，无事故发生		
4	团队合作	20	服从组长的任务分工安排，能配合小组其他成员工作		
实训总结： 小组评分：________　组长：________　___年___月___日					

二、教师评定反馈（表2-23）

表2-23

实训项目	选择X射线探伤曝光条件				
小组号		任务号		实训者	
序号	检 查 项 目	分值	要　求	教 师 评 定	
1	资料查阅	20	资料查阅正确、针对性强		
2	条件分析	20	分析正确		
3	效率检查	10	按时完成实训		
4	信息记录	20	记录规范、完整		
5	成果检测	10	成果符合要求		
6	团队合作	20	小组各成员能相互配合，协调工作		
存在问题： 考核教师：________　___年___月___日					

【拓展提高】

案例:选择 γ 射线曝光规范。

【课后自测】

问答题

1. 像质等级有哪些?
2. 选择焦距时应考虑哪几个因素?
3. 曝光曲线的用途和种类有哪些?
4. X 射线照相的曝光条件主要包括哪些内容?
5. 什么是射线照相灵敏度?

任务四　X 射线拍片检测平板焊缝

【任务目标】

1. 熟悉 X 射线拍片照相检测工艺;
2. 初步具有 X 射线拍片检测平板焊缝的能力。

【任务解析】

1. 工作任务名称:X 射线拍片检测平板焊缝。
2. 工作任务背景:焊缝 X 射线检测。
3. 完成工作任务要达到的技术标准:《金属熔化焊接接头射线照相》GB 3323—2005《船舶钢焊缝射线照相工艺和质量分级》CB/T 3558—2011。
4. 完成工作任务所需要的资料:船舶标准与规范。
5. 完成任务的思路,完成任务的技能点和知识点:

(1)完成任务的思路:熟悉 X 射线拍片检测的设备等条件;熟悉 X 射线拍片检测的步骤;完成平板焊缝的 X 射线拍片检测。

(2)完成任务的技能点和知识点:像质等级;灵敏度;几何参数;曝光规范;典型工件透照方向。

【任务实施】

一、相关理论与知识学习

射线照相法探伤法是通过底片上缺陷影像,对照有关标准来评定工件内部质量的。射线照相法具有灵敏度较高、所得射线底片能长期保存等优点,目前在国内外射线探伤中,应用最为广泛。对于焊接射线探伤而言,我国已经制订了国家标准 GB 3323—2005,船舶行业也有行业标准 CB/T 3558—2011。

平板形工件包括一般工件的平面部分以及曲率半径很大的弧面部分,如扁平铸件、对接焊板材、直径大的圆筒形铸件和焊接件等。以下介绍实施 X 射线拍片检测平板焊缝工作的相关内容。必须选择的技术参数有以下几点:

(一)像质等级的确定

像质等级就是射线照相质量等级,是对射线探伤技术本身的质量要求。我国将其划分为三个级别:

A 级——成像质量一般,适用于承受负载较小的产品和部件。

AB 级——成像质量较高,适用于锅炉和压力容器产品及部件。

B 级——成像质量最高,适用于航天和核设备等极为重要的产品和部件。

不同的像质等级对射线底片的黑度、灵敏度均有不同的规定。为达到其要求,需从探伤器材、方法、条件和程序等方面预先进行正确选择和全面合理布置,对给定工件进行射线照相法探伤时,应根据有关规定和标准要求选择适当的像质等级。

(二)探伤位置的确定及其标记

在探伤工件中,应按产品制造标准的具体要求对产品的工作焊缝进行全检即 100% 检查或抽检。抽检面有 5% 、10% 、20% 、40% 等几种,采用何种抽检面应依据有关标准及产品技术条件而定。

对允许抽检的产品,抽检位置一般选在:可能或常出现缺陷的位置;危险断面或受力最大的焊缝部位;应力集中部位;外观检查感到可疑的部位。

1. 探伤位置的确定

根据船舶焊缝检测要求,船舶行业标准,GB/T 3177—94《船舶钢焊缝射线照相和超声波检查规则》及船舶建造规范要求,确定探伤比例及位置。

2. 标记

对于选定的焊缝探伤位置必须进行标记,使每张射线底片与工件被检部位能始终对照,易于找出返修位置。标记内容主要有:

(1)定位标记。包括中心标记、搭接标记。

(2)识别标记。包括工件编号、焊缝编号、部位编号、返修标记等。

(3)B 标记。该标记应贴附在暗盒背面,用以检查背面散射线防护效果。若在较黑背景上出现“B”的较淡影像,应予重照。

另外,工件也可以采用永久性标记(如钢印)或详细的透照部位草图标记。标记的安放位置如图 2-13 所示。

(三)射线能量的选择

射线能量的选择实际上是对射线源的 kV 、MeV 值或 γ 源的种类的选择。对于 X 射线能量愈大,其穿透能力愈强,可透照的工件厚度愈大。过高的射线能量对射线照相是不利的,随着管电压的升高,衰减系数减少,对比度降低,固有不清晰度增大,底片颗粒度也增大,射线照相灵敏度降低而导致成像质量下降。所以在保证穿透的前提下,应根据材质和成像质量要求,尽量选择较低的射线能量。

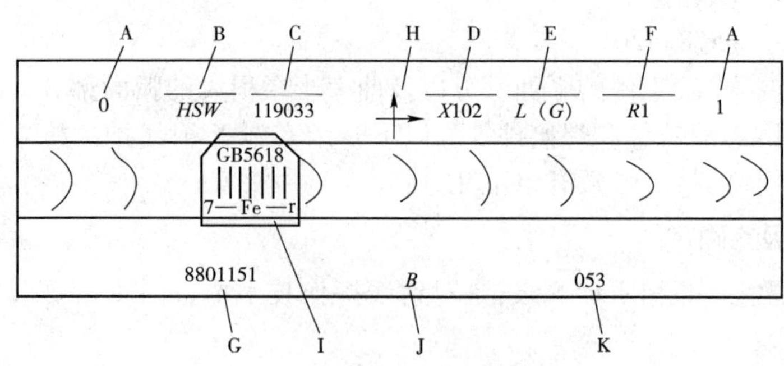

图 2-13　各种标记相互位置(标记系)

A-定位及分编号(搭接标记);B-制造厂代号;C-产品令号(合同号);D-工件编号;E-焊接类别(纵、环缝);F-返修次数;G-检验日期;H-中心定位标记;I-像质计;J-B 标记;K-操作者代号

(四)胶片与增感屏的选取

1. 胶片的选取

射线胶片不同于普通照相胶卷之处是在片基的两面均涂有乳剂,以增加射线敏感的卤化银含量,通常依卤化银颗粒粗细和感光速度快慢,将射线胶片予以分类。探伤时可按检验的质量和像质等级要求来选用,检验质量和像质等级要求高的应选用颗粒小、感光速度慢的胶片。反之则可选用颗粒较小、感光速度较快的胶片。

2. 增感屏的选取

射线照相中使用的金属增感屏,是由金属箔(常用铅、钢或铜等)粘合在纸基或胶片片基上制成。其作用主要是通过增感屏被射线投射时产生的二次电子和二次射线,增强对胶片的感光作用,从而增加胶片的感光速度。同时,金属增感屏对波长较长的散射线有吸收作用。这样,由于金属增感屏的存在,提高了胶片的感光速度和底片的成像质量。

金属增感屏有前、后屏之分。前屏(覆盖胶片靠近射线源的一面)较薄,后屏(覆盖胶片背面)较厚。其厚度应根据射线能量进行适当的选择。

(五)灵敏度的确定及像质计的选用

灵敏度是评价射线照相质量的最重要的指标,它标志着射线探伤中发现缺陷的能力。灵敏度分绝对灵敏度和相对灵敏度。绝对灵敏度是指在射线底片上所能发现的沿射线穿透方上的最小缺陷尺寸。相对灵敏度则用所能发现的最小缺陷尺寸在透照工件厚度上所占的百分比来表示。由于预先无法了解沿射线穿透方向上的最小缺陷尺寸,为此必须采用已知尺寸的人工"缺陷"——像质计来度量。

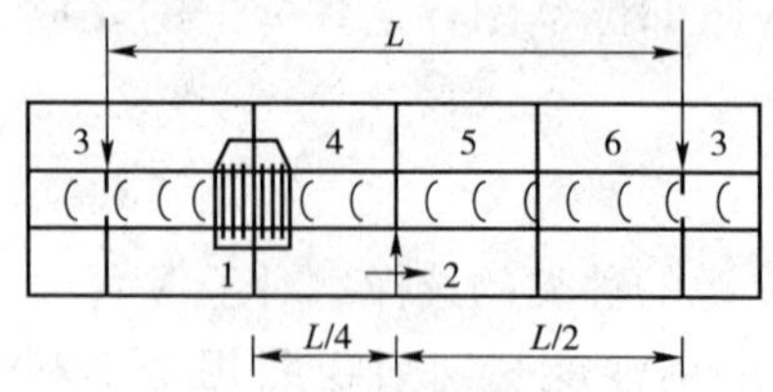

图 2-14　像质计的正确安放

像质计有线型、孔型和槽型三种,探伤时,所采用的像质计必须与被检工件材质相同,其放置方式应符合图 2-14所示要求,即安放在焊缝被检区长度 1/4 处,钢丝横跨焊缝并与焊缝轴线垂直,且细丝朝外。

在透照灵敏度相同情况下,由于缺陷性质、取向、内含物的不同,所能发现的实际尺寸不同。所以在达到某一灵敏度时,并不能断定能够发现缺陷的实际尺寸究竟有多大。但是像质计得到的灵敏度反映了对于某些人工"缺陷"(金属丝等)发现的难易程度,因此它完全可以对影像质量做出客观的评价。

（六）透照几何参数的选择

1. 射线焦点大小的影响

射线焦点的大小对探伤取得的底片图像细节的清晰程度影响很大，因而影响探伤灵敏度。焦点为点状时，得到的缺陷影像最为清晰，而当焦点为直径 d 的圆截面时，缺陷在底片上的影像将存在黑度逐渐变化的区域 U_g，称为半影。半影的宽度就是几何不清晰度。它使得缺陷的边缘线影像变得模糊而降低射线照相的清晰度。且焦点尺寸愈大，半影也愈大，成像就愈不清晰。所以，探伤时应当尽量减小焦点尺寸。

2. 透照距离的选择

焦点至胶片的距离称为透照距离，又称焦距。在射线源选定后，增大透照距离可提高底片清晰度，也增大每次透照面积。但同时也大大削弱单位面积的射线强度，从而使得曝光时间过长。因此，不能为了提高清晰度而无限地加大透照距离。探伤通常采用的透照距离为 400 ~ 700mm。

（七）常见平板对接焊缝透照方法

进行射线探伤时，为了彻底地反映工件接头内部缺陷的存在情况，应根据焊接接头形式和工件的几何形状合理布置透照方法。按照射线源、工件和胶片之间的相互位置关系，平板对接焊缝的透照方法采用单壁单影的透照方法。检测平板对焊的焊缝，有单 U 形和双 U 形对接焊缝等，在检查 V 形坡口对接的焊缝和 X 形坡口对接的焊缝时，除了从垂直方向透照外，还要在坡口斜面的垂直方向上进行照射（图 2-15 a、b），以便对未熔合等缺陷进行有效的检测（图 2-15 c、d）。

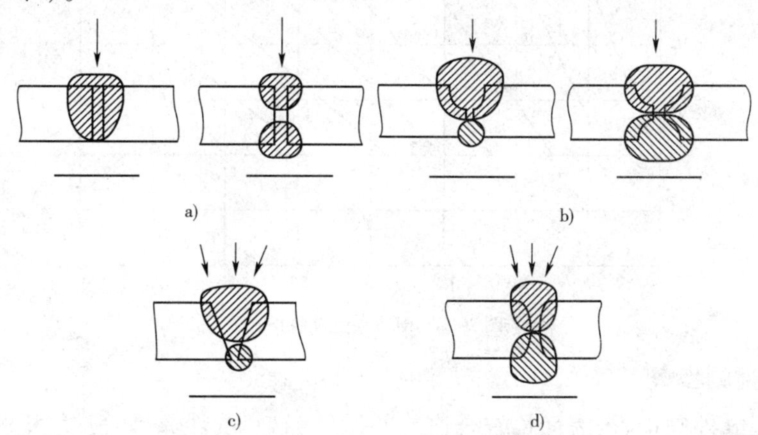

图 2-15　对接焊缝的透照

a）单 U 形坡口焊缝透照；b）双 U 形坡口焊缝透照；c）V 形坡口焊缝透照；d）X 形坡口焊缝透照

（八）透照厚度差的控制

X 射线管发出的 X 射线并非平行束射线，一般是以一定的辐射角向外辐射，且其照射场内的射线强度分布不均匀，这将使底片黑度分布不均匀。靠近边缘，由于射线强度弱，使其黑度低于中心附近黑度。同时，中心射线束穿过的工件厚度，产生了透照厚度差（$\Delta\delta = \delta' -$

δ),如图2-16所示,它也使底片中间部位黑度高于两端部位黑度。若以底片中间部位控制黑度,中间黑度适中,则两侧黑度将会过低而降低图像对比度,位于两端部位的缺陷有可能漏检,尤其横向裂纹缺陷。为此要控制透照厚度比。透照厚度比 K 定义如下:

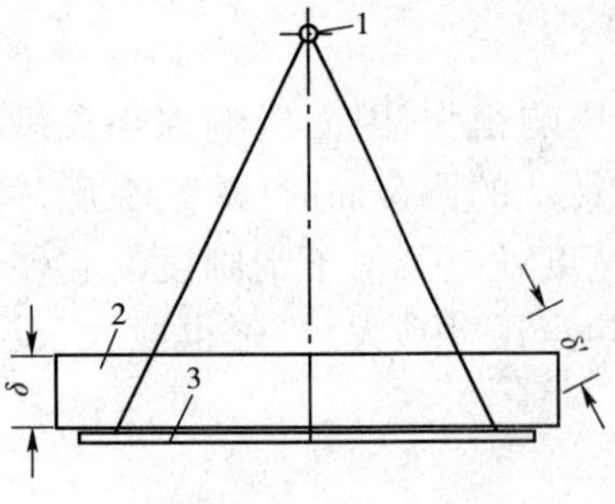

$$K=\frac{\delta'}{\delta} \tag{2-4}$$

式中:δ'——边缘射线束穿过工件厚度(mm);

δ——中心射线束穿过工件厚度(mm)。

图2-16 透照厚度差

1-射线源;2-工件;3-胶片

实际探伤时,透照厚度比 K 值按照国家标准选择。

(九)曝光规范的选择

曝光规范是影响照相质量的重要因素。X射线探伤的曝光规范包括管电压、管电流、曝光时间及焦距四个参数。其中管电流与曝光时间的乘积称为曝光量。γ射线探伤的曝光规范包括射线源种类、剂量、曝光时间及焦距四个内容。射线剂量反映了射线强度,它和曝光时间的乘积称为曝光量。曝光量决定底片的感光量,即直接影响底片黑度。实际射线探伤中利用曝光曲线进行曝光规范的选择。曝光曲线如图2-17所示。

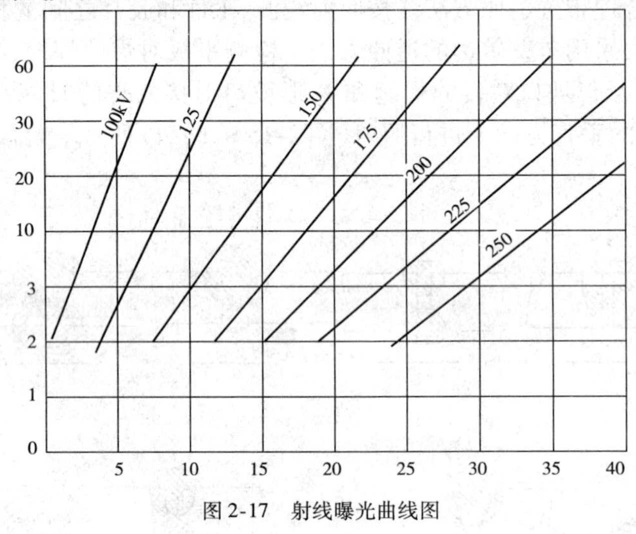

图2-17 射线曝光曲线图

(十)拍片检测步骤

(1)试件焊缝外观检查,表面检查合格。并做好标记、试件编号、板厚、检测中心等;

(2)暗室处理,将胶片、暗袋、增感屏、裁片刀置于工作台上;

(3)开启暗室中红灯,关闭暗室中白灯,让眼睛适应5min左右;

(4)打开胶片袋,用裁片刀将胶片裁成300×80规格;

(5)打开暗袋,将胶片夹在前,后屏之间放入暗袋中,并封闭好;

(6)将胶片袋封好,打开白灯;

(7)根据试件标记,标记袋上放置铅字、中心标记、搭接标记,根据板厚,选择合适的像质计,并注意像质计的放置位置及方向。标记可参考图2-14;

(8)根据试件确定透照方式,选择透照电压、透照时间,计算透照焦距;

(9)为减少射线散射,在试件下方垫铅板;

(10)将暗袋中心对准焊缝中心,放在试件背面。将标记袋中心标记对应好试件上的相应位置,置于试件正面;

(11)检查设备及防护情况。根据计算的焦距,放置好X射线机,窗口中心对准标记袋中心;

(12)确定曝光室无人时,关闭屏蔽铅门,报警灯闪烁;

(13)打开射线机电源,调整好电压、曝光时间;

(14)打开高压开关,仪器开始工作;

(15)用射线监测仪器检测射线剂量,确保人员安全;

(16)透照完毕,关闭高压,再关闭电源;

(17)打开屏蔽门,卸下机器;

(18)取出暗袋;

(19)暗室处理。

二、工作任务训练

(一)训练资料、设备和工具

(1)实训室放射安全操作规程;

(2)X射线机,型号2005;

(3)试板,规格为300×250×8mm的对接板材;

(4)胶片(天津Ⅲ型),线性像质计,暗袋,标记袋,铅字标记;

(5)射线计量仪器;

(6)暗室处理设备;

(7)X射线曝光室、控制室。

(二)训练过程

1. 下达工作任务(表2-24)

表2-24

<table>
<tr><td>任务名称</td><td colspan="4">X射线拍片检测平板焊缝</td></tr>
<tr><td>任务安排</td><td colspan="4">1. 小组以4~6人组成,每小组推选一名组长与副组长;
2. 组长总体负责本组人员的任务分工,组织协调完成任务;
3. 副组长负责仪器和资料使用及安全管理等事务;
4. 各成员要相互配合、团结合作、各司其职地完成任务。</td></tr>
<tr><td>任务要求</td><td colspan="4">完成X射线拍片检测平板焊缝训练。</td></tr>
<tr><td>技术要求</td><td colspan="4">1. 熟悉实训室放射安全操作规程;
2. 熟悉X射线拍片检测平板焊缝的过程;
3. 完成X射线拍片检测平板焊缝。</td></tr>
<tr><td rowspan="2">成员组成</td><td>小组号</td><td></td><td>组长</td><td></td></tr>
<tr><td>副组长</td><td></td><td>组员</td><td></td></tr>
</table>

2. 制定工作计划

1)任务分工(表2-25)

表2-25

小组号			
组长		资料借领与归还者	
资料号			
分工安排			
任务编号	任务内容	任务实施者	结论记录者
1			
2			
3			
4			
5			
6			

2)实施方案设计

(1)实训的步骤:

①将实训任务进行分解编号,由不同的成员承担完成相应的项目;

②记录实训中心相关步骤;

③小组研究讨论;

④填表,完成实训任务。

(2)注意事项与技术要求:

①熟悉国家标准与规范;

②仔细分析和认真掌握射线照相检测的每个操作过程;

③掌握X射线拍片检测平板焊缝的技能。

3. 实施工作计划,并完成如下记录

1)实施工作计划

(1)布置实训任务;

(2)将实训任务进行分解编号;

(3)研究实训任务,查阅X射线探伤国家标准;

(4)实施X射线拍片检测平板焊缝;

(5)填表完成实训记录。

2)X射线拍片检测平板焊缝记录表(表2-26)

表2-26

任务名称	X射线拍片检测平板焊缝	小组号	
组长		组员	
X射线拍片检测平板焊缝记录表			
序号	实训内容	实训记录	
1	选择实训参数	实训参数	结果记录
2	安全检测程序	检测项目	结果记录
3	拍片操作步骤	步骤名称	结果记录
4	暗室处理步骤	步骤名称	结果记录

【任务小结】

一、学生自我评估(表2-27)

表2-27

实训项目	X射线拍片检测平板焊缝				
小组号		任务号		实训者	
序号	检查项目	分值	要求		自我评定
1	任务完成情况	40	按要求按时完成实训任务		
2	实训记录	20	记录规范、完整		
3	实训纪律	20	不在实训场地打闹,无事故发生		
4	团队合作	20	服从组长的任务分工安排,能配合小组其他成员工作		
实训总结: 小组评分:________ 组长:________ ____年____月____日					

二、教师评定反馈(表2-28)

表2-28

实训项目	X射线拍片检测平板焊缝				
小组号		任务号		实训者	
序号	检查项目	分值	要求		教师评定
1	资料查阅	20	资料查阅正确		
2	实训步骤	20	步骤正确		
3	效率检查	10	按时完成实训		
4	信息记录	20	记录规范、完整		
5	成果检测	10	成果符合要求		
6	团队合作	20	小组各成员能相互配合,协调工作		
存在问题: 考核教师:________ ____年____月____日					

【拓展提高】

案例:X 射线拍片检测平板焊缝的参数变化时,如何选择合适的拍片技术。

【课后自测】

问答题

1. 当像质计不能放在射源测工件表面上时,可否放在胶片侧工件表面?这时应怎样计算实际透照灵敏度?

2. 在射线照相时,透度计的摆放原则是什么?为什么要这样摆放?

3. 射线防护的基本方法有哪些?

4. X 射线拍片检测平板焊缝的实训步骤是怎样的?

任务五　X 射线拍片检测管件焊缝

【任务目标】

1. 熟悉 X 射线拍片照相检测工艺;

2. 初步具有 X 射线拍片检测管件焊缝的能力。

【任务解析】

1. 工作任务名称:X 射线拍片检测管件焊缝。

2. 工作任务背景:焊缝 X 射线检测。

3. 完成工作任务要达到的技术标准:《金属熔化焊接接头射线照相》GB 3323—2005,《船舶钢焊缝射线照相工艺和质量分级》CB/T 3558—2011。

4. 完成工作任务所需要的资料:船舶标准与规范。

5. 完成任务的思路,完成任务的技能点和知识点:

(1)完成任务的思路:熟悉 X 射线拍片检测的设备等条件;熟悉 X 射线拍片检测的步骤;完成管件焊缝的 X 射线拍片检测。

(2)完成任务的技能点和知识点:像质等级;灵敏度;几何参数;曝光规范;管件透照方向。

【任务实施】

一、相关理论与知识学习

(一)透照方法

所谓圆管是指圆管和直径小的(或大的)管状件,以及曲率半径小的弧形工件。透照这类工件须特别注意,要使胶片与被检部位的贴合紧密,并使锥形中心辐射线与被检区域中心的切面相互垂直。根据焊缝(或铸件)的结构、尺寸和可接近性以及 X 射线机的性能来选择其透照方法,具体有以下几种。

1. 外透法

胶片在内,射线由外向里照射,适用于大的圆筒状工件(图 2-18a)。如果周围都要检查时,则分段转换曝光。所分段数量主要是根据管径的大小,壁厚以及焦距而定。在分段透照中,相邻胶片应重叠和搭接,重叠的长度一般为 10 ~ 20mm,以免漏检。

2. 内透法

胶片在外,射线由里向外照射,特别适用于壁厚大而直径小的管子,一般采用棒阳极的 X 射线管较好(图 2-18b)。

3. 双壁双影法

对于直径小而管内不能贴胶片的管件,可将胶片放在管件的下面,射线源在上方透照。为了使上下焊缝投影不重叠,则 X 射线照射的方向应该有一个适当的倾斜角。对于射线方向与焊缝纵剖面的夹角应区别不同的情况分别加以控制,当管径在 50mm 以下时,一般采用 10°左右为宜;当管径在 50 ~ 100mm 时,一般以 7°左右为宜;当管径在 100mm 以上时,一般以 5°左右为宜(图 2-18c)。

但应指出,上述方法只适用于直径不超过 80 ~ 100mm 的管件的检测,管壁较大时需用的焦距太大。且管壁厚度的增加将限制能一次拍摄的(焊缝)长度。采用这种透照方法时,焦距应尽可能选大些。

4. 双壁单影法

在管径较大的情况下,为了不使上层的管壁中的缺陷影像影响到下层管壁中所要检查的缺陷,可采用双壁单影法。双壁单影法是通过缩小焦距的办法,使 X 射线管接近上层管壁。这样可使上层管壁中的缺陷在底片上曲影像变得模糊。如有可能,X 射线管可和被检管子相接触,使射线穿过焊缝附近的母材金属。胶片应放在远离射线源一侧被检部位的外表面上,并注意贴紧(图 2-18d)。

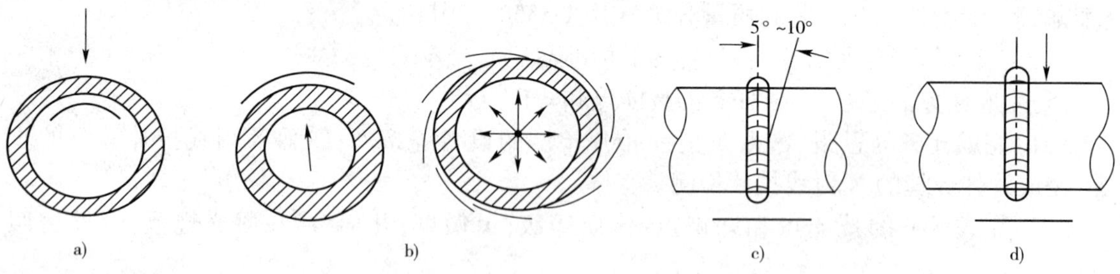

图 2-18　管状工件的透照

a)外透法;b)内透法;c)双壁双影法;d) 双壁单影法

此法对于直径大于 100mm 内部不能接近的管状工件能获得最好的效果,可用于直径不超过 900mm 的管状件的透照,超过此值后,将由于焦距将变得过大而影响检测效果。

(二)投影关系及投影厚度

1. 投影关系

圆管件环形对接焊缝,沿管轴线投影所得的影像是正圆;若投影轴与管轴成 90°角度时,焊缝投影是一重叠的直线；而当投影轴与管轴夹角为0°～90°时，投影后得到的影像是一个椭圆；如果再加大偏离角度，对中径管而言，投影所得影像将是整个环形焊缝的部分投影。

2. 投影厚度计算

管件壁厚为 T，焊缝余高为 t，则有：

双壁双影透照厚度 $T_A = 2T + t$

双壁单影透照厚度 $T_A = 2T + t$

一般焊缝余高为 $t = 2$mm。

（三）技术参数选择

对于焊接射线探伤管件而言，依据国家标准 GB 3323—2005 和船舶行业标准 CB/T 3558—2011，像质等级、射线能量、胶片与增感屏的选取、灵敏度的确定及像质计的选用以及透照几何参数的选择等，参见平板工件射线检测选择。

（四）拍片检测步骤

（1）试件焊缝外观检查，表面检查合格。并做好标记、试件编号、壁厚、检测中心等；

（2）暗室处理，将胶片、暗袋、增感屏、裁片刀置于工作台上；

（3）开启暗室中红灯，关闭暗室中白灯，让眼睛适应5min左右；

（4）打开胶片袋，用裁片刀将胶片裁成300mm×80mm规格；

（5）打开暗袋，将胶片夹在前，后屏之间放入暗袋中，并封闭好；

（6）将胶片袋封好，打开白灯；

（7）根据试件标记，标记袋上放置铅字、中心标记、搭接标记，根据板厚选择合适的像质计，并注意像质计的放置位置及方向；

（8）根据试件确定透照方式，选择透照电压、透照时间，计算透照焦距；

（9）为减少射线散射，在试件下方垫铅板；

（10）将暗袋中心对准焊缝中心，放在试件背面。将标记袋中心标记对应好试件上的相应位置，置于试件正面；

（11）检查设备及防护情况。根据计算的焦距，放置好X射线机，窗口中心对准标记袋中心。将工件与射线束轴线角度为15°～20°，调整好焦距；

（12）确定曝光室无人时，关闭屏蔽铅门，报警灯闪烁；

（13）打开射线机电源，调整好电压、曝光时间；

（14）打开高压开关，仪器开始工作；

（15）用射线监测仪器检测射线剂量，确保人员安全；

（16）透照完毕，关闭高压，再关闭电源；

（17）打开屏蔽门，卸下机器；

（18）取出暗袋；

（19）暗室处理。

二、工作任务训练

（一）训练资料、设备和工具

（1）实训室放射安全操作规程；

（2）X 射线机，型号 2005；

（3）规格为 ϕ59mm × 3mm 的环对接钢管，ϕ159mm × 5mm 的环对接钢管；

（4）胶片（天津Ⅲ型），线性像质计，暗袋，标记袋，铅字标记；

（5）射线计量仪器；

（6）暗室处理设备；

（7）X 射线曝光室、控制室。

（二）训练过程

1. 下达工作任务（表 2-29）

表 2-29

<table>
<tr><td>任务名称</td><td colspan="4">X 射线拍片检测管件焊缝</td></tr>
<tr><td>任务安排</td><td colspan="4">1. 小组以 4 ~ 6 人组成，每小组推选一名组长与副组长；
2. 组长总体负责本组人员的任务分工，组织协调完成任务；
3. 副组长负责仪器和资料使用及安全管理等事务；
4. 各成员要相互配合、团结合作、各司其职地完成任务。</td></tr>
<tr><td>任务要求</td><td colspan="4">完成 X 射线拍片检测管件焊缝训练。</td></tr>
<tr><td>技术要求</td><td colspan="4">1. 熟悉实训室放射安全操作规程；
2. 熟悉 X 射线拍片检测管件焊缝的过程；
3. 完成 X 射线拍片检测管件焊缝。</td></tr>
<tr><td rowspan="2">成员组成</td><td>小组号</td><td colspan="2"></td><td>组长</td></tr>
<tr><td>副组长</td><td></td><td>组员</td><td></td></tr>
</table>

2. 制定工作计划

1）任务分工（表 2-30）

表 2-30

<table>
<tr><td>小组号</td><td colspan="3"></td></tr>
<tr><td>组长</td><td></td><td>资料借领与归还者</td><td></td></tr>
<tr><td>资料号</td><td colspan="3"></td></tr>
<tr><td colspan="4">分 工 安 排</td></tr>
<tr><td>任务编号</td><td>任务内容</td><td>任务实施者</td><td>结论记录者</td></tr>
<tr><td>1</td><td></td><td></td><td></td></tr>
<tr><td>2</td><td></td><td></td><td></td></tr>
<tr><td>3</td><td></td><td></td><td></td></tr>
<tr><td>4</td><td></td><td></td><td></td></tr>
<tr><td>5</td><td></td><td></td><td></td></tr>
<tr><td>6</td><td></td><td></td><td></td></tr>
</table>

2）实施方案设计

（1）实训的步骤：

①将实训任务进行分解编号，由不同的成员承担完成相应的项目；

②记录实训中心相关步骤；

③小组研究讨论；

④填表,完成实训任务。

(2)注意事项与技术要求:

①熟悉国家标准与规范;

②仔细分析和认真掌握射线照相检测的每个操作过程;

③掌握X射线拍片检测管件焊缝的技能。

3. 实施工作计划,并完成如下记录

1)实施工作计划

(1)布置实训任务;

(2)将实训任务进行分解编号;

(3)研究实训任务,查阅X射线探伤国家标准;

(4)实施X射线拍片检测管件焊缝;

(5)填表完成实训记录。

2)X射线拍片检测管件焊缝记录表(表2-31)

表2-31

任务名称	X射线拍片检测管件焊缝	小组号	
组长		组员	
X射线拍片检测管件焊缝记录表			
序号	实 训 内 容	实 训 记 录	
1	选择实训参数	实训参数	结果记录
2	安全检测程序	检测项目	结果记录
3	拍片操作步骤	步骤名称	结果记录

【任务小结】

一、学生自我评估(表2-32)

表2-32

实训项目	X射线拍片检测管件焊缝				
小组号			任务号		实训者
序号	检查项目	分值	要　求		自我评定
1	任务完成情况	40	按要求按时完成实训任务		
2	实训记录	20	记录规范、完整		
3	实训纪律	20	不在实训场地打闹,无事故发生		
4	团队合作	20	服从组长的任务分工安排,能配合小组其他成员工作		
实训总结: 小组评分:________　组长:________　____年____月____日					

二、教师评定反馈(表2-33)

表2-33

实训项目	X射线拍片检测管件焊缝				
小组号			任务号		实训者
序号	检查项目	分值	要　求		教师评定
1	参数选择	20	参数选择正确		
2	实训步骤	20	步骤正确		
3	效率检查	10	按时完成实训		
4	信息记录	20	记录规范、完整		
5	成果检测	10	成果符合要求		
6	团队合作	20	小组各成员能相互配合,协调工作		
存在问题: 考核教师:________　____年____月____日					

【拓展提高】

案例:X射线拍片检测管件焊缝的参数变化时,如何选择合适的拍片技术?

【课后自测】

问答题

1. GB 3323—2005中规定,典型的透照方式有哪些?并详细说出每种方法的搭接标记的摆放位置?

2. 在射线照相时,透度计的摆放原则是什么?为什么要这样摆放?

3. X射线拍片检测管件焊缝的实训步骤怎样?

任务六　评定X射线底片

【任务目标】

1. 熟悉底片暗室处理技术;
2. 熟悉底片质量要求和评片步骤;
3. 熟悉底片常见缺陷和为缺陷的底片特征;
4. 初步具有底片评定的能力。

【任务解析】

1. 工作任务名称:评定X射线底片。

2. 工作任务背景:焊缝X射线检测。

3. 完成工作任务要达到的技术标准:《承压设备无损检测》JB/T 4730—2005、《金属熔化焊接接头射线照相》GB 3323—2005。

4. 完成工作任务所需要的资料:船舶标准与规范。

5. 完成任务的思路,完成任务的技能点和知识点:

(1)完成任务的思路:熟悉暗室处理方法与步骤;熟悉底片质量要求;熟悉底片常见缺陷;完成底片缺陷的评定。

(2)完成任务的技能点和知识点:暗室照明;显影液与显影技术;定影液与定影技术;底片缺陷与伪缺陷;缺陷评定。

【任务实施】

一、相关理论与知识学习

(一)暗室处理

1. 概述

暗室的处理过程有:显影、停显(或中间水洗)、定影、水洗和干燥。暗室处理方法分为自

动处理和手工处理两类。自动处理采用胶片自动处理机和特殊的专用显影液、定影配方。为在短时间内(约 7 ~ 14min)完成暗室处理过程,自动洗片机需要在高温下完成处理,因此自动洗片机采用特殊的专用显影液和定影液,并且自动洗片机需自动地计量、监测、补充显影液和定影液。手工处理分为盘式处理和槽式处理两种方法,槽式处理适用于处理规格比较一致的胶片,盘式处理适用于胶片规格不固定、变化较大的暗室处理。

暗室应当尽量靠近工件透照处而辐射防护又安全的地方。暗室漏光越少越好,暗室内壁漆成浅色可给人以欢快气氛。地面应为能防化学试剂腐蚀或污染的材料,并防水而不滑。在处理槽附近应铺以无放射性的瓷砖。

暗室最好分成干侧与湿侧,干侧用于进行拆装和切胶片或将胶片固定在显影框架上等不接触液体的工作;在湿侧,胶片将在盛有各种化学溶液的槽中进行处理。为提高工效、稳定胶片冲洗质量,必须保持溶液温度恒定,最好暗室内装上温度调节设备,而且通风良好,暗室内的换风次数一般应不低于 4 次/h。

2. 安全灯

胶片必须在安全灯光下操作。胶片与安全灯的距离及在灯下容许的暴露时间将决定于所用胶片的型别与安全灯的性能。

安全灯的安全程度可以这样检查:工作台而上放张未经曝光的胶片,上而用硬纸板盖住,然后逐次移动纸板以便使胶片获得不同时间的曝光。胶片按正常处理后,即可看出安全灯究竟有多安全和胶片允许在灯下暴露多久。

在手动显影中,安全灯一般分三级:拆装胶片处应最暗,显影与定影处中等,冲洗与干燥处可再亮些。此外,为了搞好暗室的清洁与维修工作,应在暗室中部天花板上安装白炽灯。

暗室照明的安全程度决定于正确选择安全灯的滤包片、灯泡瓦数、灯与胶片的距离以及相对位置和胶片处于安全灯下的曝露时间。

由于在安全灯下,已曝光胶片要比未曝光胶片更敏感而产生灰雾,故应注意勿将已曝光胶片长久置于安全灯下。还得注意,增感型胶片又要比非增感型胶片在安全灯下更易产生灰雾。

溶液处理槽,槽可用不锈钢或塑料制成。槽尺寸按所用胶片最大尺寸考虑,并至少能处理 2cm 厚的胶片量。胶片顶部要埋入溶液面下 2cm。

3. 显影技术

1)显影液

显影液主要由显影剂(还原剂)、促进剂、保护剂和抑制剂组成。

(1)显影剂(还原剂)。显影剂主要作用是把已感光的溴化银还原成金属银。常用的有:米吐尔、几奴尼(对苯二酚)、菲尼酮等。

(2)促进剂。大多数配方中的显影剂只有在碱性溶液中才能与溴化银起作用,所以常用碱性物质来调节显影液的氢离子浓度,从而控制显影剂的离子度,保证胶片能正常地显影。常用药品有碳酸钠(碳养粉)、硼砂、氢氧化钠、氢氧化钾和碳酸钾等。

(3)保护剂。显影液中的显影剂在碱性溶液中极易被氧化、为此必须添加保护剂阻止氧化反应,另外保护剂在显影液中还起到消除在显影过程中产生的银离子氧化物,保持溶液的显影特性。常用的药品有亚酸钠(硫养粉)。

(4)抑制剂。溴化钾,减少未曝光卤化银微粒的显影程度。在显影液中加入溴化钾后,离解出的溴离子会吸附在溴化银颗粒周围,从而阻滞显影作用,但这种阻滞程度有所不同,对未曝光的颗粒阻滞作用最大,而对已曝光的溴化银颗粒阻滞作用最小,从而使显影灰雾降低 抑制剂在抑制灰雾的同时也抑制了显影速度,这有利于显影均匀。此外,抑制剂对影像层次和反差也起着调节和抑制作用。

显影液在使用过程中,随着显影胶片数量增加,显影液效能会逐渐下降。在显影操作时添加补充液,以保证显影作用。

2)显影操作

显影是一个比较复杂的化学反应过程,它的基本要点是利用显影液中的显影剂(还原剂)将射线胶片中感光的溴化银所形成的潜影还原成可见图像。从化学概念出发,显影是还原现象。射线胶片乳剂具有一定湿皮。因此有少量溴化银溶解形成银离子和溴离子。银离子通过显影液中的显影剂被还原成金属银,显影剂本身被氧化,金属银在胶片上沉积形成可见图像。

显影时显影剂对乳剂的作用是由表及里逐渐渗透,对每颗溴化银晶体作用是由感光中心逐渐向外扩大,感光多的部位显影快,形成的底片黑度就高。未被感光的溴化银在一定时间内不与显影剂发生化学反应,但超过一定时间也会发生反应,使底片产生灰雾,降低底片图像的对比度。

在显影操作时只允许在暗淡的红光下进行,且胶片与光源应保持一定距离及灯光不宜直射胶片,应使灯光以45°角入射胶片。一般显影液的温度控制为20±2℃,在显影操作前必须测定显影液温度,若不符合规定应适当调节。显影速度可以用单位时间内底片黑度增加的量来表示,也可用底片达到规定黑度所需的时间表示。显影时间的长短将会影响底片的黑度及对比度,一般显影液都有一个最佳的显影时间,在显影操作中应严格控制,正常的显影时间是4~6min。

在显影操作中要求不断地搅拌显影液,其目的是将新鲜、效能良好的显影液不断输送到胶片表面,并去除附在胶片表面的气泡、溴化物及显影剂的氧化物,提高显影速度和效率。

3)停显

显影结束以后,在定影之前胶片应经过停显处理,其目的是使显影停止,中和胶片上残余的碱性溶液,延长定影液使用寿命。停显液常用弱酸配制而成。将胶片在停显液中浸泡30s,水中漂洗1~2min。

4. 定影技术

1)定影液

定影液之所以具有定影作用。主要是硫代硫酸钠在定影液中起定影作用。硫代硫酸钠含量过少定影作用不明显,效率不高。但含量过大也会影响底片的定影。一般以20%~40%(质量比)含量为宜,最高不超过40%。定影液由定影剂(溴化银溶剂)、中和剂、保护剂、坚膜剂组成。

(1)定影剂。它的主要作用是中溶解胶片未感光的溴化银。常用药品为硫代硫酸钠(大苏打、海波)和氯化铵。

(2)中和剂。它的主要作用是中和胶片乳剂层深处的碱性物质,在定影过程中不再显影。

并去除胶片表面污物,防止矾类物质与硫酸钠产生白色沉淀,延长定影液的使用寿命,常用药品有醋酸、硼酸等。

(3)保护剂。保护剂的作用是阻止显影剂与进入显影液的氧发生作用,使其不被氧化。最常用的保护剂是亚硫酸钠等。显影剂在水溶液中,特别是在碱性溶液中很容易氧化,一旦氧化便失去显影能力。而产生的氧化物又会使溶液变黄,污染乳剂。亚硫酸钠具有更强的与氧化合的能力,因而能够优先与氧化合,减少显影剂的氧化。同时亚硫酸钠还能与显影剂的氧化产物作用,生成可溶的无色显影剂磺酸盐,从而延长显影液的使用寿命。

(4)坚膜剂。它的主要作用是防止胶片乳剂层膨胀脱落。常用药品有明矾、钾矾等。

定影液在使用过程中效能会逐渐降低,定影速度会越来越慢。在定影液使用过程中,如发现定影液效能减退失效。应立即更换新液,确保底片能被充分定影。

2)定影操作

定影的主要目的是溶去胶片上未感光的溴化银微粒,使胶片失去感光特性而成为射线照相底片。

(1)定影分两个阶段进行。在第一阶段中硫代硫酸钠与溴化银起反应,形成不溶于水的硫代硫酸银钠。第二阶段是不溶于水的硫代硫酸银钠继续与硫代硫酸钠起反应,形成可溶于水的络化物,硫代硫酸三银钠,把未感光的溴化银从乳剂层中溶去,使图像固定下来。

(2)定影速度。影响底片定影速度的因素较多,其中主要是硫代硫酸钠的浓度以及定影温度的控制。定影速度反映了整个定影过程所需的时间。定影时间同样不宜过长或过短,过长会使底片黑度减退使乳剂受到损伤;过短乳剂层中会残留不溶于水的硫代硫酸银钠,水洗时无法洗去,当时虽看不出任何痕迹,但隔一段时间以后会产生黄色灰雾及底片黑度减退。一般射线照相底片的定影时间约为显影时间的两倍(10~5min)。

(3)定影温度。定影温度既不宜过高也不宜过低。温度过高会加速定影的化学反应过程,使定影过程中产生的络化物难以析出而残留在乳剂层中,并使乳剂层膨胀脱落和定影液分解产生沉淀;温度过低定影作用减弱,必须延长定影时间,一般定影温度控制在14~4℃。

胶片乳剂层在温度高时易膨胀变柔软,致使溶化乳剂层脱落。在这种场合下一般可以使用甲醛或明矾类物质进行坚固。当定影液的pH值为4时使用明矾坚膜效果较好,所以在一般的配方中都采用明矾坚膜。

底片在定影中应经常翻动,这样既可提高定影速度又可使定影均匀。底片在未透明之前应在红灯下操作。

(4)水洗。定影结束后底片移入流动水内冲洗,水洗时间取决于水温,应尽可能避免水温度超过25℃。水洗可以在白光下操作。当不具备流动水条件时,可采用盆洗,但水洗时间应适当延长并不断更换盆中的水(连续更换四次以上)。

(5)干燥。将经彻底水洗的底片悬挂在灰尘不多场所让其自然干燥。也可使用烘箱强迫干燥,但干燥温度不宜超过50℃。如需快速干燥可先将底片在乙醇中浸泡几分钟后干燥。

为防止在干燥过程中产生水渍,应先将底片上的水分滴干后进行干燥。或在水洗后在添加表面活性剂的水中,先水浴后再进行干燥。

(二)底片评定

评片应有原始记录,必须认真填写,妥善保管。评片、审片人员应取得相应部门射线Ⅱ

级或Ⅱ级以上资格证书、责任心强、坚持原则、实事求是，还应有良好的视力、善于总结、勤于学习、熟悉标准。

1. 评片环境条件和器材要求

1）评片室

（1）评片室要单独设置，不受外界干扰；

（2）室内光线柔和偏暗，但不全黑，一般与透过底片的亮度相当（30cd/m^2）；

（3）室内照明避免直对人射或经底片反射到人眼；

（4）评片用器材工具如观片灯、黑度计、评片尺、底片、记录等放置有序。

2）观片灯

（1）观片灯的亮度不小于100000cd/m^2，能观察黑度最大4.0的底片；遮光板灵活方便，散热良好，无噪声，所用的漫射光亮度应可调。

（2）亮度可以调节，以适应观看不同黑度需要；

（3）有遮光装置，以适应不同尺寸的底片；

（4）发出的光线是漫射的；

（5）散热好，噪声小。

3）黑度计

（1）量程范围0～4.5D；D为黑度值；

（2）精度0.05D；

（3）有经校准的标准黑度片。

4）其他工具用品

评片尺、放大镜、记号笔、手套、有关文件和记录表格。

2. 底片质量要求

进行评定的射线照片其质量必须符合规定要求，在射线照相检验标准中，对射线照片质量的主要要求有：底片黑度、射线照相灵敏度、标记系、表面质量。

1）黑度符合规定

按照JB/T 4730—2005和GB 3323—2005标准，X射线底片黑度控制在1.2～3.5；γ射线底片黑度控制在1.8～3.5。黑度用黑度计来测量。其下限值是在底片两端的搭接标记内侧焊缝上无缺陷处测量，测多少点不限，但不能取平均值，每一点测量值应不小于下限值，上限值是在主射线束照射的底片的中间部位焊缝近旁的母材上测量，每一点的测量值应不高于上限值，底片上缺陷部位的黑度不受上述限制。

2）灵敏度符合规定

灵敏度以像质计位置正确，像质指数达到规定的要求为内容。底片上显示出的最小线径的像质指数应满足该透照厚度规定达到的像质指数、像质指数的观察借助于刻有10×10小窗口的黑纸板或黑塑料板来进行。在观片灯下将小窗口放置在底片焊缝上有像质计一端的端头。将小窗在焊缝上慢慢地向底片中部移动，注意观察小窗口，首先发现的连接小窗口上下边缘的金属处影像，就是所显示的像质指数的影像。

3）标记齐全，不掩盖被检焊缝

底片上所显示的像质计、定位标记、识别标记、“B”铅字等符号，必须位置正确，类别齐

全、数量足够,且不掩盖被检焊缝影像。

4)有效评定区内不存在妨碍评定的伪缺陷

底片评定区域内不应有妨碍底片评定的假缺陷。如:灰雾、水迹、化学污斑、暗室处理条纹、划痕、指纹、静电痕迹、黑点、撕裂和增感屏不好造成的假缺陷。

透照盒背后确实放有"B"铅字,底片未显示"B"字,不影响底片质量,若显示较淡的"B"字则是背散射线防护不够,该张底片应重照。

透照焊缝的部位,必须平行显示在底片的中部,若有丁字口也要置于底片中间部位,底片不允许有白头。

3. 观片基本操作

1)底片通览

(1)底片质量总体印象;

(2)焊缝质量总体印象;

(3)标出可疑影像。

2)对可疑影像分析判断

(1)调节观片灯亮度;

(2)移动底片,改变观察距离和角度;

(3)用放大镜观察。

4. 常见伪缺陷影像的识别

1)机械类

(1)划痕:胶片表面被尖锐物体划伤,形成黑度较深的黑线,细而光滑,借助反射光容易辨认。

(2)折痕:胶片弯折,会在底片上形成月牙形影像,曝光前弯折,为亮的影像,曝光后弯折,呈黑的影像,在反射光下可看出弯折痕迹。

(3)压痕:胶片局部受压,会在受压部位形成轮廓不太显明的影像,曝光前受压,呈亮的影像,曝光后受压,呈黑的影像。尖锐的压痕影像较显明,在反射光下可看到压伤。

(4)静电感光:从胶片盒、暗袋或增感屏之间抽胶片时,用力过猛过快,因摩擦生电而使胶片感光,形成黑色树枝状影像,也有点状或斑状的,这种影像容易辨认。

(5)增感屏引起的伪缺陷:

①金属增感屏划伤,在底片上形成黑线,荧光屏划伤,形成亮线;

②增感屏之间夹异物或增感屏缺损,形成亮的线、条或块状影像;

③铅增感屏表面有麻坑,在底片上形成黑点。

2)化学类

(1)水迹:底片干燥不当,会在底片上形成水迹,呈黑度略大的线条、点或弧线,轮廓线较黑,在反射光下可看出污物痕迹。

(2)显影液沾染:显影开始前胶片沾染了显影液,形成点、条或块状的黑色影像。

(3)定影液沾染:胶片显影前沾染了定影液,形成点、条或块状的亮的影像。

(4)显影条纹:显影时搅动不够,黑度较高部位产生的显影反应物沿胶片向下流动,使流经部位的显影受到影响,形成亮的或亮黑相间的条纹,一般不会与缺陷相混。

(5)二向色雾翳:由于定影液老化、显影液被定影液污染或定影时胶片粘在一起等引起显定影同时作用而产生的影像,在透射光下呈桃红色,在反射光下呈黄绿色。

(6)指印:手沾显影液或定影液与胶片接触形成的黑的或亮的指纹影像。

(7)胶片暗盒或暗室漏光产生的局部黑影或大面积灰雾。

3)胶片质量及处理条件引起的

(1)霉点:胶片保管不当受潮引起的无机分布的黑点。

(2)亮的条纹:胶片乳剂中溴化银条不匀引起的纹。

(3)脱膜:胶片质量不良或显影温度过高引起。

(4)网纹:胶片处理药液温差引起。

5.焊缝影像识别

1)焊接方法识别

(1)手工电弧焊:焊缝较窄,焊波较密,边缘不太规则,如图2-19所示。

(2)埋弧自动焊:焊缝较宽,表面平滑,波纹较大或无波纹,边缘整齐,如图2-20所示。

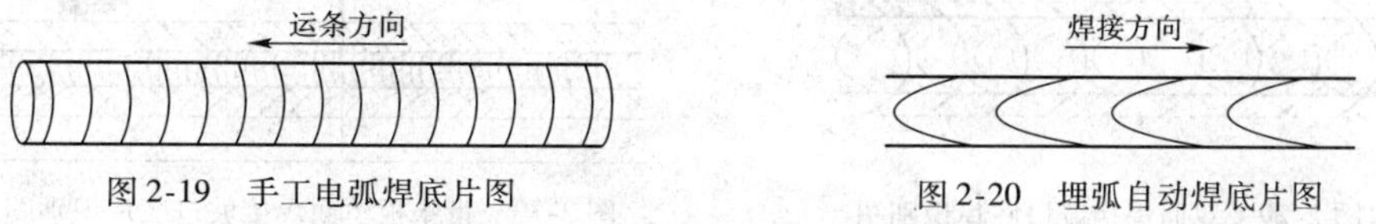

图2-19 手工电弧焊底片图　　图2-20 埋弧自动焊底片图

(3)手工焊+埋弧焊:手工焊封底埋弧焊盖面或埋弧焊手工焊返修的焊缝,两种影像重叠,如图2-21所示。

(4)氩弧焊:一般用于小管环焊缝打底焊和有色金属薄件的焊接,不易识别,最主要特征是钨极氩弧焊可能出现钨夹渣,依此判定。

2)焊接位置识别

(1)平焊:焊接波纹较稀,分布较均匀,成形较好,如图2-22所示。

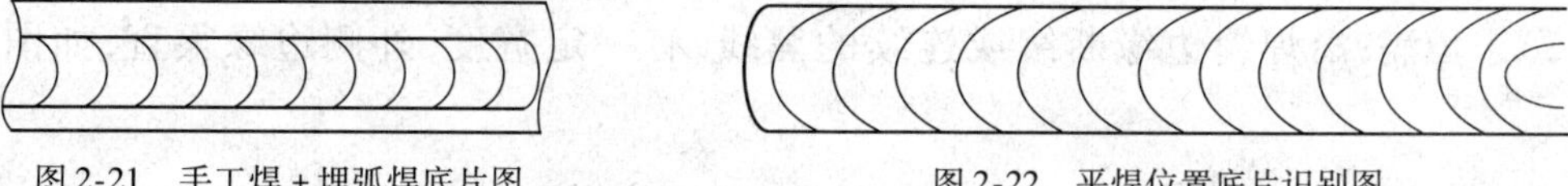

图2-21 手工焊+埋弧焊底片图　　图2-22 平焊位置底片识别图

(2)立焊:焊接波纹较密较深,成形较差,如图2-23所示。

(3)横焊:表面多道焊,形成与焊缝平行的沟槽,成形较差,如图2-24所示。

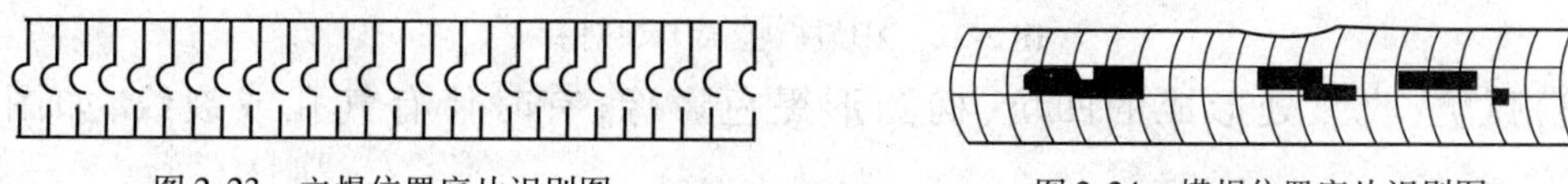

图2-23 立焊位置底片识别图　　图2-24 横焊位置底片识别图

(4)小管焊接位置判定:有转动焊(平焊)、垂直固定焊(横焊)、水平固定焊(全位置焊)三种。

①平焊:椭圆两侧焊缝焊波方向相反,如图2-25所示。

②横焊:沿焊缝有纵向沟槽,如图2-26所示。

③全位置焊:椭圆两侧焊缝焊波方向相同,如图2-27所示。

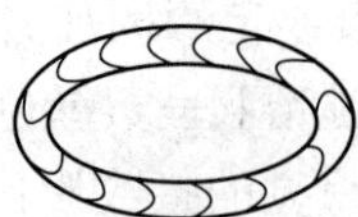

图 2-25　小管焊接平焊位置底片识别图

图 2-26　小管焊接横焊位置底片识别图

3)焊接坡口型式识别

(1)单面焊:正面焊缝宽,背面焊缝窄(一般 4 ~ 5mm)而高(影像亮),如图 2-28 所示。

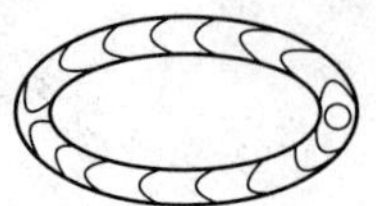

图 2-27　小管焊接全位置底片识别图

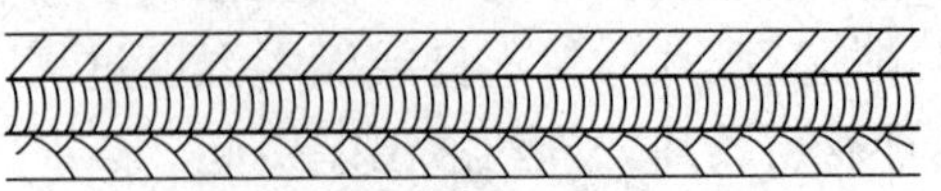

图 2-28　单面焊接坡口底片识别图

(2)双面焊:两侧焊缝较宽,边缘重合或不重合,如图 2-29 所示。

(3)带垫板单面焊:与单面焊相同,注意识别垫板影像,如图 2-30 所示。

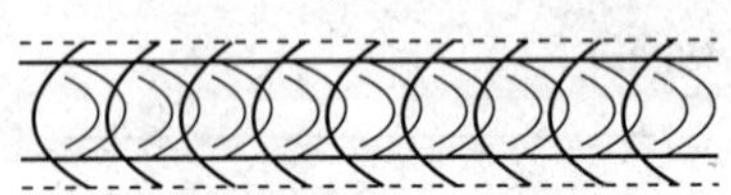

图 2-29　双面焊接坡口底片识别图

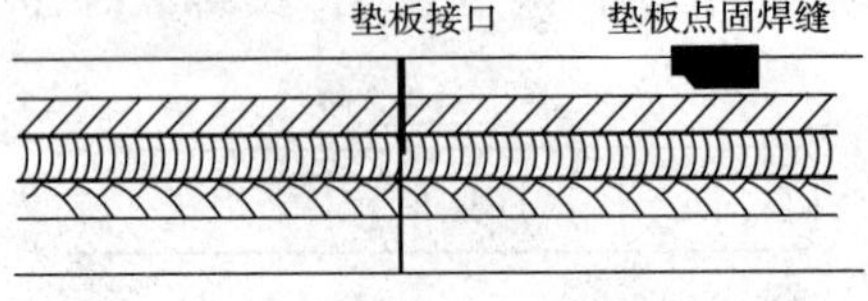

图 2-30　带垫板单面焊接坡口底片识别图

4)焊缝外观缺陷影像识别

(1)咬边:沿焊缝边缘断续或连续的黑线,如图 2-31 所示。

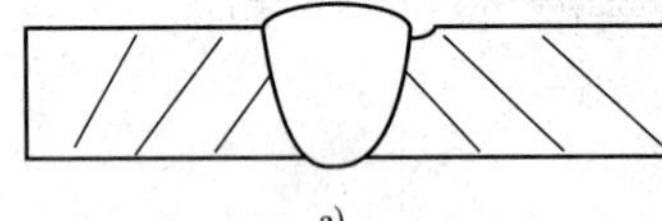

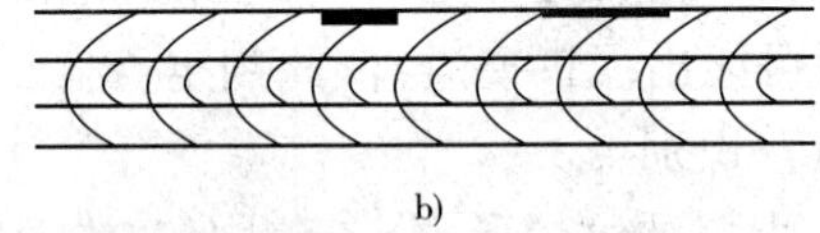

图 2-31　咬边缺陷底片识别图

(2)未填满:沿焊缝边缘断续或连续的黑线,有一定宽度,外侧边缘很直,如图 2-32 所示。

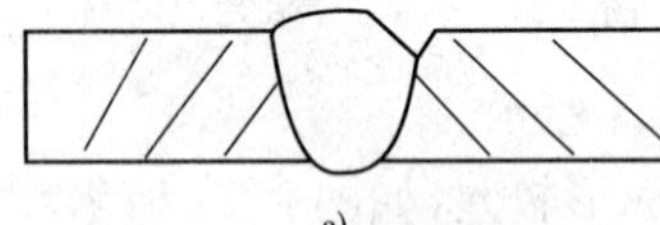

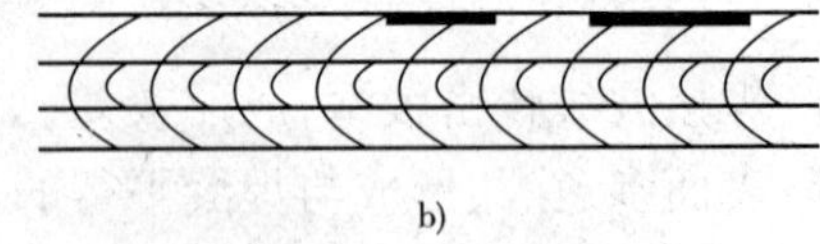

图 2-32　未填满缺陷底片识别图

(3)弧坑:收弧处形成的凹坑,椭圆形黑色影像,有时伴有气孔或裂纹,如图 2-33 所示。

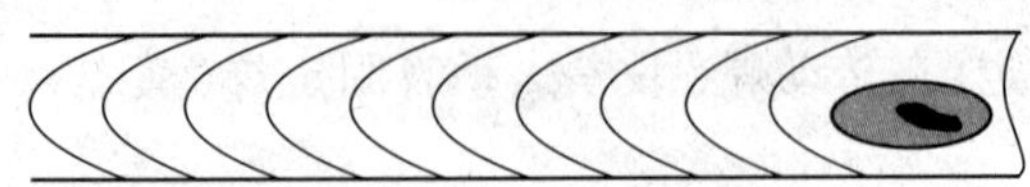

图 2-33　弧坑缺陷底片识别图

(4)内凹:仰焊时背面焊缝低于母材,位于焊缝中心,连续或断续的黑带,如图 2-34 所示。

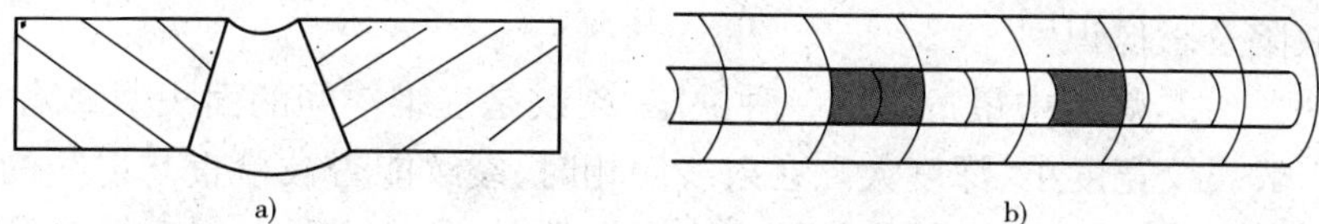

图 2-34　内凹缺陷底片识别图

(5)错边:沿焊缝纵向有一明显分界线,两侧黑度不同,如图 2-35 所示。

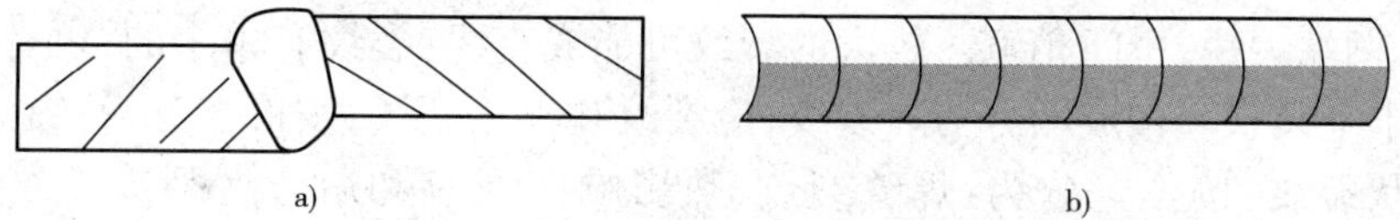

图 2-35　错边缺陷底片识别图

(6)收缩沟:单面焊带垫板焊缝沿根部焊缝边缘分布的连续或断续的黑线,如图 2-36 所示。

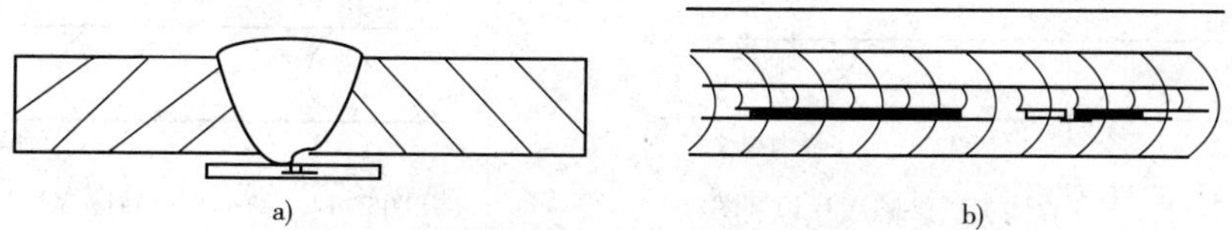

图 2-36　收缩沟缺陷底片识别图

(7)焊瘤:多余的焊接金属,呈现为亮的影像,如图 2-37 所示。

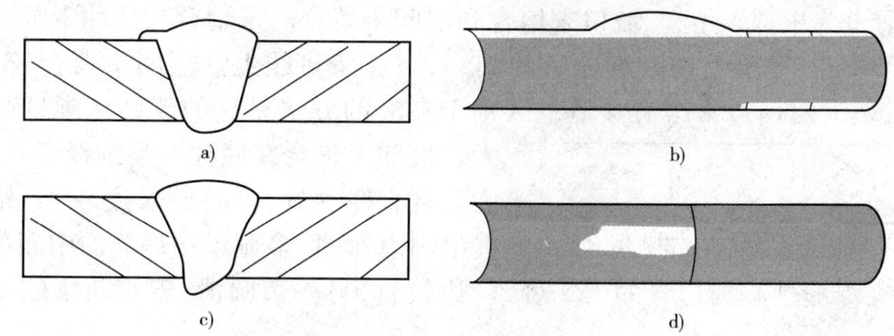

图 2-37　焊瘤缺陷底片识别图

(8)工件表面划痕、压痕等引起的伪缺陷影像。

①烧穿:电流过大烧的孔洞。较大的圆形黑色影像,如图 2-38 所示。

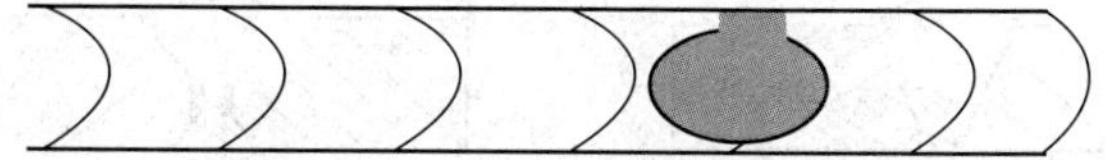

图 2-38　烧穿缺陷底片识别图

②表面气孔:埋弧自动焊表面常出现的黑度很淡的圆形影像,如图 2-39 所示。

③飞溅:在焊缝及邻近区域飞溅的焊接金属,无规律分布的亮点,如图 2-40 所示。

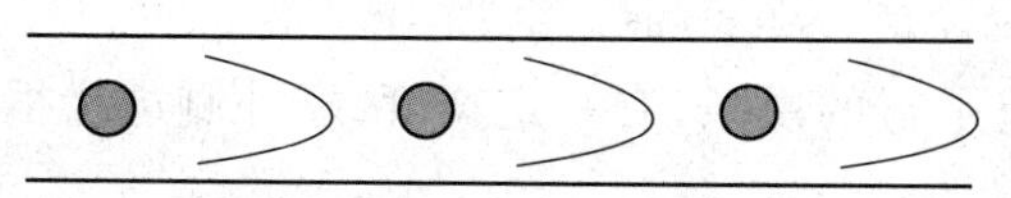

图 2-39　表面气孔缺陷底片识别图

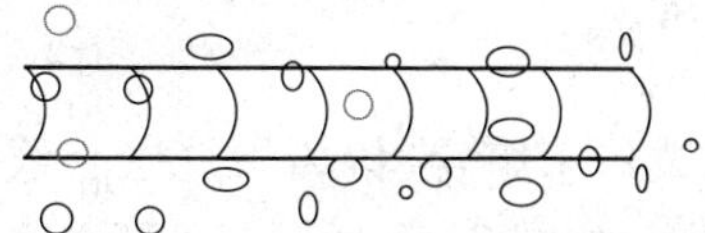

图 2-40　飞溅缺陷底片识别图

5)焊接缺陷及影像识别

(1)裂纹:裂纹是焊缝中最危险的一种缺陷,裂纹是三维空间的面积型缺陷,由材料局部断裂形成。一般裂纹宽度小、深度大。在射线照相时,裂纹能否被检查与射线的透照方向有很大关系,当射线的透照方向和裂纹的深度方向一致时,裂纹容易被发现。与裂纹深度方向夹角较大时,裂纹就不容易被发现,常常有漏检的可能。

裂纹在底片上显示的影像一般很清晰,黑度较大,影像的轮廓分明,常常是略带弯曲的锯齿状细纹,两端尖锐,中间稍宽。较大的裂纹可能成直线:裂纹有单个的,也有分支的。弧坑裂纹多呈半龟裂状。按成因分为热裂纹、冷裂纹和再热裂纹;按形态分为:纵向裂纹、横向裂纹和放射状裂纹;按位置分为:焊缝裂纹、热影响区裂纹和熔合区裂纹。裂纹的影像特征是:

①黑色直线,有的带锯齿,中间稍宽,两端尖细,如图2-41所示。

②细小的裂纹,有直线状,有丝状,容易忽略,如图2-42所示。

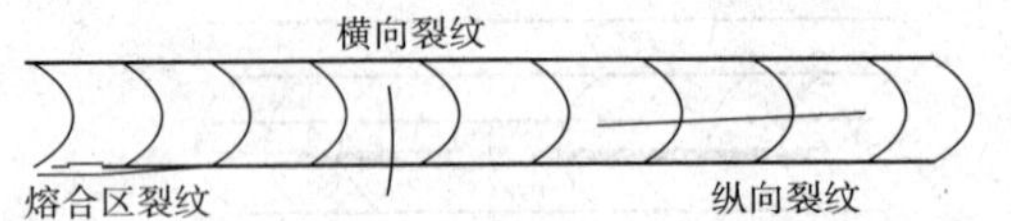

图2-41　黑色直线裂纹缺陷底片识别图

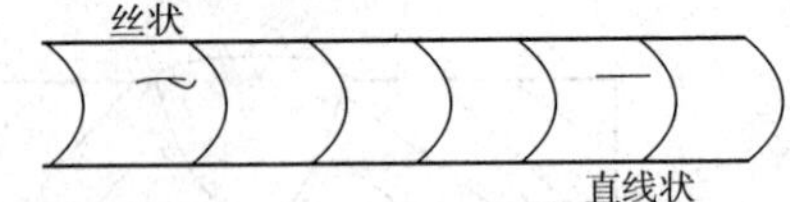

图2-42　细小裂纹缺陷底片识别图

③弧坑裂纹(放射状),如图2-43所示。

(2)未熔合:是指母材与焊缝金属或焊缝金属与焊缝金属之间未完全熔化结合形成的缺陷。按其位置分为根部未熔合、坡口未熔合和层间未熔合。未熔合在底片上显示的位置往往偏离焊缝的中心,呈单个或断续分布的细线,在一条直线上。层间未熔合较小时,底片上不易发现,较大时内边常会有夹渣。区别于夹渣的方法是它的轮廓清晰、圆滑、黑度较大。根部未熔合在底片上呈细线条状,且一侧黑度高且直线性好,另一侧黑度较小,轮廓线明晰并呈圆滑弯曲,多显示在焊缝的中间部位。坡口未熔合大都在焊缝中心到边缘的1/2处,一边较直,另一边圆滑,若有断续的也是在一直线上。

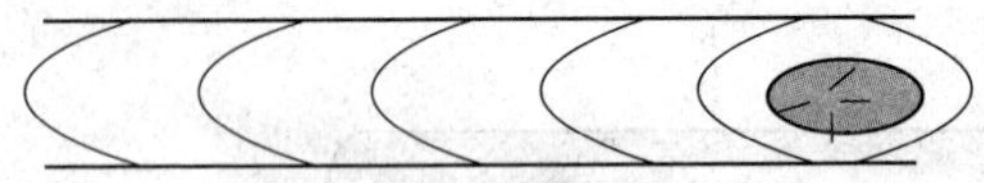

图2-43　弧坑裂纹缺陷底片识别图

①根部未熔合:沿根部钝边分布的黑条,有一定宽度,沿钝边一侧较直,另一侧不规则,如图2-44所示。

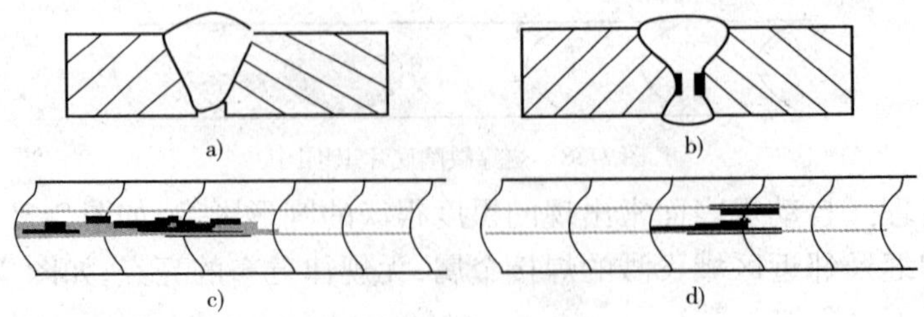

图2-44　根部未熔合缺陷底片识别图

②坡口未熔合:偏离焊缝中心线,与焊缝平行的黑条,有一定宽度,靠外侧边缘很直,内侧不规则,如图2-45所示。

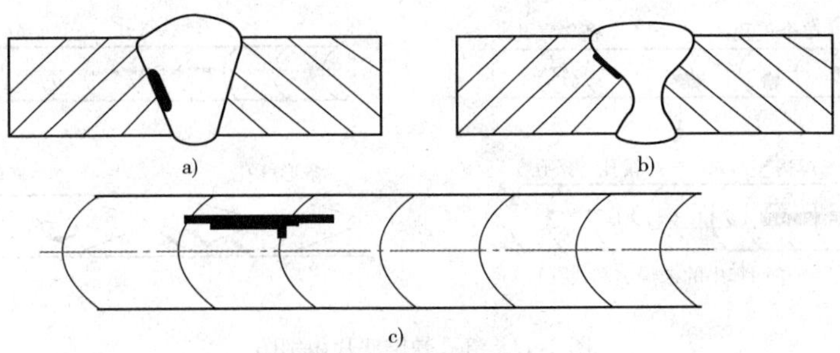

图 2-45　坡口未熔合缺陷底片识别图

③层间未熔合：黑色块状或条状影像，如图 2-46 所示。

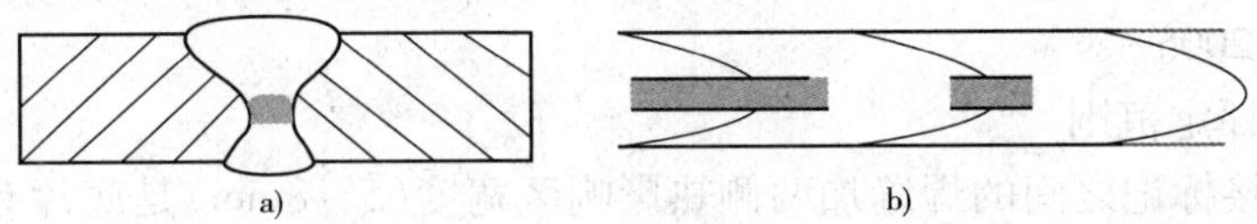

图 2-46　埋弧自动焊中的层间未熔合缺陷底片识别图

(3)未焊透：未焊透是指母材金属之间没有熔合在一起。有单面焊未焊透和双面焊未焊透。未焊透在底片上的影像呈线状、黑度均匀、轮廓清晰。且位于焊缝宽度方向的中心。未焊透的影像宽度因坡口钝边处的间隙不同而不同，但只要是机加工坡口，未焊透的宽度过渡自然，并且两边都是直线，未焊透的长短不一，也有断续分布的，但都在一直线上，未焊透处常伴有气孔。如图 2-47 所示。

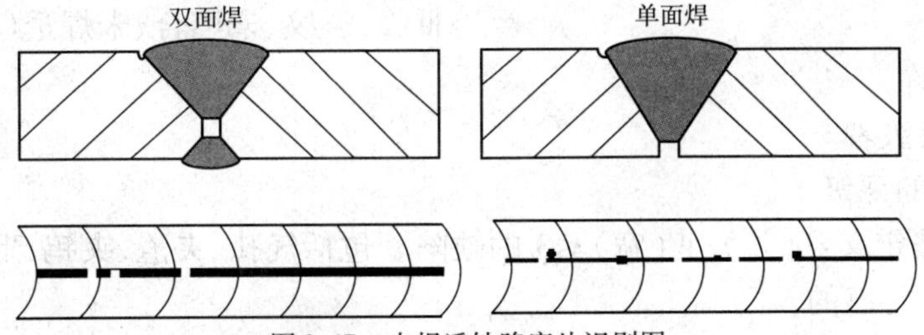

图 2-47　未焊透缺陷底片识别图

(4)夹渣：夹渣是凝固到焊缝金属中的外来固体和熔渣。其主要成分是硅酸盐、氧化物和硫化物，钨极氩弧焊中可能产钨夹渣。按形态夹渣分为点状、块状和条状夹渣。

夹渣的影像特征是分布无规则的点状、块状或条状黑色影像，黑度较均匀，形状不规则，边缘有棱角，如图 2-48 所示。

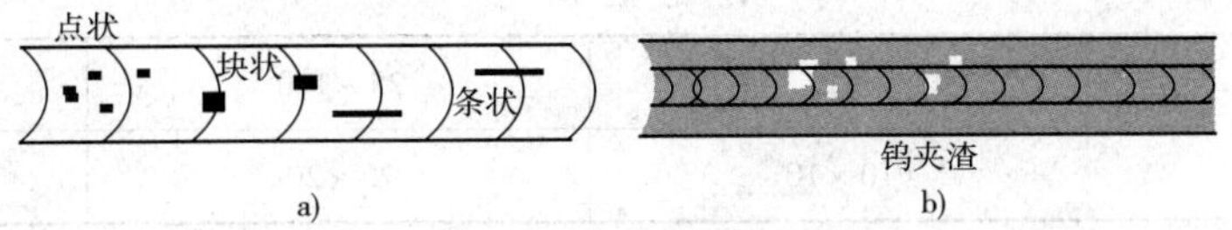

图 2-48　夹渣缺陷底片识别图

(5)气孔：气孔是凝固在焊缝金属中的气体形成的孔洞。熔池中的气体来不及逸出凝固于焊缝中就形成了气孔，包括氢气孔和一氧化碳气孔。按形状可分为圆形气孔、条形气孔；按分布可分为单个气孔、密集气孔和链状气孔。气孔的影像特征主要是外形圆滑，中心黑度大，边缘黑度小，图像清晰。手工焊焊缝中气孔较小，丛林状的较多，带垫板的焊缝，有时在焊缝两侧有“人”字状孔。具体如图 2-49 所示。

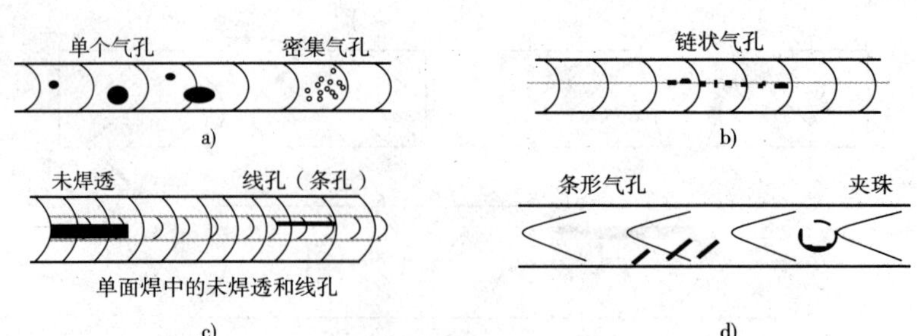

图 2-49　气孔缺陷底片识别图

6. 焊缝质量等级评定

1)评定标准

JB/T 4730—2005。

2)底片有效评定范围

底片上两搭接标记之间的焊缝加两侧热影响区宽度(5 ~ 8mm)是底片有效评定范围,如图2-50所示黑粗线框内。

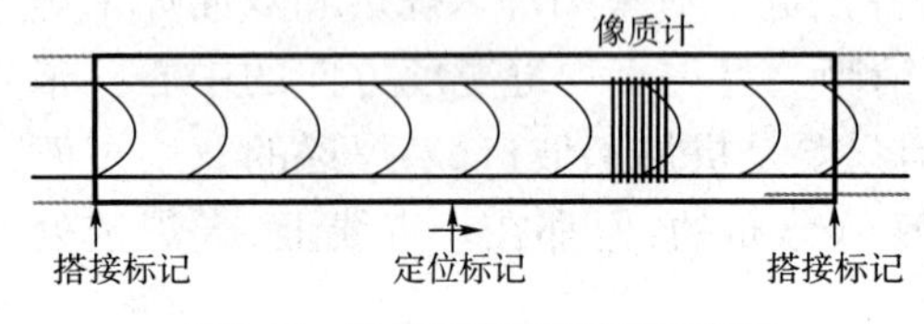

图 2-50　底片有效评定范围示意图

3)焊缝质量分级及各级焊缝不允许的缺陷

JB/T 4730—2005 和 GB 3323—2005 根据缺陷的性质和数量将缺陷分为四级。

Ⅰ级:裂纹、未熔合、未焊透、条状夹渣

Ⅱ级:裂纹、未熔合、未焊透

Ⅲ级:裂纹、未熔合、未焊透(只在不带垫板的单面焊焊缝中允许)

Ⅳ级:超过Ⅲ级者。

4)圆形缺陷的评级

(1)圆形缺陷定义:L(长)/W(宽)≤3 的缺陷。包括气孔、夹渣、夹钨,形状可以为圆形、椭圆形、锥形或带尾巴的。

(2)圆形缺陷评定方法:用评定区按缺陷点数和板厚评定。

(3)圆形缺陷评定步骤:

①确定评定区尺寸

如表 2-34 所示,确定评定区尺寸。

评 定 区 尺 寸　　表 2-34

母材厚度 T	≤25	25 ~ 100	> 100
评定区尺寸	10 × 10	20 × 20	30 × 30

②用评定区框住缺陷。操作时注意:评定区边框与焊缝平行;评定区应选在缺陷最严重部位;与评定区边框相割的缺陷均应记入。

③计算评定区内缺陷总点数。测量评定区内每一缺陷的尺寸,按缺陷点数换算表(表 2-35)把每一缺陷尺寸换为点数,计算评定区内缺陷总点数。不计点数缺陷尺寸如表 2-36 所示。

缺陷点数换算表 表2-35

缺陷长径	≤1	1～2	2～3	3～4	4～6	6～8	>8
点数	1	2	3	6	10	15	25

不计点数缺陷尺寸 表2-36

母材厚度 T	缺陷长径
≤25	≤0.5
25～100	≤0.7
>100	≤1.4% T

④确定缺陷等级。根据评定区缺陷总点数按圆形缺陷分级表2-37确定缺陷等级。

圆形缺陷分级表 表2-37

评定区尺寸		10×10			10×20		10×30
母材厚度 T		≤10	10～15	15～25	25～50	50～100	>100
等级	Ⅰ	1	2	3	4	5	6
	Ⅱ	3	6	9	12	15	18
	Ⅲ	6	12	18	24	30	36
	Ⅳ	点数大于Ⅲ级者或缺陷长径大于1/2T者					

⑤对于不计点数的缺陷数量的限制：Ⅰ级焊缝和母材厚度≤5mm的Ⅱ级焊缝，不计点数的缺陷数量在评定区内不得超过10个，超过则降一级。

5）条形缺陷的评级

（1）条形缺陷的定义：L（长）/W（宽）>3的缺陷定义为条形缺陷，包括条形气孔和条状夹渣。

（2）条形缺陷的评级方法：按单个条形缺陷的长度和条形缺陷的总长评级。

（3）条形缺陷评定步骤：

①评单个条形缺陷的级别。首先测量各条形缺陷长度，然后取最长条形缺陷，与条形缺陷分级表（表2-38）规定的Ⅱ级允许的单个条形缺陷长度比较，若不超过，则为Ⅱ级；若超过，与Ⅲ级规定的单个条渣长度比较，若不超过，则为Ⅲ级；若超过，则为Ⅳ级。此时评定已结束，焊缝级别为Ⅳ级。

条形缺陷分级表 表2-38

等级	母材厚度	单个条渣长度	条状夹渣总长
Ⅱ	T≤12	4	在12T焊缝长度内，间距不超过6L的任意一组夹渣的总长不超过T
	12<T≤60	1/3T	
	T>60	20	
Ⅲ	T≤9	6	在6T焊缝长度内，间距不超过3L的任意一组夹渣的总长不超过T
	9<T≤45	2/3T	
	T>45	30	
Ⅳ	大于Ⅲ级者		

②按总长评级。若单渣不到Ⅳ级,需再按总长评级。

设单渣为Ⅱ级,把 $12T$ 长度(T 为母材厚度)内相邻一组夹渣中间距≤$6L$(L 为该组夹渣中最长夹渣的长度)的条渣的长度相加,其总长若≤T,则焊缝为Ⅱ级;若超过 T,把 $6T$ 长度内相邻夹渣中间距≤$3L$ 的条渣的长度相加,其总长若≤T,则为Ⅲ级,若超过 T,则为Ⅳ级。

若单个条渣为Ⅲ级,把6T长度内相邻夹渣中间距≤$3L$ 的条渣的长度相加,其总长若≤T,则为Ⅲ级,若超过 T,则为Ⅳ级。

若焊缝长度不足 $12T$ 或 $6T$,则允许的总长按比例折算,若折算长度小于单个条形缺陷长度,则按单个长度为允许总长。

若两个或两个以上条形缺陷相邻间距小于其中小缺陷长度,则按单个条形缺陷计算,其间距也应计入条形缺陷长度。

6)综合评级

当圆形缺陷评定区内同时存在圆形缺陷和条形缺陷或未焊透缺陷时,应各自评级,将级别之和减Ⅰ作为最终级别。

例如:圆形缺陷Ⅱ级,条形缺陷Ⅲ级,则焊缝级别为:Ⅱ+Ⅲ-Ⅰ=Ⅳ级。

7)钢管环焊缝未焊透和内凹的分级

钢管环焊缝允许未焊透和内凹存在,其焊缝级别按未焊透分级表(表2-39)和内凹分级表(表2-40)规定的深度和长度进行评定。

钢管环焊缝未焊透分级表 表2-39

等级	未焊透深度		连续或断续未焊透总长占焊缝总长的百分比(%)
	占壁厚的百分比	极限深度(mm)	
Ⅱ	≤10	≤1.5	≤10
Ⅲ	≤15	≤2.0	≤15
Ⅳ	大于Ⅲ级者		

钢管环焊缝根部内凹分级表 表2-40

等级	内凹深度		内凹总长占焊缝总长的百分比(%)
	占壁厚的百分比	极限深度(mm)	
Ⅰ	≤10	≤1	≤30
Ⅱ	≤15	≤2	
Ⅲ	≤20	≤3	
Ⅳ	大于Ⅲ级者		

8)条形缺陷评级举例

【例2-2】 对图2-51所示底片进行评级。

评单渣:其长度为 $5+2+3=10>6$ 故为Ⅳ级

【例2-3】 对图2-52所示底片进行评定

先评单个条形缺陷:最长为 $8<1/3T=10$ 故为Ⅱ级。

再评总长：Ⅱ级允许总长为 $320/360 \times 30 = 26.6$

条渣总长为 $8+5+3+8+7=31>T=30$，故不够Ⅱ级；

Ⅲ级焊缝允许总长为 $T=30\text{mm}$

条渣总长为 $5+3+8+7=23<T=30$

焊缝总评结果为Ⅲ级。

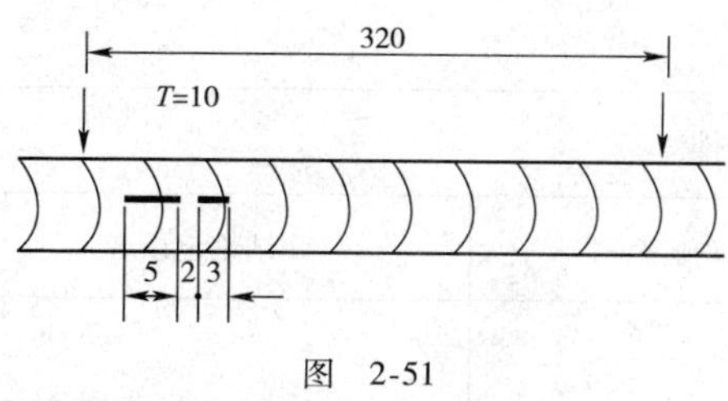

图　2-51

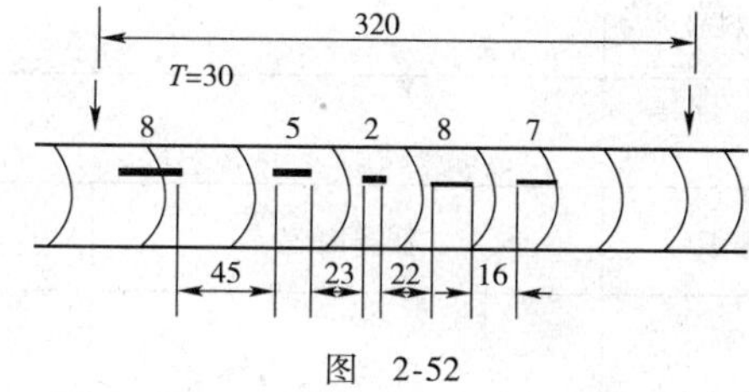

图　2-52

二、工作任务训练

（一）训练资料、设备和工具

（1）射线底片；

（2）观片灯；

（3）黑度计，有经校准的标准黑度片；

（4）评片尺；

（5）放大镜；

（6）记号笔、手套、有关文件和记录表格等。

（二）训练过程

1. 下达工作任务（表 2-41）

表 2-41

<table>
<tr><td>任务名称</td><td colspan="4">评定 X 射线底片</td></tr>
<tr><td>任务安排</td><td colspan="4">1. 小组以 4～6 人组成，每小组推选一名组长与副组长；
2. 组长总体负责本组人员的任务分工，组织协调完成任务；
3. 副组长负责仪器和资料使用及安全管理等事务；
4. 各成员要相互配合、团结合作、各司其职地完成任务。</td></tr>
<tr><td>任务要求</td><td colspan="4">完成 X 射线底片评定。</td></tr>
<tr><td>技术要求</td><td colspan="4">1. 熟悉我国 X 射线底片质量要求的有关标准；
2. 熟悉底片常见缺陷和伪缺陷的特征；
3. 完成 X 射线底片等级的评定。</td></tr>
<tr><td rowspan="2">成员组成</td><td>小组号</td><td></td><td>组长</td><td></td></tr>
<tr><td>副组长</td><td></td><td>组员</td><td></td></tr>
</table>

2. 制定工作计划

1)任务分工(表 2-42)

表 2-42

小组号			
组长		资料借领与归还者	
资料号			
分 工 安 排			
任务编号	任务内容	任务实施者	结论记录者
1			
2			
3			
4			
5			
6			

2)实施方案设计

(1)实训的步骤:

①查阅熟悉我国 X 射线底片质量要求的有关标准;

②将实训任务进行分解编号,由不同的成员承担完成相应的项目;

③记录实训中心相关条件的选择;

④小组研究讨论;

⑤填表,完成实训任务。

(2)注意事项与技术要求:

①熟悉国家标准与规范;

②掌握底片常见缺陷和伪缺陷的特征。

3. 实施工作计划,并完成如下记录

1)实施工作计划

(1)布置实训任务;

(2)将实训任务进行分解编号;

(3)研究实训任务,查阅 X 射线底片质量标准;

(4)选择评定底片;

(5)填表完成实训任务。

2）选择 X 射线探伤曝光条件记录表（表 2-43）

表 2-43

<table>
<tr><td>任务名称</td><td colspan="4">评定 X 射线底片</td><td colspan="2">小组号</td><td></td></tr>
<tr><td>组长</td><td colspan="2"></td><td>组员</td><td colspan="4"></td></tr>
<tr><td colspan="8">评定底片记录表</td></tr>
<tr><td>工程编号</td><td></td><td>容器类型</td><td></td><td>材质</td><td></td><td>板厚规格</td><td></td></tr>
<tr><td>焊缝类别</td><td></td><td>焊接方法</td><td></td><td>坡口形式</td><td></td><td>底片规格</td><td></td></tr>
<tr><td>胶片类型</td><td></td><td>射源种类</td><td></td><td>底片数量</td><td></td><td>执行标准</td><td></td></tr>
<tr><td>合格级别</td><td></td><td>探伤比例</td><td></td><td>委托编号</td><td></td><td>委托单位</td><td></td></tr>
<tr><td>初评者签名</td><td colspan="3">月　日</td><td>审定者签名</td><td colspan="3">月　日</td></tr>
<tr><td>底片序号</td><td colspan="5">缺陷定性、定位、定量示意图</td><td>评级</td><td>备注</td></tr>
<tr><td></td><td colspan="5"></td><td></td><td></td></tr>
<tr><td></td><td colspan="5"></td><td></td><td></td></tr>
<tr><td></td><td colspan="5"></td><td></td><td></td></tr>
<tr><td></td><td colspan="5"></td><td></td><td></td></tr>
<tr><td></td><td colspan="5"></td><td></td><td></td></tr>
</table>

注：①缺陷定性、定位、定量栏：须标注出缺陷性质代号、大致缺陷图形及长度、点数，其位置与缺陷在底片上的位置相对应。缺陷性质代号：A——裂纹；B——未焊透；C——未熔合；D——条渣；E——圆形缺陷；F——条孔。

②评级栏：填写按规定标准评定出的底片级别。

③备注栏：注明母材缺陷及表面缺陷。

【任务小结】

一、学生自我评估(表2-44)

表2-44

实训项目	评定X射线底片				
小组号		任务号		实训者	
序号	检查项目	分值	要求		自我评定
1	任务完成情况	40	按要求按时完成实训任务		
2	实训记录	20	记录规范、完整		
3	实训纪律	20	不在实训场地打闹,无事故发生		
4	团队合作	20	服从组长的任务分工安排,能配合小组其他成员工作		
实训总结: 小组评分:________ 组长:________ ____年____月____日					

二、教师评定反馈(表2-45)

表2-45

实训项目	评定X射线底片				
小组号		任务号		实训者	
序号	检查项目	分值	要求		教师评定
1	工具使用	20	使用正确		
2	缺陷分析	20	分析正确		
3	效率检查	10	按时完成实训		
4	信息记录	20	记录规范、完整		
5	成果检测	10	成果符合要求		
6	团队合作	20	小组各成员能相互配合,协调工作		
存在问题: 考核教师:________ ____年____月____日					

【拓展提高】

案例:底片暗房冲洗作业流程训练。

【课后自测】

问答题

1. 试述评片步骤。
2. JB/T 4730—2005 对接焊缝质量分为哪几级？ Ⅰ级焊缝中不允许哪些缺陷存在？
3. 什么是圆形缺陷？什么是条形缺陷？
4. 圆形缺陷如何评定？条形缺陷如何评定？
5. JB/T 4730—2005 对底片质量有哪些要求？
6. 钢质对接焊缝 X 光片上常见的焊接缺陷有哪些？在底片上呈什么形状？

项目三　超声波检测

能力要求

1. 熟悉超声波探伤的原理及性质；
2. 掌握超声波仪器的操作使用规程与方法；
3. 掌握超声波探伤的技术与方法；
4. 掌握超声波探伤的缺陷识别技术。

工作任务

1. 操作超声波检测仪器；
2. 选择超声波检测工艺参数；
3. 超声波检测焊缝；
4. 超声波检测锻件；
5. 超声波检测管材；
6. 评定超声波检测缺陷。

任务一　操作超声波检测仪器

【任务目标】

1. 了解超声波产生的原理；
2. 熟悉超声波仪器的构造及各种按键；
3. 掌握超声波仪器安全操作规程；
4. 初步具有安全操作超声波仪器的能力。

【任务解析】

1. 工作任务名称：操作超声波检测仪器。

2. 工作任务背景：焊缝超声波检测。

3. 完成工作任务要达到的技术标准：《焊缝无损检测　超声检测技术、检测等级和评定》GB/T 11345—2013，《船舶钢焊缝超声波检测工艺和质量分级》CB/T 3559—2011。

4. 完成工作任务所需要的资料：超声波仪器安全操作规程。

5. 完成任务的思路，完成任务的技能点和知识点：

（1）完成任务的思路：了解超声波检测的原理；熟悉超声波仪器的构造；掌握超声波机安全操作规程；完成安全使用超声波仪器的任务。

（2）完成任务的技能点和知识点：超声波检测的原理；超声波机的构造；超声波机安全操作规程。

【任务实施】

一、相关理论与知识学习

超声波无损检测是利用超声波在物体中的传播、反射和衰减等物理特性来发现缺陷的一种工作方法。超声波检测是常规无损检测技术之一，是目前国内外应用最广泛、使用频率最高且发展较快的一种无损检测技术。超声检测是产品制造中实现质量控制、节约原材料、改进工艺、提高劳动生产率的重要手段，也是设备维护中不可或缺的手段之一。

（一）超声波检测的原理

1. 机械振动和机械波

物体沿直线或弧线在一定位置（平衡位置）两侧作往复运动称为机械振动，简称振动。机械源产生的振动在弹性介质里的传播，称为机械波，简称波。

波是传递能量的一种形式。弹性介质中任何一个质点在外力的作用下，由于质点间存在弹性力的联结，所以任一质点的机械振动都会传递给邻近的质点，使邻近的质点也产生同样的振动，然后再将振动传递给下一个邻近质点，依次类推，机械振动就由近向远传播，从而形成机械波。波的传递过程称为波动，如图 3-1 所示。

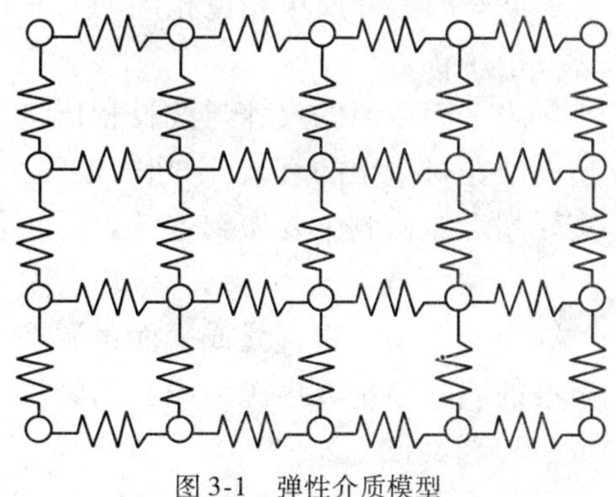

图 3-1　弹性介质模型

在波动过程中，振动传播的速度称为波速，它的大小与介质本身的性质有关，介质中的某质点完成一次全振动所用的时间称为周期。而在一秒钟内完成全振动的次数称为频率。在一个周期的时间内，振动过程中两个相邻的，对平衡位置位移相等的质点间的距离称为波长。

波长与频率和波速存在密切的关系，在均匀的介质中，同类振动是匀速传播。也就是说波速是一个恒量，波长等于波速与周期的乘积，即：

$$\lambda = VT = V/f \tag{3-1}$$

式中：λ——为波长（m）

V——波速（m/s）

T——周期（s）

f——频率（Hz）

机械振动传播的同时伴随着能量的传递，波动是物质运动的一种形式，但不是物质的迁移。

声波是一种机械波，超声波是一种频率很高的声波。通常可用电磁方式使纸片振动产生声波,但用这种方法产生超声波,效率很低,因此可使用具有压电或磁致伸缩效应的材料产生超声波。如图 3-2 所示,当在压电材料(也称压电晶片)两面的电板上加上电压,它就会按照电压的正负和大小,在厚度方向产生伸、缩的特点,利用这一性质,若加上高频电压,就会产生高频伸缩现象。如果把这个伸缩振动设法加到被检材料上,材料质点也全随之产生振动,从而产生声波,在材料内传播。

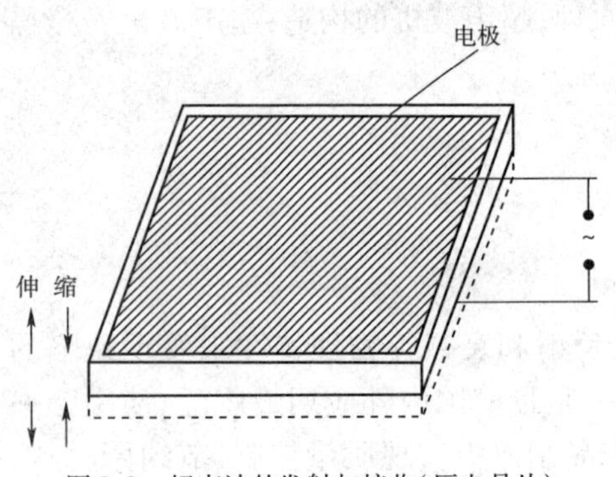

图 3-2 超声波的发射与接收(压电晶片)

超声波的接收是同超声波的发射完全相反的过程,即超声波射达被检材料表面,使表面产生振动,并使压电晶片随之产生伸缩。在电极间产生电压,此电压经放大后,就可在仪器上进行观察及测定。

声音是由物体振动而产生的。但是只有频率在 20 ~ 20000Hz 之间的振动,在弹性介质中激起的声波传播到我们的耳朵时,才能引起听觉。频率超出这一范围,就不能引起听觉,频率超过 20000Hz 的声波称为超声波,低于 20Hz 的声波称为次声波。超声波检测常用的频率范围为 0.5 ~ 10MHz。

2. 超声波波阵面和波形

同一时刻介质中相位相同的所有质点所联成的面称为波阵面。

1) 平面波

当平面声源的尺寸与波长相比为无限大时,超声波的波阵面可以视为平面。如不考虑超声波在材质中的衰减,则超声波的声压不随距声源的距离变化而变化,即声压是恒量。在实际超声波检测中要做到这一点是不可能的,因为晶片尺寸有一定的限制。

2) 柱面波

当声源是一根直线或平面声源在一方向上尺寸无限大,而在另一方向上尺寸很小时,超声波的波阵面是以声源为中心的圆柱面,称为柱面波。

3) 球面波

当声源是点声源(球体)时,超声波的波阵面是以声源为中心的球面,称为球面波。

4) 活塞波

如果规则的振动面上各个质点以相间的振幅和位相振动(类似活塞杆在汽缸中的往复运动),并激发周围介质振动,形成的波称为活塞波。

在检测中使用电晶片产生的超声场即为活塞波声场,在近场区中超声波干涉现象严重,情况比较复杂。在远场中,波阵面类似于球面,即在远场中可将活塞波当作球面波处理。

超声无损检测广泛应用的超声波波型(声振动质点振动的模型)有纵波(压缩波),横波(剪切波)、表面波(瑞利波)和板波(兰姆波)。

5) 纵波

当弹性介质受到交替变化的拉应力或压应力作用时,就会产生交替变化的伸长或压缩形变,质点产生疏密相间的纵向振动,并在介质中传播,质点的振动方向与波的传播方向相同,这种波称为纵波,又称压缩波。

因为弹性力是出于弹性介质体积发生变化而产生,所以纵波能够在任何弹性介质中传播（包括固体、液体和气体）。

6）横波

固体介质既具有体积弹性，又具有剪切弹性。当固体介质受到交变剪切应力作用时，将发生相应的剪切形变，介质质点产生具有波峰和波谷的横向振动，这时质点的振动方向与波的传播方向相垂直，这种波称为横波，又称为剪切波。

由于液体和气体（统称流体）中只具有体积弹性，而不具有剪切弹性，所以在流体中不能传播横波。

7）表面波

当固体介质表面受到交替变化的表面张力作用时，质点在介质表面的平衡位置附近做椭圆轨迹的振动，这种振动又作用于相邻的质点而在介质表面传播，这种波称为表面波，又称瑞利波。表面波可以看作是一种特殊的“横波”仅限于材料表面传播，超过一个波长的深度时，能量急剧下降。

8）板波

板波是在薄板状固体（含细棒材等）中传播的超声波，声波的波动情况较为复杂，它包含有纵波和横波的分量。在板波的传播中，按板中振动波节的形式分为对称型和非对称型两种，板波广泛地应用于薄板超声波检测。

9）声压

材料中没有声波传播时，质点处于平衡状态，质点间有相互作用力，此时质点所具有的压强称为静压强。当材料中传播超声波时，质点离开平衡位置振动，质点所受压强有所变化。超声波在材料中传播时，质点在某一瞬间时压强与静压强之差称为声压，声压与介质密度、声速及质点振动瞬时速度有关。

10）超声波声压变化规律

当超声波在工件材料中传播时，随着声程的增加，声压有所变化。在超声波检测中，声程介于近场长度和三倍近场长度之间，将超声波的波阵面视为活塞波，超过三倍近场长度则视为球面波。由此得出材料中所传播的超声波声束轴线上声压变化规律为：

$N \leqslant S \leqslant 3N$ 时，声速轴线上声压变化为：

$$P = 2P_0 \sin\left(\frac{\pi}{\lambda}\sqrt{S^2 + \frac{D^2}{4}} - S\right) \tag{3-2}$$

$S \geqslant 3N$ 时，可简化为：

$$P = P_0 \frac{\pi D^2}{4\lambda S} \tag{3-3}$$

式中：P——声场中某处的声压（Pa）；

π——圆周率；

P_0——压电晶片发射的声压（Pa）；

λ——超声波波长（mm）；

D——压电晶片直径（mm）；

S——距离声源的距离（mm）。

超声波检测时，在工件材料中所传播的超声波随声程变化而产生的声压变化规律，但在实际检测中,往往需要了解从缺陷反射返回声压的大小,从而测定缺陷的有关参数。

11)反射和透射现象

当声波从一种介质进入另一种介质时,传播特性即产生变化。声波在两种不同介质的结合面(界面)上可分为反射声波和透射声波两个部分。反射和透射声波的比例,与组成界面的两种介质声阻抗(声阻抗为介质中声波速度与介质密度的乘积)有关。

当声波垂直入射光滑的界面时,反射波声压 P_r 与入射波声压 P_0 之比,称为声压反射系数。

$$R = \frac{P_r}{P_0} = \frac{Z_2 - Z_1}{Z_2 + Z_1}$$

当声波垂直入射光滑的界面时,透射波声压 P_d 与入射波声压 P_0 之比,称为声压透射系数。

$$D = \frac{P_d}{P_0} = \frac{2Z_2}{Z_2 + Z_1} \tag{3-4}$$

式中:R——声压反射系数;

D——声压透射系数;

Z_1——介质1的声阻抗(10MPa/s);

Z_2——介质2的声阻抗(10MPa/s)。

在同一介质中同时传播几列超声波并在介质中相遇时,则相遇点的振动是各个波所引起的振动的合成,这种现象叫作超声波的叠加。

当两列振动方向相同、波长(或频率)相同、相位相向或相位差恒定的超声波互相叠加时,使介质中的质点各以一定的振幅振动,并且使某处质点振动最强和振动最弱的位置互相间隔的现象,叫作超声波的干涉。

在实际检测中,探头与工件之间有气隙时,由于探头、工件的声阻抗和空气声阻抗相差甚远,超声波极难传播。如果是油层或水层,超声波在薄层中就能传播。但超声波在薄层介质中的反射和透射,较为复杂,不可能用某个数值简单地表示。

超声波在厚度较大的薄层中产生多次反射,当入射波脉冲宽度很窄时,可以看到反射声波和透射声波能分成多个脉冲。但在一般情况下,这些波会重叠在一起,产生干涉现象,以致反射声波和多次透射声波的大小产生变化,简单来讲,薄层厚度略有变化,透过声波大小就会产生变化,而且脉冲宽度会变得较宽。

倾斜入射时的反射与折射,当一束光线照到镜面上会产生反射、而当一束光线倾斜照到水面上时,其中一部分布水面上产生反射,而另一部分产生折射,进入水中,超声波也会产生同光线相似的现象。

若超声波由一种介质倾斜入射到另一种介质时,在异质界面上将会产生波的反射和折射,并产生波型转换。

按几何光学原理,不同波型的声波入射角、反射角、折射角的关系为

$$\frac{C_{1L}}{\sin\alpha} = \frac{C_{1L}}{\sin\gamma_L} = \frac{C_{1S}}{\sin\gamma_S} = \frac{C_{2L}}{\sin\beta_L} = \frac{C_{2S}}{\sin\beta_S} \tag{3-5}$$

式中:C_{1L}——介质Ⅰ的纵波声速;

C_{1S}——介质Ⅰ的横波声速;

C_{2L}——介质Ⅱ的纵波声速；

C_{2S}——介质Ⅱ的横波声速；

α——超声波入射角；

γ_L——纵波反射角；

γ_S——横波反射角；

β_L——纵波折射角；

β_S——横波折射角。

从式(3-5)可知,声波折射角随着入射角的变化而变化。当入射角增大时,折射角和反射角也随之增大,当纵波入射时,且纵波折射角为90°时,在第Ⅱ介质内只传播横波,这时的声波入射角称为第一临界角。这是斜探头横波检测的基本条件。

当纵波入射,横波折射角为90°,在第Ⅰ介质和第Ⅱ介质的界面上,产生表面波的传播,这时的声波入射角称为第二临界角。利用这一点可设计表面波探头,利用表面波进行检测。

在进行焊缝超声波检测时,超声波倾斜入射由探头(有机玻璃)射向工件材料(钢)的界面,计算可知:

第一临界角 $\alpha_Ⅰ$

$$\alpha_Ⅰ = \arcsin\left(\frac{C_{1L} \cdot \sin\beta}{C_{2L}}\right) = \arcsin\left(\frac{2.73 \times \sin 90°}{5.9}\right) = \arcsin 0.4627 = 27.6°$$

第二临界角 $\alpha_Ⅱ$

$$\alpha_Ⅱ = \arcsin\left(\frac{C_{1L} \cdot \sin\beta}{C_{2S}}\right) = \arcsin\left(\frac{2.73 \times \sin 90°}{3.23}\right) = \arcsin 0.8452 = 57.7°$$

(1)压电晶片发射的超声场。超声波分布的空间称为超声场,压电晶片在高频电场作用下产生振动,如在压电晶片和工件之间通过油(或水)耦合,工件表面产生振动,并向工件材料内传播超声波,由圆形平面压电晶片发射的超声场如图3-3。

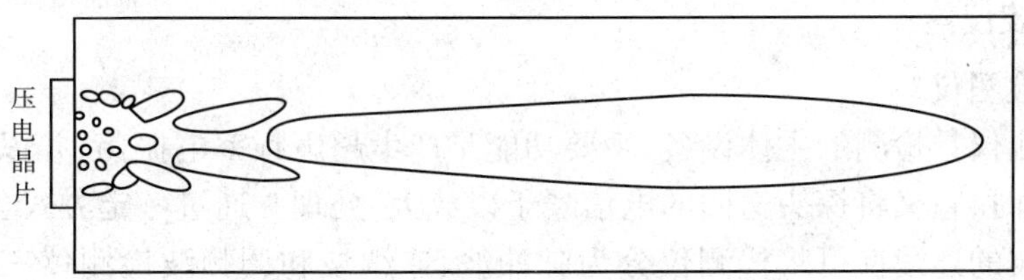

图3-3　压电晶片发射的超声波示意图

压电晶片所发射的超声场特点:定向发射,有主瓣和副瓣之分,大部分能量集中在主瓣内,靠近声源(压电晶片)的区域声压分布不规则,在远离声源一定距离后,声压有规律地随距离增大而下降。

(2)声场指向性。使声源与工件材料接触,将声波传给工件材料时,超声波的声压集中于一个方向发射,这一特性为声场指向性,如图3-4所示,声场指向性常用表示指向性尖锐程度的角表示。

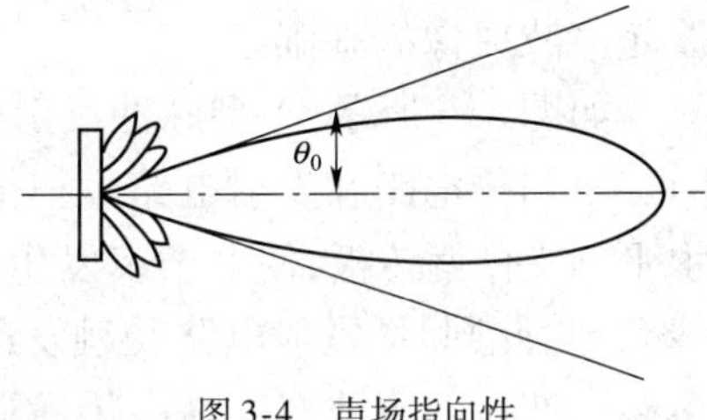

图3-4　声场指向性

有限晶片的平面声源发射的超声波束以一定的角度向外扩散。在声束横截面上,中心轴线上的声压最大,随扩散角增大而减小,当声压减小到零时的扩散角称为第一辐射角(也称半扩散角)。常用 θ_0 表示,有下列关系:

$$\theta_0 = \arcsin\left(1.22\,\frac{\lambda}{D}\right) \tag{3-6}$$

式中:λ——波长;

D——压电晶片直径。

从式(3-6)中可以看出:

①声波频率越高,波长越短,半扩散角越小,声场指向性越好。

②压电晶片尺寸越大,半扩散角越小,声场指向性越好。

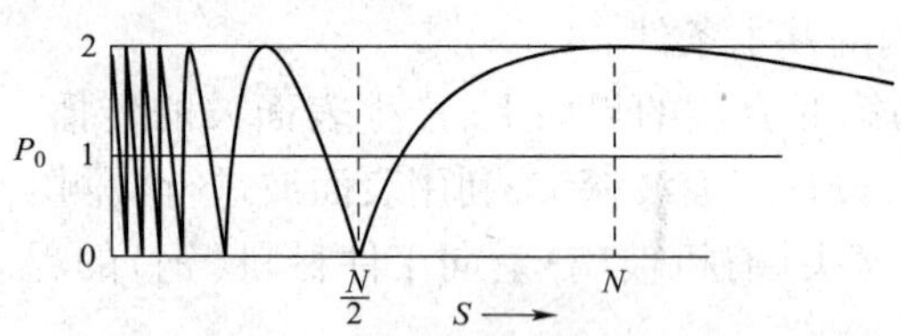

图 3-5　圆形平面声源轴线上声压分布

(3)近场区和远场区。有限平面声源发射的超声波,沿声束中心轴线由近及远声压逐渐降低,超声波在近声源的一段队离中,声压起伏不定、变化频繁。最后一个声压极大值处与声源的水平距离称为近场长度,常用 N 表示。图 3-5 上,N 左侧区域称为近场区,N 右侧区域称为远场区。

近场长度的计算公式:

$$N = \frac{D^2}{4\lambda} \tag{3-7}$$

式中:N——近场长度;

D——晶片直径;

λ——超声波波长。

在检测中,声束单向通过的距离(即声程)应大于近场长度。

(二)超声波仪器

1. 超声波检测仪

超声波检测仪是检测的主体设备,主要功能是产生超声频率电振荡,并以此来激励探头发射超声波,同时,它又将探头送回的电信号予以放大、处理并通过一定方式显示出来。

按超声波的连续性可将检测仪分为脉冲波、连续波和调频波检测仪三种。由于后两种检测仪的检测灵敏度低,缺陷测定有较大局限性,故在焊缝检测中均不采用。

按缺陷显示方式,可将检测仪分为 A 型显示、B 型显示、C 型显示和 3D 显示超声波检测仪。A 型显示脉冲反射法超声波检测目前应用最广,其主要特点是示波屏上纵坐标代表反射波的振幅,横坐标代表超声波的传播时间。它虽不能实现缺陷成像的目的,但却是脉冲回波超声波成像的基础。

如图 3-6 所示,A 型脉冲反射式超声波检测仪接通电源后,同步电路产生的触发脉冲同时加至扫描电路和发射电路。扫描电路受触发开始工作产生锯齿波扫描电压,加至示波管水平(x 轴)偏转板,使电子束发生水平偏转,在示波屏上产生一条水平扫描线(又称时间基线)。与此同时,发射电路受触发产生高频窄脉冲加至探头,激励压电晶片振动,在工件中产生超声波。超声波在工件中传播遇到缺陷和底面发生反射,回波为同一探头或接收探头所接收并被转变为电信号，经接收电路放大和检波，加至示波管垂直（Y 轴）偏转板上，使电子束发生垂直偏转，在水平扫描线的相应位置上产生缺陷波 F、底波 B。

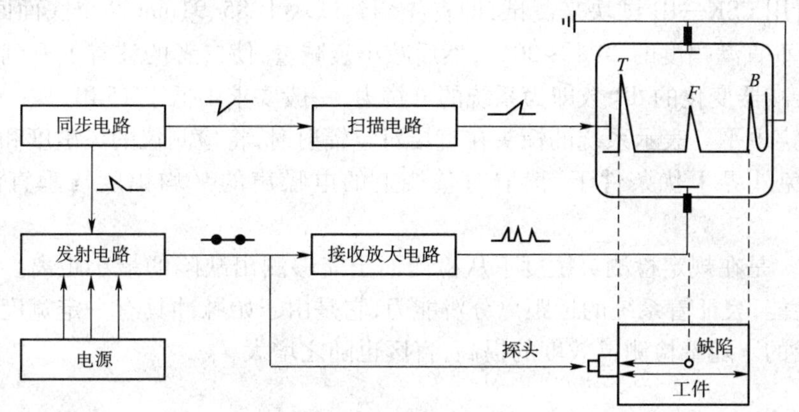

图 3-6　A 型脉冲反射式超声波检测仪电路图

由于仪器水平扫描线的长短与扫描电压有关，而扫描电压与时间成正比，因此反射波的位置能反映声波传播的时间，即反映声波传播的距离，故由此可以对缺陷定位。又由于反射波幅度的高低与接收的电讯号大小有关，电讯号的大小取决于接收的反射声能多少，而反射声能又与缺陷反射面的形状和尺寸有一定关系，因此反射波幅度的高低将间接地反映出缺陷的大小，故由此可以对缺陷定量和评价。

1）检测仪主要性能

仪器的性能将直接影响检测结果的正确性，为此必须符合有关标准规定。主要性能有：

（1）水平线性，又称时基线性或扫描线性。是指扫描线上显示的反射波距离与反射体距离成正比的程度，它关系到缺陷定位是否准确。

标准规定，合格仪器其水平线性误差≤2%。

（2）垂直线性，又称放大线性。是指示波屏反射波幅与接收回波信号电压成正比关系的程度，它关系到缺陷定量是否准确。

标准规定，合格仪器其垂直线性误差≤8%。

（3）动态范围。是示波屏上回波高度从满幅（100%）降至消失时仪器衰减器的变化范围，其值越大可检出缺陷越小。

标准规定，动态范围应 >26dB。

（4）衰减器精度。是衰减器上 dB 刻度指示脉冲下降幅度的正确程度，以及组成衰减器各同量级间可换性能。

标准规定，衰减器总衰减量不得小于 60dB，在检测仪规定的工作频率范围内，衰减器每 12dB 的工作误差 <1dB。

2）检测仪与探头组合后的超声检测系统的性能

（1）灵敏度余量。指组合灵敏度，并以灵敏度余量来表示。它是在规定条件下的检测灵敏度至仪器最大灵敏度的富裕量，以 ΔdB 数表示。目前，基于尽可能独立地检验仪器本身的性能，特引入时效稳定的石英标准探头，使其避免普通探头因其性能变化而造成的影响。

按规定，合格品的组合灵敏度应大于 30dB。

(2)分辨力。声检测系统能够区分两个相邻而不连续的缺陷能力。分辨力有纵向分辨力和横向分辨力之分,一般是指远场纵向分辨力。

分辨力可用 CSK—IB 试块来测试,即首先调到试块上 85、91mm 两个底面回波高 $B_{85}=B_{91}$,并约等于垂直满幅度的 20% ~30%,然后减小衰减量,使二者的波谷上升到原来波峰的高度。这时衰减器变化的 dB 数即为系统的分辨力,一般要求不低于 15dB。

(3)电噪声电平。表示系统的探头在直接对空辐射时,将检测仪的灵敏度和扫描范围调至最大,在避免外界干扰条件下,读取时基线上的电噪声的平均幅度与垂直满幅度的百分比。

(4)盲区。是在规定检测灵敏度下从检测面至能够测出缺陷的最小距离。亦是仪器和探头的组合性能,表征着系统的近距离分辨能力,它是由于始脉冲具有一定宽度和放大器的阻塞现象造成的。随着检测灵效度的提高,盲区也随之增大。

2. 探头

1)探头种类

探头又称压电超声换能器,是实现电—声能量相互转换的能量转换器件。由于人工件形状和材质、检测的目的及检测条件等不同,因而将使用各种不同形式的探头。在焊缝检测中常采用下面介绍的几种探头。

(1)直探头。声束垂直于被探工件表面入射的探头称为直探头,可发射和接收纵波。典型结构参见图 3-7 所示。

(2)斜探头。利用透声斜楔块使声束倾斜于工件表面射入工件的探头称为斜探头,典型结构见图 3-8 所示。图中斜楔块 2 用有机玻璃制作,它与工件组成固定倾角的异质界面,使压电晶片 3 发射的纵波通过波型转换,以折射横波在工件中传播。其他组成部分的材料和作用同直探头的相应部分。通常横波斜探头以钢中折射角标称:$\gamma=40°$、45°、50°、60°、70°;有的也以折射角的正切值标称:$K=\text{tg}\gamma=1.0$、1.5、2.0、2.5、3.0。

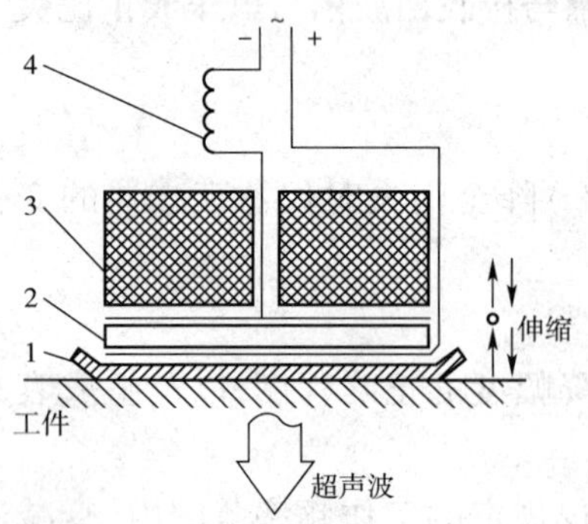

图 3-7 直探头内部结构及工作原理图

1-保护膜;2-压晶片;3-吸收块;4-匹配电感

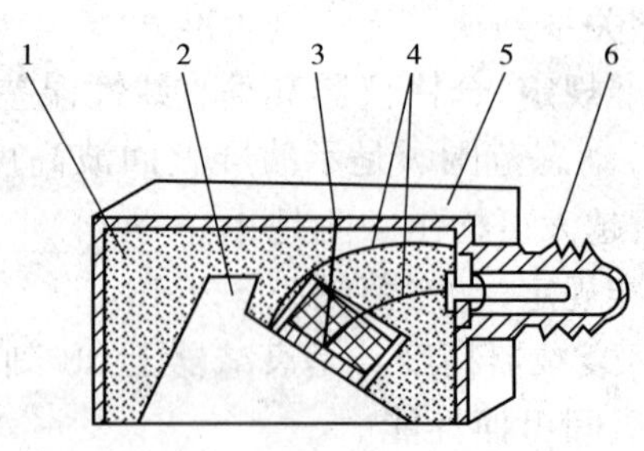

图 3-8 斜探头结构

1-吸收块;2-斜楔块;3-压电晶片;4-内部电源线;5-外壳;6-接头

(3)水浸聚焦探头。基本结构见图 3-9 所示。声透镜由环氧树脂浇铸成球形或圆柱形凹透镜,遵循折射定律可使声束会聚到一点或一条线,前者称点聚焦探头,后者称线聚焦探头。由于声束会聚区集中,声束尺寸小,因而可提高灵敏度和分辨力。

(4)双晶探头。双晶探头又称分割式 TR 探头,内含二个压电晶片,分别为发射、接收晶片，中间用隔声层隔开，主要用于近表面检测和测厚。

2）探头性能

探头性能的好坏，直接影响着检测结果的可靠性和正确性。因此，对其有关指标均有一定的要求，并需通过测试以保证产品质量。这里介绍焊缝超声波检测中常用的斜探头的主要性能。

（1）折射角 γ（或探头 K 值）。γ 或 K 值大小决定了声束入射于工件的方向和声波传播途径，是为缺陷定位计算提供的一个有用数据。因此探头使用磨损后均需测量 γ 或 K 值。

（2）前沿长度。声束入射点至探头前端面的距离称前沿长度，又称接近长度。它反映了探头对焊缝可接近的程度。入射点是探头声束轴线与楔块底面的交点，探头在使用前和使用过程中要经常测定入射点位置，以便对缺陷准确定位。

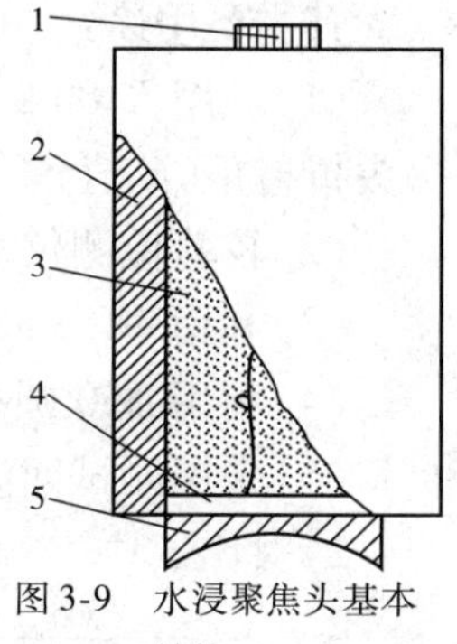

图 3-9　水浸聚焦头基本结构

1-接头；2-外壳；3-阻尼块；4-压电晶片；5-声透镜

（3）声轴偏斜角。它反映了主声束中心轴线与晶片中心法线的重合程度，除直接影响缺陷定位和指示长度测量精度外，也会导致检测者对缺陷方向性产生误判，从而影响对检测结果的分析。

不同类型的探头，其主要性能亦有所不同，同时，有些性能还受检测仪影响。

3. 试块

按一定用途设计制作的具有简单形状人工反射体的试件，称试块，它是检测标准的一个组成部分，是判定检测对象质量的重要尺度。根据使用目的和要求，通常将试块分成以下两大类，标准试块和对比试块。

1）标准试块

由法定机构对材质、形状、尺寸、性能等做出规定和设定的试块称标准试块。GB 11345—2013 规定 CSK—IB 试块为焊缝检测用标准试块。

CSK—IB 试块是 ISO—2400 标准试块（即Ⅱw—Ⅰ型试块）的改变型，如图 3-10 所示。

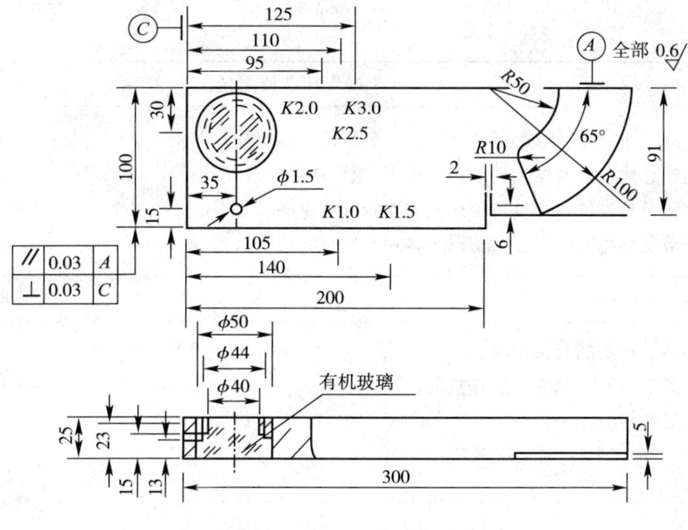

图 3-10　CSK—IB 试块

其主要用途:

(1)利用 R100 圆弧面测定斜探头入射点和前沿长度,利用分 50mm 孔的反射波测定斜探头折射角(K 值)。

(2)校验检测仪水平线性和垂直线性。

(3)利用 ϕ1.5mm 横孔的反射波调整检测灵敏度。利用 R100 圆弧面调整探测范围。

(4)利用 ϕ50 圆孔估测直探头盲区和斜探头前后扫查声束特性。

(5)采用测试回波幅度或反射波宽度的方法可测定远场分辨力。

2)对比试块

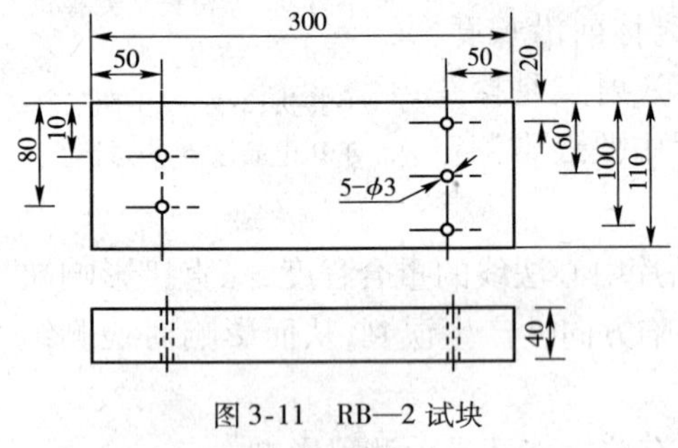

图 3-11 RB—2 试块

对比试块又称参考试块,它是由各专业部门按某些具体检测对象规定的试块。GB 11345—2013 规定 RB—1(适用 8 ~ 25mm 板厚)、RB—2(图 3-11 所示,适用 8 ~ 100mm 板厚)和 RB—3(适用 8 ~ 150mm 板厚)为焊缝检测用对比试块。

RB 试块组主要用于绘制距离—波幅曲线、调整探测范围和扫描速度、确定监测灵敏度和评定缺陷大小,它是对工件进行评级判废的依据。

二、工作任务训练

(一)训练资料、设备和工具

(1)我国辐射防护方面的有关标准;

(2)超声波实训安全操作规程;

(3)超声波探伤仪、探头、试块。

(二)训练过程

1. 下达工作任务(表 3-1)

表 3-1

任务名称	操作超声检测仪器		
任务安排	1. 小组以 4 ~ 6 人组成,每小组推选一名组长与副组长; 2. 组长总体负责本组人员的任务分工,组织协调完成任务; 3. 副组长负责仪器和资料使用及安全管理等事务; 4. 各成员要相互配合、团结合作、各司其职地完成任务。		
任务要求	完成超声波探伤仪操作训练。		
技术要求	1. 超声波检测的有关标准; 2. 熟悉超声波检测安全操作规程; 3. 完成超声波安全操作。		
成员组成	小组号	组长	
	副组长	组员	

2. 制定工作计划

1）任务分工（表3-2）

表3-2

<table>
<tr><td>小组号</td><td colspan="3"></td></tr>
<tr><td>组长</td><td></td><td>资料借领与归还者</td><td></td></tr>
<tr><td>资料号</td><td colspan="3"></td></tr>
<tr><td colspan="4">分　工　安　排</td></tr>
<tr><td>任务编号</td><td>任务内容</td><td>任务实施者</td><td>结论记录者</td></tr>
<tr><td>1</td><td></td><td></td><td></td></tr>
<tr><td>2</td><td></td><td></td><td></td></tr>
<tr><td>3</td><td></td><td></td><td></td></tr>
<tr><td>4</td><td></td><td></td><td></td></tr>
<tr><td>5</td><td></td><td></td><td></td></tr>
<tr><td>6</td><td></td><td></td><td></td></tr>
</table>

2）实施方案设计

（1）实训的步骤：

①查阅超声波安全操作方面的有关标准；

②将实训任务进行分解编号，由不同的成员承担完成相应的项目；

③记录实训中心相关设备构造名称与型号；

④小组研究讨论；

⑤填表，完成实训任务。

（2）注意事项与技术要求：

①熟悉超声波安全方面的有关标准；

②熟悉超声波仪器安全操作规程；

③掌握超声波仪器构造与操作。

3. 实施工作计划，并完成如下记录

1）实施工作计划

（1）布置实训任务；

（2）将实训任务进行分解编号；

（3）研究实训任务，查阅安全标准和操作规程，熟悉设备仪器；

（4）进行超声波仪器安全操作；

（5）填表完成实训任务。

2)操作超声波检测仪器记录表(表 3-3)

表 3-3

任务名称	操作超声波检测仪器	小组号	
组长		组员	
操作超声波检测仪记录表			
序号	实训项目	实训记录	
1	超声波仪器机构造	部件名称	型号和作用
2	超声波仪器安全操作要点	操作要点	注意事项
3	操作超声波仪器步骤	操作步骤	注意事项

【任务小结】

一、学生自我评估(表3-4)

表3-4

实训项目	操作超声波检测仪					
小组号			任务号		实训者	
序号	检 查 项 目	分值	要　求			自 我 评 定
1	任务完成情况	40	按要求按时完成实训任务			
2	实训记录	20	记录规范、完整			
3	实训纪律	20	不在实训场地打闹,无事故发生			
4	团队合作	20	服从组长的任务分工安排,能配合小组其他成员工作			
实训总结: 小组评分:________　组长:________　____年____月____日						

二、教师评定反馈(表3-5)

表3-5

实训项目						
小组号			任务号		实训者	
序号	检 查 项 目	分值	要　求			教 师 评 定
1	资料、设备查阅	20	资料、设备查阅正确、针对性强			
2	操作步骤	20	操作规范正确			
3	效率检查	10	按时完成实训			
4	信息记录	20	记录规范、完整			
5	成果检测	10	成果符合要求			
6	团队合作	20	小组各成员能相互配合,协调工作			
存在问题: 考核教师:________　____年____月____日						

【拓展提高】

案例:模拟式超声波仪器操作。

【课后自测】

问答题

1. 超声波仪器的组成有哪些部分?
2. 超声波仪器的工作原理是什么?
3. 超声波仪器的操作步骤有哪些?
4. 超声波检测的特点?
5. 简述超声波传播过程产生衰减的原因和规律。

任务二　选择超声波检测工艺参数

【任务目标】

1. 熟悉超声波检测的有关内容;
2. 初步具有选择超声波检测工艺参数的能力。

【任务解析】

1. 工作任务名称:选择超声波检测工艺参数。
2. 工作任务背景:超声波检测。
3. 完成工作任务要达到的技术标准:《焊缝无损检测　超声检测技术、检测等级和评定》GB/T 11345—2013、《船舶钢焊缝超声波检测工艺和质量分级》CB/T 3559—2011。
4. 完成工作任务所需要的资料:标准与规范,超声波检测技术要求。
5. 完成任务的思路,完成任务的技能点和知识点:

(1)完成任务的思路:熟悉超声波探伤的有关内容;完成超声波探伤时工艺参数的选择。

(2)完成任务的技能点和知识点:扫查方式;探头选择;垂直入射法;斜角入射法;典型工件检测。

【任务实施】

一、相关理论与知识学习

(一)超声波检测方法

超声检测方法是利用进入被检材料的超声波对材料表面与内部缺陷进行检测的一种方法,具体包括以下几种。

1. 液浸法与直接接触法

1）液浸法

液浸法是将探头和试件全部或部分浸于液体中，以液体作为耦合剂，声波通过液体进入试件进行检测的方法。液浸法最常用的耦合剂为水，有时，又称为水浸法。虽然液体中只有纵波能够传播，但随着声束在试件表面入射角的不同，试件中同样可以产生纵波、横波、表面波、兰姆波等波型，从而实现不同波型的检测。

2）直接接触法

由于探头和工件检测面之间涂以很薄的耦合剂层，因此可看作二者直接接触，采用这种声耦合方式的超声波检测方法称直接接触法。检测中它主要采用A型显示脉冲反射法工作原理，由于操作方便、检测图形简单、判断容易和检测灵敏度高，在实际生产中得到最广泛地应用。液浸法检测人为因素少，检测可靠性高，对粗糙表面适应性好，对于固定产品要求高分辨力、高灵敏度、高可靠性的检测对象，以及表面未经机加工的试件，采用液浸法检测较为有利。

一般船舶焊缝无损检测中，直接接触法用得比较多。

2. 根据入射角度分类

垂直入射法、斜角检测法均是直接接触法超声波检测的基本方法。

1）垂直入射法

垂直入射法是采用直探头将声束垂直入射工件检测面进行检测的方法，简称垂直法，又称纵波法。其表现形式为：当直探头在检测面上移动时，无缺陷处示波屏上只有始波 T、底波 B（图3-12a），若探头移到有缺陷处且缺陷反射面比声束小时，则示波屏上出现始波 T、缺陷波 F 和底波 B（图3-12b）；当探头移到大缺陷处（缺陷比声束大）时，则示波屏上只出现始波 T、缺陷波 F（图3-12c）。

显然，垂直法检测能发现与检测面平行或近于平行的缺陷。

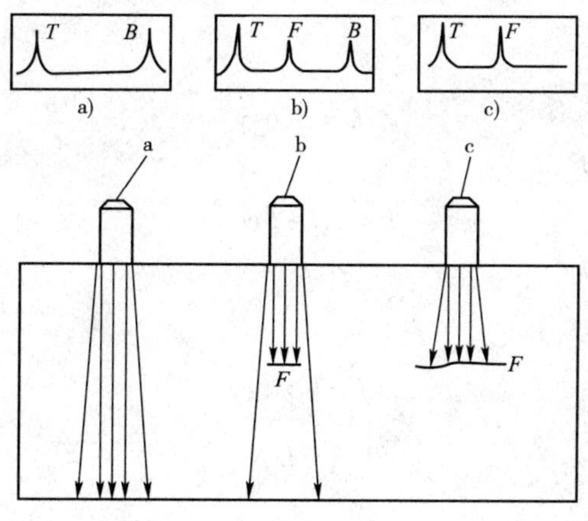

图3-12　垂直入射法

a）无缺陷；b）小缺陷；c）大缺陷

2）斜角检测法

斜角检测法是采用斜探头将声束倾斜入射工件检测面进行检测的方法，简称斜射法，又称横波法。其表现形式为:当斜探头在检测面上移动时,无缺陷时示波屏上只有始波 T(图 3-13a),这是因为声束倾斜入射至底面产生反射后,在工件内以"W"形路径传播,故没有底波出现;当工件存在缺陷,而缺陷与声束垂直或倾斜角很小时,声束会被反射回来,此时示波屏上将显示出始波 T、缺陷波 F(图 3-13b),当斜探头接近板端时,声束将被端角反射回来,在示波屏上将出现始波 T 和端角波 B'(图 3-13c)。

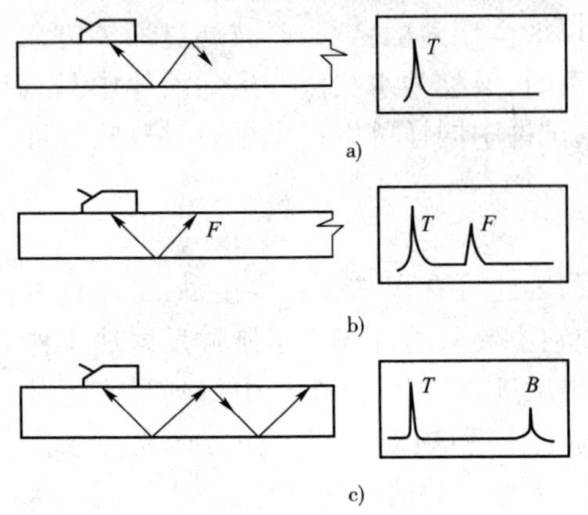

图 3-13　斜射法检测

a)无缺陷;b)有缺陷;c)接近板端

在焊缝检测中,必须熟悉斜角检测法的几何关系,这样才有助于判断缺陷回波并进行有关缺陷位置参数的计算。图 3-14 标明了焊缝斜角检测用语及相应的几何关系。说明如下:

跨距点:声束中心线经底面反射后到达检测面的一点,图 3-14 中的 A 点。

跨距 P:探头入射点(O)至跨距点(A)的距离。

直射法:在 0.5 跨距的声程以内,超声波不经底面反射而直接对准缺陷的检测方法,又称一次波法。

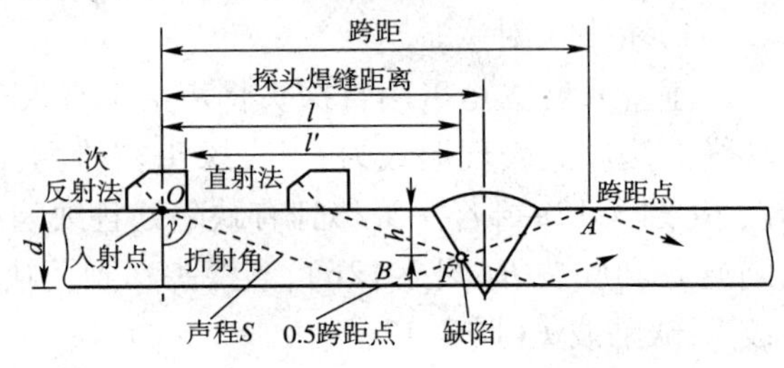

图 3-14　斜角检测用语及相应的几何关系

一次反射法:超声波只在底面反射一次而对准缺陷的检测方法,又称二次波法。

缺陷水平距离 l:缺陷在检测面的投影点至探头入射点的距离,又称探头缺陷距离。

简化水平距离 l':缺陷在检测面的投影点至探头前端的距离。

缺陷深度 h:缺陷距检测面的垂直距离,又称缺陷的垂直距离。

缺陷深度(直射法):

$$h = S\cos\gamma \tag{3-8}$$

缺陷深度(一次反射法):

$$h = 2\delta - S\cos\gamma \tag{3-9}$$

水平距离与深度关系:

直射法:

$$l = h \times \mathrm{tg}\gamma \tag{3-10}$$

$$h = l/K \tag{3-11}$$

一次反射法:

$$l = (2\delta - h)K \tag{3-12}$$

$$h = 2\delta - l/K \tag{3-13}$$

式中:δ——工件厚度(mm);

S——声程(mm);

K——探头 K 值;

γ——探头折射角(°)。

在焊缝检测中,有时还要采用一发一收两个斜探头并由专用夹具固定成组,对焊缝进行所谓的串列式扫查(图 3-15),称串列斜角检测法。前面为发射探头,其发射声束遇到缺陷时产生的反射波会被后面的接收探头所接收,在示波屏上出现始波 T、缺陷波 F。串列斜角检测对垂直于检测面且具有平滑反射面的缺陷,例如焊缝边界未熔合(窄间隙焊极易产生)的检出非常有效。此时,仪器应处在一发一收工作状态。

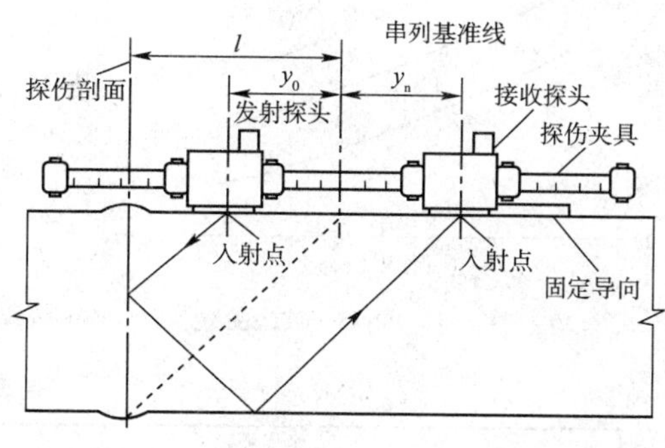

图 3-15　串列斜角检测法

(二)超声波检测条件的选择

超声波检测中,正确选择检测条件对于有效地发现缺陷并对其进行测量和评定是至关重要的。对于焊缝的检测,具体地说,应根据其材质、结构形式、焊接工艺、产品技术规程和检验标准等来选择适当的检测条件。

1. 选择检验等级与检测灵敏度

1)检验等级选择

CB/T 3559—2011 规定,根据检测技术登记,检验等级分为 A、B、C 三级。检验的完善程度和检测工作的难度分,A 级最低,B 级一般,C 级最高。检验工作的难度系数按 A、B、C 顺序逐级增高。

应该注意,检验的完善程度与检验工作量、生产周期、检验成本等有直接关系,因此应根据产品的实际需要合理地选择检验等级。检测等级应按工件的材质、结构、焊接方法和承受载荷的不同而进行选用,一般说来,A 级检验适用于普通钢结构,B 级检验适用于压力容器,C 级检验适用于核容器与管道等。对于船用产品一般按 B 级执行。

2)检测灵敏度的确定

检测灵敏度是指在确定的探测范围内的最大声程处发现规定大小缺陷的能力。它也是仪器和探头组合后的综合指标,因此可通过调节仪器上的“增益”、“衰减器”等灵敏度旋钮来实现。

检测灵敏度决定了检测缺陷的能力。灵敏度越高,检测缺陷的能力越大;灵敏度底,检测缺陷的能力也低。若要把焊缝中所有缺陷都能检查出来,灵敏度应选得越高越好,但实际上受工件材质,表面状况和仪器性能的限制,检测灵敏度有一定的限度。同时,焊接构件的使用状态不同,质量要求也不一样。

3)缺陷评定

缺陷波高与缺陷大小、距离有关,大小相同的缺陷由于声程不同,回波高度也不相同,描述某一确定反射体回波高度随距离变化的关系曲线称为距离—波幅曲线。距离—波幅曲线有两种形式,一种是波幅用 dB 值表示作为纵坐标,距离为横坐标,称为距离—dB 曲线,如图 3-16 所示。另一种是波幅用毫米(或%)表示作为纵坐标,距离为横坐标。实际

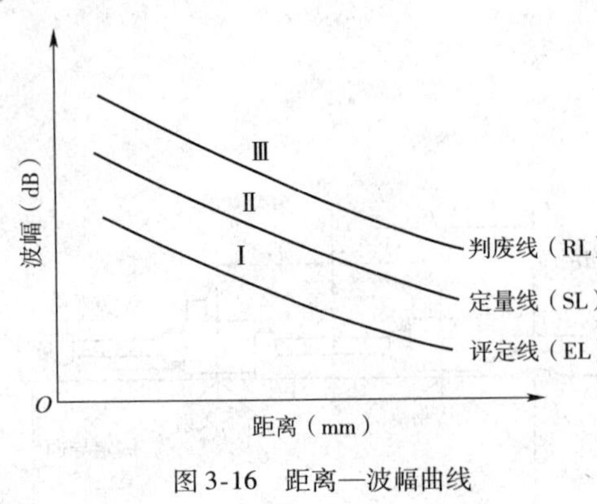

图 3-16　距离—波幅曲线

探伤中将其绘制在荧光屏面板上,称为面板曲线,焊缝检查时常用面板曲线(见任务三中图3-28)。

焊接结构(件)的工作条件不同,对质量的要求也不一样,具体的检测灵敏度可根据有关标准或技术要求来确定,例如,CB/T 3559—2011 规定:距离—波幅曲线(图 3-16),由判废线(RL)、定量线(SL)和评定线(EL)组成。不同检验等级的各曲线灵敏度如表 3-6 所示。

各曲线灵敏度表　　表 3-6

母材厚度(mm)	叛废线 RL	定量线 SL	评定线 EL
≤50	$\phi3$	$\phi3-10$dB	$\phi3-15$dB
50~100	$\phi3+2$dB	$\phi3-6$dB	$\phi3-12$dB
>100	$\phi3+2$dB	$\phi3-2$dB	$\phi3-8$dB

应当注意,检测灵敏度越高,发现缺陷的能力就越强。但当灵敏度过高时,由于多种原因会使信噪比下降,所以也不是越高越好。

2. 探头的选择

1)探头型式的选择

根据工件的形状和可能出现缺陷的部位、方向等条件选择探头型式,原则上应尽量使声束轴线与缺陷反射面相垂直。一般说来,探测焊缝宜选择斜探头。

2)晶片尺寸选择

晶片尺寸增大,声束指向性好、声能集中,对检测有利。但同时,近场区长度增大,对检测不利。实际检测中,大厚度工件或粗晶材料检测宜采用大晶片探头,而较薄工件或表面曲率较大的工件检测,宜选用小晶片探头。

3)频率选择

频率是制定检测工艺的重要参数之一。频率高,检测灵敏度和分辨力均提高且指向性也好,这些对检测有利。但同时,频率高又使近场区长度增大、衰减放大,又对检测不利,据此,对于粗晶材料、厚大工件的检测,宜选用较低频率;对于晶粒细小、薄壁工件的检测,宜选用较高频率。焊缝检测中由于危险性缺陷大都与声束轴线呈一定夹角,在这种情况下若频率过高,则缺陷反射波指向性很强,且声波在工件中衰减过大,探头反而不易收到缺陷回波。

焊缝检测时,一般选用 2.5MHz 频率,推荐采用 2~2.5MHz。

4)探头折射角或 K 值的选择

原则上应根据工件厚度和缺陷方向性选择,即尽可能探测到整个焊缝厚度并使声束尽可能垂直于主要缺陷。

焊缝检测中,薄工件宜采用大 K 值探头,以拉开跨距,提高分辨能力和定位精度。大厚

度的工件宜采用小 K 值探头,以减小修整面的宽度,有利于缩短声程,减小衰减损失,提高检测灵敏度。如果从检测垂直于检测面的裂纹考虑,K 值越大,声束轴线与缺陷反射面越接近于垂直,缺陷回波声压就越高,即灵敏度越高。对有些要求比较严格的工件,检测时应采用多 K 值,多探头进行扫查,以便于发现不同取向的缺陷。

关于探头角度或 K 值与板厚的关系,参见表 3-7 所示。

检测面及折射角　　表 3-7

<table>
<tr><th rowspan="2">板厚(mm)</th><th colspan="3">探　伤　面</th><th rowspan="2">探 伤 方 法</th><th rowspan="2">使用射角 γ 或 K 值</th></tr>
<tr><th>A</th><th>B</th><th>C</th></tr>
<tr><td>≤25</td><td rowspan="2">单面单侧</td><td colspan="2" rowspan="3">单面双侧(1 和 2 或 3 和 4)或双面单侧(1 和 3 或 2 和 4)</td><td rowspan="2">直射法及一次反射法</td><td>70°(K2.5,K2.0)</td></tr>
<tr><td>25～50</td><td>70°或 60°(K2.5,K2.0,K1.5)</td></tr>
<tr><td rowspan="2">50～100</td><td rowspan="3">无 A 级</td><td rowspan="3">直射法</td><td rowspan="2">45°或 60°;45°和 60°,45°和 70°并用(K1 或 K1.5;K1 和 K1.5,K1 和 K2.0 并用)</td></tr>
<tr><td colspan="2" rowspan="2">双面双侧</td></tr>
<tr><td>>100</td><td>45°和 60°并用(K1 和 K1.5 或 K2 并用)</td></tr>
</table>

3. 检测仪的选择

检测仪应按有关标准和规程要求去选用并应考虑以下情况:

(1)对于定位要求高的情况,应选择水平线性误差小的仪器。

(2)对于定量要求高的情况,应选择垂直线性好、衰减器精度高的仪器。

(3)对于大型工件的检测,应选择灵敏度余量高、信噪比高、功率大的仪器。

(4)为有效地发现近表面缺陷和区分相邻缺陷,应选择盲区小、分辨力好的仪器。

(5)室外现场检测,应选择重量轻、示波屏亮度好、抗干扰能力强的携带式仪器。

此外,检测仪还应性能稳定、重复性好和可靠性高。

4. 耦合剂的选用

为使声束能较好地透过界面射入工件中,在探头与工件之间施加一层透声介质,这种介质称为耦合剂,其作用在于排除空气、填充间隙、减少探头磨损,便于探头移动。选择时应考虑以下因素:

(1)能润湿工件和探头表面,流动性、粘度和附着力适当,不难清洗。

(2)声阻抗要大,透声性能好。

(3)来源广,价格便宜。

(4)对工件无腐蚀,对人体无害,不污染环境。

(5)性能稳定,不易变质,能长期保存。

常用的耦合剂,有机油、变压器油、甘油、化学浆糊、水及水玻璃等。常用耦合剂声学特性具体见表 3-8。焊缝检测中多采用化学浆糊和甘油。

常用耦合剂声学特性 表 3-8

材料	C_L (m/s)	C_S (m/s)	C_R (m/s)	λ_L(m/s)			$Z=\rho C_L$ ($\times 10^4$g/(cm^2·s))	ρ (g/cm^2)	σ
				1.25MHz	2.5MHz	5MHz			
钢	5880~5950	3230		4.7	2.36	1.18	4.53	7.7	0.28
铝	6260	3080		5	2.53	1.26	1.69	2.7	0.34
有机玻璃	2720	1460	1200	2.18	1.09	0.55	0.321	1.18	0.324
环氧树脂	2400~2990	1100					0.27~0.36	1.1~1.25	
变压器油	1390			1.11	0.56	0.28	0.133	0.96	
机油	1400							0.128	
水玻璃(38%容积)	1720							0.217	1.36
甘油(100%)	1880							0.238	1.27
水(20℃)	1480			1.18	0.59	0.3	0.147	1.0	
空气	344							0.00004	0.0013
钢中横波波长 λs				2.58	1.29	0.65			

5. 检测面的选择与准备

根据不同的检验等级和板厚选择检测面,同时,检测前必须对探头需要接触的焊缝两侧表面,进行以清除飞溅、浮起的氧化皮和锈蚀等为目的的修整,修整后表面粗糙度应达到要求。

要求去除余高的焊缝,应将余高打磨到与邻近母材平齐。而保留余高的焊缝,如焊缝表面有咬边、较大的隆起和凹陷等,也应进行适当的修磨并做圆滑过渡,以免影响检验结果评定。

6. 检测方法的选择

应考虑工件的结构特征,并以所采用的焊接方式容易生成的缺陷为主要探测目标,按有关标准来选择。

7. 补偿

在检测实践中,对表面粗糙度差异(指工件与试块之间表面粗糙度的差异)和与曲面接触两种情况,均需采取补偿措施,以保证必要的灵敏度要求。

二、工作任务训练

(一)训练资料、设备和工具

(1)超声波仪器;

(2)探头;

(3)标准试块,对比试块;

(4)耦合剂;

(5)直尺;

(6)国家标准与规范:国家标准 GB/T 11345—2013,船舶行业标准 CB/T3559—2011。

(二)训练过程

1. 下达工作任务(表 3-9)

表 3-9

<table>
<tr><td>任务名称</td><td colspan="4">选择超声波检测工艺参数</td></tr>
<tr><td>任务安排</td><td colspan="4">1. 小组以 4 ~6 人组成,每小组推选一名组长与副组长;
2. 组长总体负责本组人员的任务分工,组织协调完成任务;
3. 副组长负责仪器和资料使用及安全管理等事务;
4. 各成员要相互配合、团结合作、各司其职地完成任务。</td></tr>
<tr><td>任务要求</td><td colspan="4">完成超声波检测工艺参数选择训练。</td></tr>
<tr><td>技术要求</td><td colspan="4">1. 超声波探伤方面的有关标准;
2. 熟悉数字超声波安全操作规程;
3. 完成超声波探伤仪工艺参数选择。</td></tr>
<tr><td rowspan="2">成员组成</td><td>小组号</td><td></td><td>组长</td><td></td></tr>
<tr><td>副组长</td><td></td><td>组员</td><td></td></tr>
</table>

2. 制定工作计划

1)任务分工(表 3-10)

表 3-10

<table>
<tr><td>小组号</td><td colspan="3"></td></tr>
<tr><td>组长</td><td></td><td>资料借领与归还者</td><td></td></tr>
<tr><td>资料号</td><td colspan="3"></td></tr>
<tr><td colspan="4">分　工　安　排</td></tr>
<tr><td>任务编号</td><td>任务内容</td><td>任务实施者</td><td>结论记录者</td></tr>
<tr><td>1</td><td></td><td></td><td></td></tr>
<tr><td>2</td><td></td><td></td><td></td></tr>
<tr><td>3</td><td></td><td></td><td></td></tr>
<tr><td>4</td><td></td><td></td><td></td></tr>
<tr><td>5</td><td></td><td></td><td></td></tr>
<tr><td>6</td><td></td><td></td><td></td></tr>
</table>

2)实施方案设计

(1)实训的步骤:

①查阅熟悉超声波探伤方面的有关标准;

②将实训任务进行分解编号,由不同的成员承担完成相应的项目;

③记录实训中心相关条件的选择;

④小组研究讨论;

⑤填表,完成实训任务。

(2)注意事项与技术要求:

①熟悉国家标准与规范;

②掌握超声波探伤工艺参数选择。

3. 实施工作计划,并完成如下记录

1)实施工作计划

(1)布置实训任务;

(2)将实训任务进行分解编号;

(3)研究实训任务,查阅超声波探伤国家标准;

(4)选择超声波探伤工艺参数;

(5)填表完成实训任务。

2)选择超声波检测工艺参数记录表(表3-11)

表3-11

<table>
<tr><td colspan="2">任务名称</td><td colspan="4">选择超声波检测工艺参数</td><td>小组号</td><td></td></tr>
<tr><td colspan="2">组长</td><td colspan="2"></td><td colspan="2">组员</td><td colspan="2"></td></tr>
<tr><td colspan="8">选择工艺参数</td></tr>
<tr><td>序号</td><td colspan="2">实 训 项 目</td><td colspan="5">实 训 记 录</td></tr>
<tr><td rowspan="4">1</td><td colspan="2" rowspan="4">选择超声波探头</td><td colspan="3">探头选择</td><td colspan="2">选择结果</td></tr>
<tr><td colspan="3"></td><td colspan="2"></td></tr>
<tr><td colspan="3"></td><td colspan="2"></td></tr>
<tr><td colspan="3"></td><td colspan="2"></td></tr>
<tr><td rowspan="5">2</td><td colspan="2" rowspan="5">选择频率</td><td colspan="3">频率</td><td colspan="2"></td></tr>
<tr><td colspan="3"></td><td colspan="2"></td></tr>
<tr><td colspan="3"></td><td colspan="2"></td></tr>
<tr><td colspan="3"></td><td colspan="2"></td></tr>
<tr><td colspan="3"></td><td colspan="2"></td></tr>
<tr><td rowspan="6">3</td><td colspan="2" rowspan="6">选择探头角度</td><td colspan="3">探头角度</td><td colspan="2">选择结果</td></tr>
<tr><td colspan="3"></td><td colspan="2"></td></tr>
<tr><td colspan="3"></td><td colspan="2"></td></tr>
<tr><td colspan="3"></td><td colspan="2"></td></tr>
<tr><td colspan="3"></td><td colspan="2"></td></tr>
<tr><td colspan="3"></td><td colspan="2"></td></tr>
<tr><td rowspan="2">4</td><td colspan="2" rowspan="2">选择标准试块</td><td colspan="3">试块</td><td colspan="2">选择结果</td></tr>
<tr><td colspan="3"></td><td colspan="2"></td></tr>
<tr><td rowspan="2">5</td><td colspan="2" rowspan="2">选择耦合剂</td><td colspan="3">耦合剂</td><td colspan="2">选择结果</td></tr>
<tr><td colspan="3"></td><td colspan="2"></td></tr>
</table>

【任务小结】

一、学生自我评估(表 3-12)

表 3-12

实训项目	选择超声波检测工艺参数			
小组号		任务号	实训者	
序号	检 查 项 目	分值	要　求	自 我 评 定
1	任务完成情况	40	按要求按时完成实训任务	
2	实训记录	20	记录规范、完整	
3	实训纪律	20	不在实训场地打闹,无事故发生	
4	团队合作	20	服从组长的任务分工安排,能配合小组其他成员工作	
实训总结:				
小组评分:________		组长:________		____年____月____日

二、教师评定反馈(表 3-13)

表 3-13

实训项目	选择超声波检测工艺参数			
小组号		任务号	实训者	
序号	检 查 项 目	分值	要　求	教 师 评 定
1	资料、设备查阅	20	资料、设备查阅正确、针对性强	
2	操作步骤	20	操作规范正确	
3	效率检查	10	按时完成实训	
4	信息记录	20	记录规范、完整	
5	成果检测	10	成果符合要求	
6	团队合作	20	小组各成员能相互配合,协调工作	
存在问题:				
考核教师:________				____年____月____日

【拓展提高】

案例:选择双晶探头检测。

【课后自测】

问答题

1. 标准试块有什么作用?
2. 探头频率如何选择?
3. 斜探头有什么作用?
4. 耦合剂有什么作用?
5. 探测面如何选择?

任务三　超声波检测焊缝

【任务目标】

1. 熟悉超声波检测工艺;
2. 初步具有超声波检测焊缝的能力;
3. 对检测条件的选择。

【任务解析】

1. 工作任务名称:超声波检测焊缝。
2. 工作任务背景:焊缝超声波检测。
3. 完成工作任务要达到的技术标准:《焊缝无损检测　超声检测技术、检测等级和评定》GB/T 11345—2013,《船舶钢焊缝超声波检测工艺和质量分级》CB/T 3559—2011。
4. 完成工作任务所需要的资料:船舶标准与规范,超声波检测技术要求。
5. 完成任务的思路,完成任务的技能点和知识点:

(1)完成任务的思路:熟悉超声波检测的设备等条件;熟悉超声波检测的步骤;完成焊缝的超声波检测。

(2)完成任务的技能点和知识点:探头;标准试块;对比试块;耦合剂;探伤灵敏度;DAC曲线。

【任务实施】

一、相关理论与知识学习

由于焊接接头的超声波检测受焊缝余高的限制,同时又有缺陷方向性的要求,主要采用斜角检测法,但在某些场合也辅以垂直入射法检测(如T型接头腹板和翼板间未焊透等的检测)。这里介绍的焊接接头检测,应注意以下两点:其一,前面介绍的检测条件选择是焊接接头检测应遵循的通用技术要点;其二,下面介绍的平板对接接头的检测中已经行之有效的各种方法,应为其他焊接接头检测中尽可能加以借鉴和采用。

(一)检测条件选择

1. 平板对接接头的检测

(1)按不同检验等级和板厚范围选择检测面、检测方法和斜探头折射角或 K 值。

(2)检查区域的宽度应是焊缝本身再加上焊缝两侧各相当于母材厚度 30% 的一段区域,这个区域宽度最小 10mm,最大 20mm(包括焊缝热影响区),见图 3-17 所示。

(3)探头移动区确定。为保证声束能扫查到整个焊缝截面,则探头必须在检测面上做前后左右的移动扫查,移动区宽度 l 应:

$$l > 1.25P \tag{3-14}$$

$$l > 0.75P \tag{3-15}$$

式中:P——跨距(mm)。

式(3-14)适用于一次反射法或串列式扫查检测(超声波在底面反射一次而对准缺陷的方法);

式(3-15)适用于直射法检测(超声波不经底面反射而直接对准缺陷的方法)。

(4)单探头扫查方式。

①锯齿形扫查。通常以锯齿形轨迹做往复移动扫查,同时探头还应在垂直于焊缝中心线位置上做 ±10° ~15°的左右转动(如图 3-18 所示)。该扫查方法常用于焊缝粗检测。

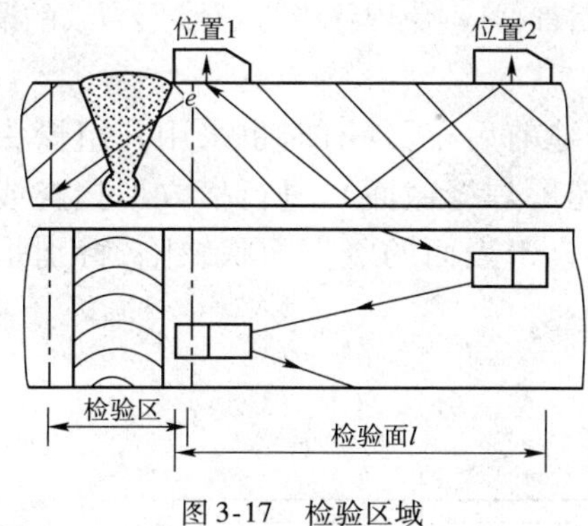

图 3-17　检验区域

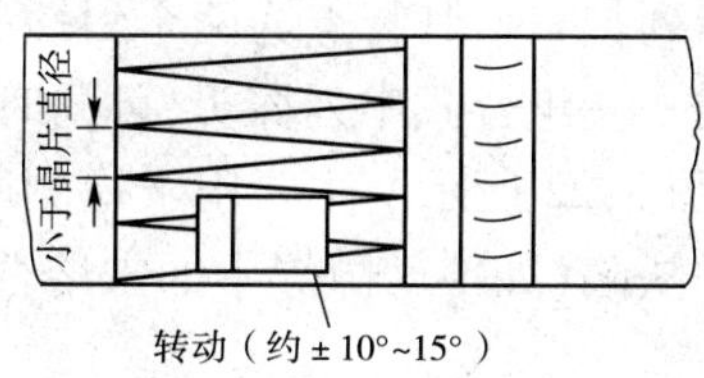

图 3-18　锯齿形扫查

②基本扫查。基本扫查方式有四种,如图 3-19 所示。其中,转角扫查的特点是探头做

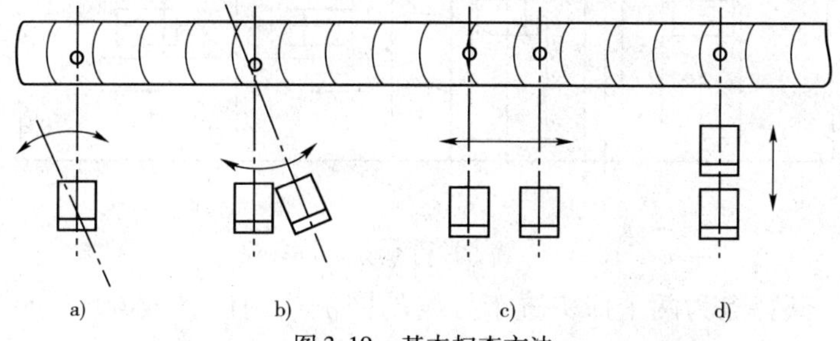

图 3-19　基本扫查方法

a)转角扫查;b)环绕扫查;c)左右扫查;d)前后扫查

定点转动,用于确定缺陷方向并可区分点、条状缺陷。同时,转角扫查的动态波形特征有助于对裂纹的判断;环绕扫查的特点是以缺陷为中心,变换探头位置,主要估判缺陷形状,尤其是对点状缺陷的判断;左右扫查的特点是平行于焊缝或缺陷方向做左右移动,用于估判缺陷形状,特别是可区分点、条状缺陷,在定量法中常用来测定缺陷指示长度;前后扫查的特点是探头垂直于焊缝前后移动、常用于估判缺陷形状和估计缺陷高度。

③平行扫查。其特点是在焊缝边缘或焊缝上(C 级检验,焊缝余高已磨平)做平行于焊缝的移动扫查,可探测焊缝及热影响区的横向缺陷(如横向裂纹),如图 3-20 所示。

④斜平行扫查。其特点是探头与焊缝方向成一定角度($\alpha \approx 10° \sim 45°$)的平行扫查,如图 3-21 所示,有助于发现焊缝及热影响区的横向裂纹和与焊缝方向成倾斜角度的缺陷。为保证夹角 α 及与焊缝相对位置 y 的稳定不变,需要使用扫查夹具。

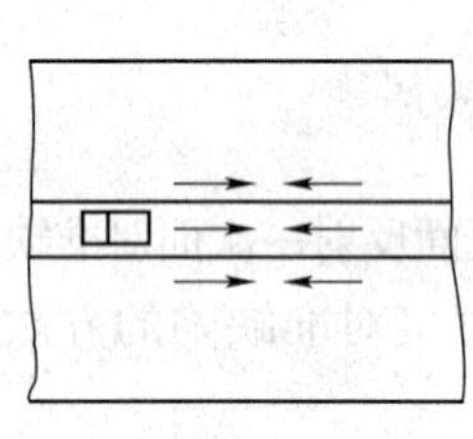

图 3-20 平行扫查

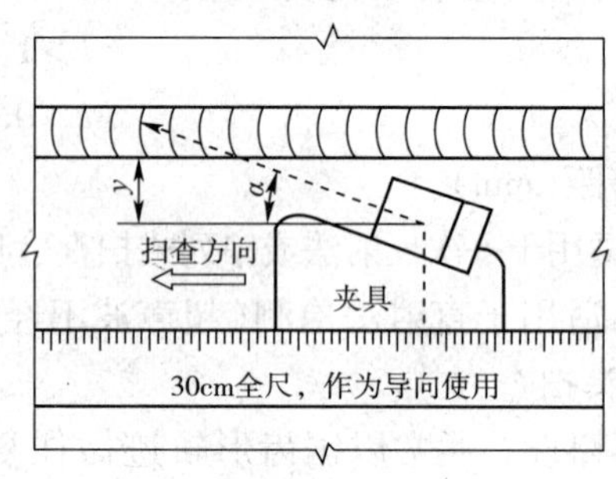

图 3-21 斜平行扫查

在电渣焊接头的检测中,增加 $\alpha = 45°$的斜平行扫查,可避免焊缝中"八"字形裂纹的漏检。

(5)双探头扫查方式。

①串列扫查。其特点为两个斜探头垂直于焊缝前后布置(有时也采用几组探头串列布置的方式——组合式串列探头,可同时扫查整个超厚焊缝截面),进行横方形扫查或纵方形扫查,如图 3-22 所示。主要用于检测厚焊缝中垂直于表面的竖直面状缺陷,特别是反射面较光滑的缺陷(如窄间隙焊中的未熔合)。

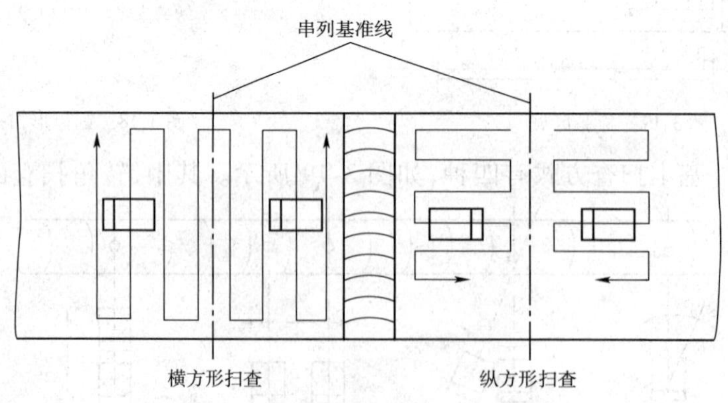

图 3-22 横方形扫查或纵方形扫查

②交叉扫查。其特点为两个探头置于焊缝的同侧或两侧且成 60° ~ 90° 布置,如图 3-23 所示。用于探测焊缝中的横向或纵向面状缺陷。

③V 形扫查。其特点为两个探头置于焊缝的两侧且垂直于焊缝对向布置,如图 3-24 所

示。可探测与检测面平行的面状缺陷,如多层焊中的层间未熔合。

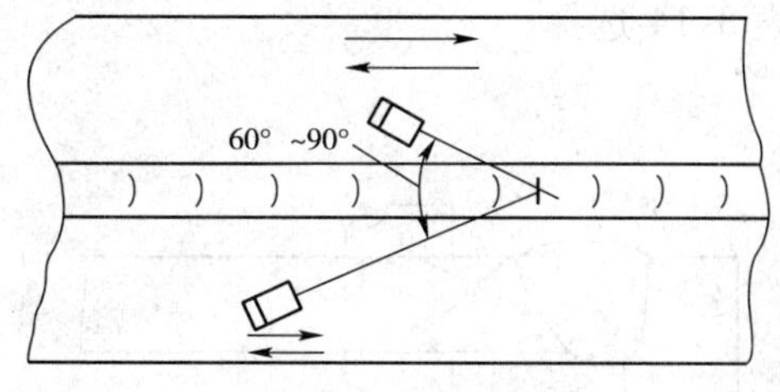

图 3-23　交叉扫查

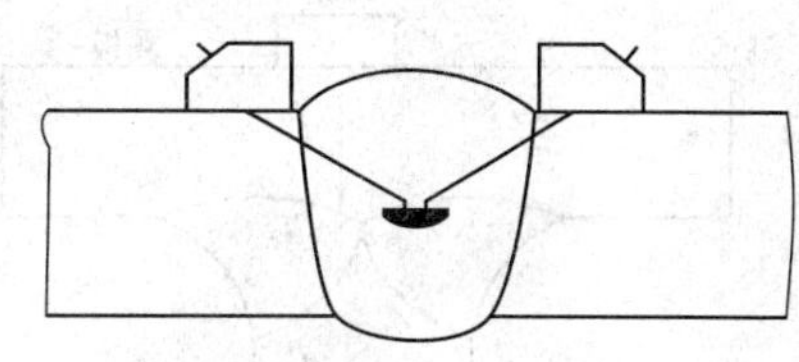
图 3-24　V 形扫查

2. 曲面工件对接接头的检测

(1)检测面曲率半径 $R > W^2/4$(W——探头接触面宽度,环缝检验时为探头宽度,纵缝检验时为探头长度)时,曲面工件对接接头(环缝或纵缝)检测同平板对接接头的检测。

(2)检测面曲率半径 $R \leqslant W^2/4$ 时:

①纵缝检测采用与 R 相同的对比试块(二者之差应小于 10%),环缝检测其对比试块曲率半径可为$(0.9 \sim 1.5)R$。

②探头楔块应修磨成与 R 相一致。

③根据曲面工件 R 和厚度选择探头角度,并考虑几何临界角的限制,确保声束能扫查到整个焊缝厚度。

④定位修正。由于工件曲率的影响,缺陷位置要由埋藏深度和水平距离弧长来决定,如不修正将会使定位产生很大误差。

3. 其他结构焊接接头的检测

1)T 型接头的检测

(1)腹板厚度不同时,选用的探头角度见表 3-14 所示。斜探头在腹板一侧做直射法和一次反射法检测,如图 3-25 位置 2 所示。

探 头 角 度 选 用　　表 3-14

腹板厚度(mm)	折射角 γ(°)
<25	70°(*K*2.5)
25 ~ 50	60°(*K*2.5,*K*2.0)
>50	45°(*K*1,*K*1.5)

(2)采用直探头(图 3-25 位置 1)或斜探头(图 3-25 位置 3)在翼板外侧检测,或采用折射角 45°(*K*1)斜探头在翼板内侧(图 3-25 位置 3)做一次反射法检测,可探测腹板和翼板间未焊透和翼板侧焊缝下层状撕裂等缺陷。

(3)通常采用 $\gamma = 45°$($K1$)探头在腹板一侧做直射法和一次反射法探测焊缝及腹板侧热影响区的裂纹(图 3-26 位置 1、2)。这是考虑 T 型角焊缝多采用对称船形埋弧自动焊,缺陷特征一般与焊缝表面垂直。

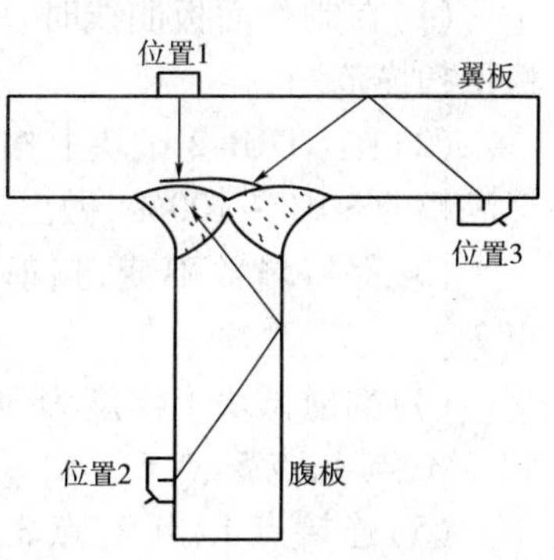

图 3-25　T 型接头的检测

(4)直探头、斜探头的频率通常选用 2.5MHz。

2)角接接头的检测

角接接头检测面及折射角一般按图 3-27 和表 3-14 选择。

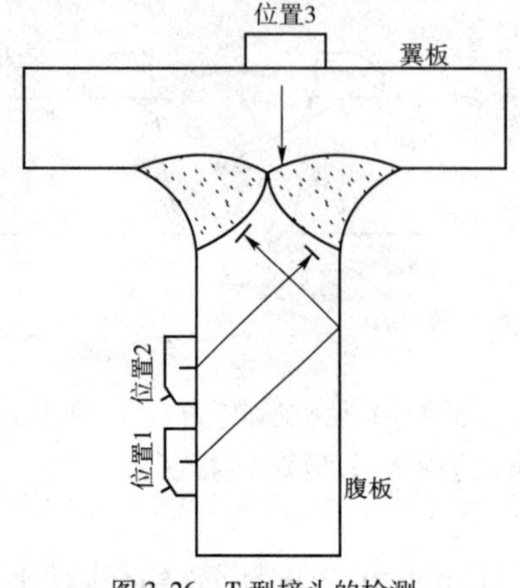

图 3-26　T 型接头的检测

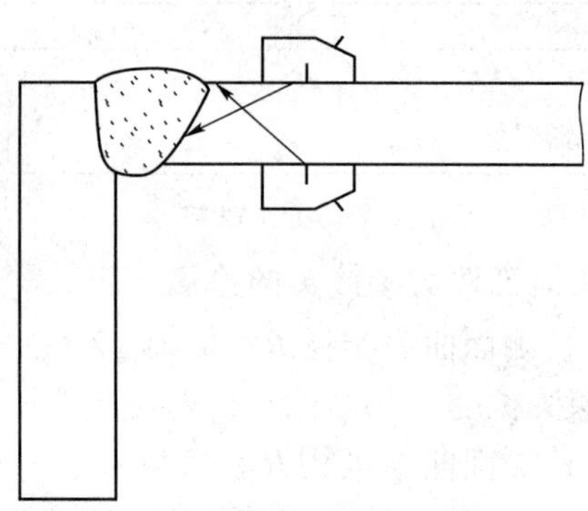

图 3-27　角接接头的检测

(二)距离波幅曲线和灵敏度调节

1. 面板曲线绘制

在前面的知识中我们知道到,探测灵敏度决定了检测缺陷的能力。灵敏度越高,检测缺陷的能力越大;灵敏度底,检测缺陷的能力也低。缺陷波高与缺陷大小、距离有关,大小相同的缺陷由于声程不同,回波高度也不相同。描述某一确定反射体回波高度随距离变化的关系曲线称为距离—波幅曲线,又称为 DAC 曲线。以波幅 dB 值表示作为纵坐标,距离为横坐标绘制的距离—波幅曲线称为距离—dB 曲线(见图 3-16);而以毫米(或%)表示波幅作为纵坐标,距离为横坐标,在实际探伤中将其绘制在荧光屏面板上的距离—波幅曲线,称为面板曲线,如图 3-28 所示。

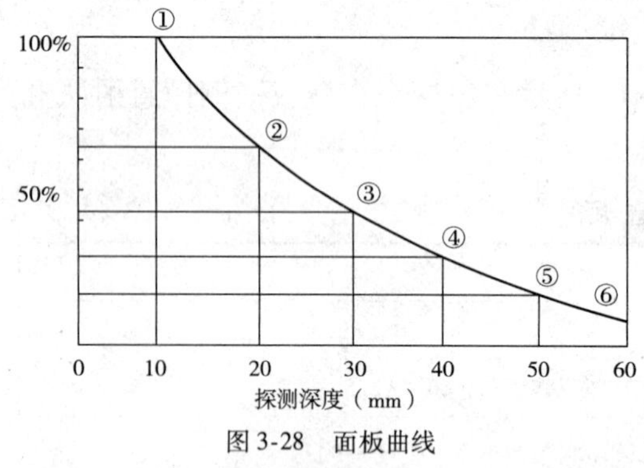

图 3-28　面板曲线

焊缝检查时常用面板曲线。为现场使用方便,根据距离、缺陷、波幅三者之间的关系,预先制作面板曲线(距离—波幅曲线)供探伤时使用。具体绘制步骤如下:

(1)在制作面板曲线时,应先测定探头的零点、折射角,再根据被检测工件的厚度调节面板上扫描范围。

(2)在 CTRB-2 试块上扫射孔深为 10mm 的 $\phi3\times40$ 横孔,找到最高反射波,并调节增益至满幅的 80% ~100%,做出点 1,记下此时的 dB 读数。

(3)保持增益不变,扫射试块上深度为 20mm 的 $\phi3\times40$ 横孔,找到最高反射波,得到点 2。

(4)扫射试块上深度为 30mm、40mm、50mm、60mm 的 $\phi3\times40$ 横孔,找到最高反射波,得到点 3、点 4、点 5、点 6。

(5)连接点 1、点 2、点 3、点 4、点 5、点 6,得到一根 $\phi3\times40$ 参考线,这就是面板曲线(图 3-28)。

2. 灵敏度调节

根据船舶行业标准 CB/T 3559—2011 规定，探伤灵敏度调节不低于评定线。若检测工件板厚为 30mm，则查得二倍板厚（2×30）时评定线的 dB 为 $\phi3-9$dB，将增益增加 9dB 即可进行探伤。若考虑工件表面光洁度和材质补偿，则探伤灵敏度还应提高一个补偿 dB 数。例如表面、材质补偿为 4dB，则灵敏度再提高 4dB。

（三）超声波焊缝检测步骤

（1）打开仪器电源；

（2）测试仪器性能；

（3）根据仪器选择通道；

（4）清除原来数据；

（5）设置参数；

（6）借助试块，测试仪器零点；

（7）测试工件中超声波声速；

（8）测试斜探头折射角；

（9）制作 DAC 曲线；

（10）调节灵敏度；

（11）试件焊缝外观检查，表面检查合格；

（12）施加耦合剂；

（13）移动探头对焊缝检测；

（14）若发现曲线，则找到最高波，然后调到基准波高，记下 dB 读数和缺陷深度，再计算出缺陷的区域和当量；

（15）根据缺陷大小进行评级；

（16）清理现场；

（17）出具报告。

二、工作任务训练

（一）训练资料、设备和工具

（1）实训室安全操作规程，钢焊缝超声波检测标准 GB/T 11345—2013，CB/T 3559—2011；

（2）数字式超声波探伤仪器；

（3）探头线，斜探头；

（4）耦合剂；

（5）标准试块，CSK-IA，ⅡW；

（6）对比试块，CTRB-1、CTRB-2、CTRB-3；

（7）钢直尺。

(二)训练过程

1. 下达工作任务(表 3-15)

表 3-15

任务名称	超声波检测焊缝			
任务安排	1. 小组以 4 ~6 人组成,每小组推选一名组长与副组长; 2. 组长总体负责本组人员的任务分工,组织协调完成任务; 3. 副组长负责仪器和资料使用及安全管理等事务; 4. 各成员要相互配合、团结合作、各司其职地完成任务。			
任务要求	完成超声波检测焊缝训练。			
技术要求	1. 熟悉实训室放射安全操作规程及船舶标准; 2. 熟悉超声波检测焊缝的过程; 3. 完成超声波检测焊缝。			
成员组成	小组号		组长	
	副组长		组员	

2. 制定工作计划(表 3-16)

1)任务分工

表 3-16

小组号			
组长		资料借领与归还者	
资料号			
分 工 安 排			
任务编号	任务内容	任务实施者	结论记录者
1			
2			
3			
4			
5			
6			

2)实施方案设计

(1)实训的步骤:

①将实训任务进行分解编号,由不同的成员承担完成相应的项目;

②记录实训中心相关步骤;

③小组研究讨论;

④填表,完成实训任务。

(2)注意事项与技术要求:

①熟悉国家标准与规范,船舶专业标准;

②仔细分析和认真掌握超声波检测的每个操作过程;

③掌握超声波检测焊缝的技能。

3. 实施工作计划，并完成如下记录

1）实施工作计划

（1）布置实训任务；

（2）将实训任务进行分解编号；

（3）研究实训任务，查阅超声波探伤国家标准；

（4）实施超声波检测焊缝；

（5）填表完成实训记录。

2）超声波检测焊缝记录表（表 3-17）

表 3-17

<table>
<tr><td colspan="2">任务名称</td><td colspan="2">超声波检测焊缝</td><td>小组号</td><td></td></tr>
<tr><td colspan="2">组长</td><td></td><td>组员</td><td colspan="2"></td></tr>
<tr><td colspan="6">超声波检测焊缝记录表</td></tr>
<tr><td>序号</td><td>实训内容</td><td colspan="4">实训记录</td></tr>
<tr><td rowspan="8">1</td><td rowspan="8">选择实训参数</td><td colspan="2">实训参数</td><td colspan="2">结果记录</td></tr>
<tr><td colspan="2"></td><td colspan="2"></td></tr>
<tr><td colspan="2"></td><td colspan="2"></td></tr>
<tr><td colspan="2"></td><td colspan="2"></td></tr>
<tr><td colspan="2"></td><td colspan="2"></td></tr>
<tr><td colspan="2"></td><td colspan="2"></td></tr>
<tr><td colspan="2"></td><td colspan="2"></td></tr>
<tr><td colspan="2"></td><td colspan="2"></td></tr>
<tr><td rowspan="5">2</td><td rowspan="5">安全检测程序</td><td colspan="2">检测项目</td><td colspan="2">结果记录</td></tr>
<tr><td colspan="2"></td><td colspan="2"></td></tr>
<tr><td colspan="2"></td><td colspan="2"></td></tr>
<tr><td colspan="2"></td><td colspan="2"></td></tr>
<tr><td colspan="2"></td><td colspan="2"></td></tr>
<tr><td rowspan="11">3</td><td rowspan="11">超声波仪器
测试步骤</td><td colspan="2">步骤名称</td><td colspan="2">结果记录</td></tr>
<tr><td colspan="2"></td><td colspan="2"></td></tr>
<tr><td colspan="2"></td><td colspan="2"></td></tr>
<tr><td colspan="2"></td><td colspan="2"></td></tr>
<tr><td colspan="2"></td><td colspan="2"></td></tr>
<tr><td colspan="2"></td><td colspan="2"></td></tr>
<tr><td colspan="2"></td><td colspan="2"></td></tr>
<tr><td colspan="2"></td><td colspan="2"></td></tr>
<tr><td colspan="2"></td><td colspan="2"></td></tr>
<tr><td colspan="2"></td><td colspan="2"></td></tr>
<tr><td colspan="2"></td><td colspan="2"></td></tr>
</table>

续上表

序号	实训内容	实训记录	
4	DAC 曲线制作	步骤名称	结果记录
5	现场检测	步骤名称	结果记录

【任务小结】

一、学生自我评估(表3-18)

表3-18

实训项目	超声波检测焊缝					
小组号			任务号		实训者	
序号	检查项目	分值	要求			自我评定
1	任务完成情况	40	按要求按时完成实训任务			
2	实训记录	20	记录规范、完整			
3	实训纪律	20	不在实训场地打闹,无事故发生			
4	团队合作	20	服从组长的任务分工安排,能配合小组其他成员工作			
实训总结: 小组评分:________ 组长:________ ____年____月____日						

二、教师评定反馈(表 3-19)

表 3-19

实训项目	超声波检测焊缝				
小组号		任务号		实训者	
序号	检 查 项 目	分值	要　　求		教 师 评 定
1	资料、设备查阅	20	资料、设备查阅正确、针对性强		
2	操作步骤	20	操作规范正确		
3	效率检查	10	按时完成实训		
4	信息记录	20	记录规范、完整		
5	成果检测	10	成果符合要求		
6	团队合作	20	小组各成员能相互配合,协调工作		
存在问题:					
考核教师:________					____年____月____日

【拓展提高】

案例:超声波检测角焊缝。

【课后自测】

问答题

1. 制作 DAC 曲线的步骤有哪些?

2. 用 *K*2 探头探测板厚为 30mm 的焊缝,按照 CB/T 3559—2011 标准规定,其探测面的修整范围为多少?

3. 板厚为 20mm,焊缝上下宽度为 30mm 的工件,若探头前沿为 20mm,为保证焊缝整个截面的检查,用一次波和二次波探伤时,其探头的折射角应如何选择?

4. 探测板厚分别为 12mm、30mm 和 60mm 的焊缝,要求按照 CB/T 3559—2011 标准进行探测,灵敏度如何调节?

任务四　超声波检测锻件

【任务目标】

1. 熟悉超声波检测锻件的方法与步骤;
2. 掌握超声波检测锻件的标准;
3. 初步具有超声波检测锻件的能力。

【任务解析】

1. 工作任务名称:超声波检测锻件。
2. 工作任务背景:超声波仪器操作。
3. 完成工作任务要达到的技术标准:《船用锻钢件超声波探伤》CB/T 3907—1999。
4. 完成工作任务所需要的资料:国家标准与规范。
5. 完成任务的思路,完成任务的技能点和知识点:

(1)完成任务的思路:熟悉超声波检测锻件的方法与步骤;掌握超声波检测锻件的标准;完成超声波检测锻件的操作。

(2)完成任务的技能点和知识点:超声波探伤仪;探头;耦合剂;标准试块;对比试块。

【任务实施】

一、相关理论与知识学习

船用锻钢件是指用于制造船体结构、轴系和机械,曲轴、锅炉、受压容器及管系用的锻钢件等。船用锻钢件一般较多地用来制作舵杆、舵轴、舵销、中间轴、螺旋桨轴、曲轴、联轴器以及轴系连接螺栓等。它们在生产加工过程中常会产生一些缺陷,影响设备的安全使用,因此有必要对其进行超声波检测。

大多数锻件几何尺寸较大,缺陷分布取向多样,难于应用射线进行检测,对锻件内部缺陷采用超声波探伤是当前唯一的较好方法,由于锻件的用途、形状、材质以及可能产生的缺陷种类等是多样化的。

(一)探伤方法

根据不同的锻件以及其出现缺陷的特点,锻件的探伤检验一般采用以下的检测方法。

1. 轴类锻件的探伤

轴类锻件的锻造工艺主要以拔长为主,大部分缺陷的取向与轴线平行,此类缺陷的探测以纵波直探头从径向探测效果最佳。考虑到缺陷会有其他的分布及取向,因此轴类锻件探伤,还辅以直探头轴向探测和斜探头周向探测及轴向探测。

1)直探头径向和轴向探测

如图 3-29 所示，直探头做径向探测时将探头置于轴的外圆，沿外圆做全面扫查。以发现轴类锻件常见的纵向缺陷。

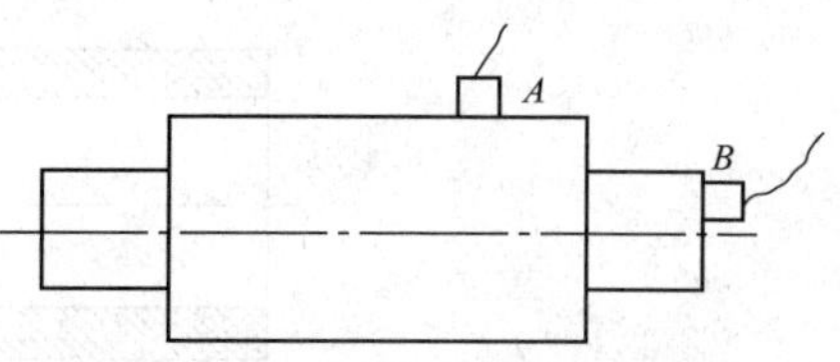

图 3-29　轴类锻件直探头径向、轴向探伤

用直探头做轴向检测时，探头置于轴的端面，并在轴端做全面扫查，以检出与轴线相垂直的横向缺陷，但当轴的长度或轴有多个直径不等的轴段时，会有声束扫查不到的死区，因而此方法有一定的局限性。

2）斜探头周向及轴向探测

锻件中若存在片状轴向及径向缺陷时，用直探头从径向或轴向探测是难以检出的，必须使用斜探头在轴的外圆做周向及轴向探测。考虑到缺陷的取向，探测时探头应做正、反两个方向的全面扫查，如图 3-30 所示。

2. 饼类锻件的探伤

饼类锻件的锻造工艺主要以镦粗为主，缺陷的分布主要平行于端面，所以用直探头在端面探测是检出缺陷的最佳方法。

对于重要的饼类要从两个端面进行探伤，此外有时还要从侧面外圆面进行径向探伤，如图 3-31 所示。

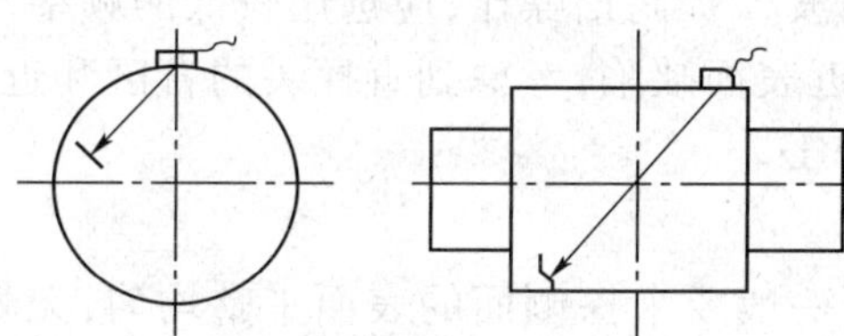
图 3-30　轴类锻件斜探头周向、轴向探伤

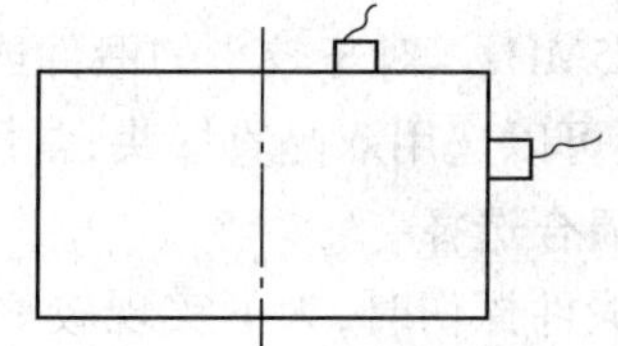
图 3-31　饼类锻件的探伤

从两端而探测时，探头置于锻件端面进行全面探测，以探出与端面平行的缺陷。从锻件侧面进行径向探测时，探头在锻件侧面扫查，以发现某些轴向缺陷。

3. 筒类锻件的探伤

筒类或环形锻件的锻造工艺是先镦粗，后冲孔，再滚压。因此，缺陷的取向比轴类锻件和饼类锻件中的复杂。但由于锻锭中质量最差的中心部分已在冲孔时去除，因而筒类锻件的质量一般较好，其缺陷的主要取向仍与筒体的外圆表面平行。所以筒类锻件的探伤仍以直探头外圆探测为主，但对管壁较厚的筒类锻件，须加用斜探头探测。

1）单直探头探测

用直探头从筒体外圆或端面进行探测，外圆探测的目的是发现与轴线平行的周向缺陷，端面探测的目的是发现与轴线垂直的横向缺陷。

2）双晶直探头探测

为了探测筒体近表面缺陷，需要采用双晶探头从外圆或端面探测，如图 3-32 所示。

3）斜探头探测

对于某些重要的筒形锻件还要用斜探头从外圆进行轴向和周向探测，轴向探测为了发现与轴线垂直的径向缺陷，周向探测是为了发现与轴线平行的横向缺陷，见图 3-32。

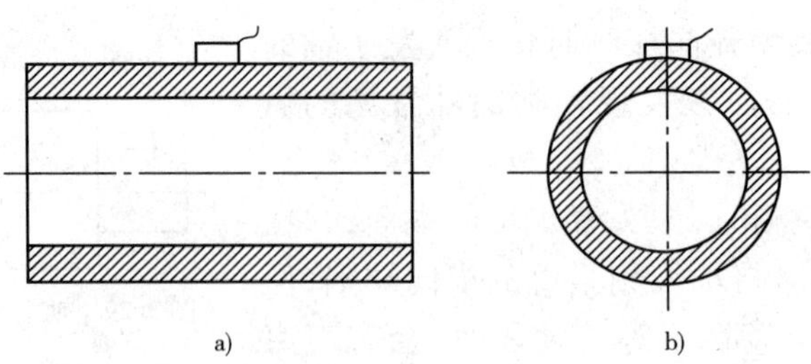

图 3-32　筒类锻件的探伤

a)轴向探测;b)周向探测

(二)探测条件的选择

1.探头的选择

对于锻件检测,主要使用纵波直探头,晶片尺寸为 $\phi14 \sim \phi28$mm,常用 $\phi20$mm。对于较小的锻件,考虑近场区和耦合损耗原因,一般采用小晶片探头。有时为了探测与探测面成一定倾角的缺陷,也可采用一定 K 值的斜探头进行探测。对于近表而缺陷,由于直探头的盲区和近场区的影响,常采用双晶直探头探测。

锻件的晶粒一般比较细小,可选用较高的频率,常用 2.5 ~ 5.0MHz,对于少数材质晶粒粗大衰减严重的锻件,为了避免出现"林状回波",提高信噪比,应选用较低的频率,一般为 1.0 ~ 2.5MHz。对于较小的锻件或为了检出近表面缺陷,考虑到直探头的盲区和近场区的影响,还可以选用双晶直探头,常用频率为 5MHz。

2.耦合选择

对锻件探伤时,为了实现较好的声耦合,一般要求探侧面的表面平整均匀,无划伤、油垢、污物、氧化皮、油漆等。表面的粗糙度不高于 6.3μm。当在试块上调节探伤灵敏度时,要注意补偿试块与工件之间因曲率半径和表面粗糙度不同引起的耦合损失。锻件探伤时,常用机油、浆糊、甘油等作耦合剂,当锻件表面粗糙时也可用水玻璃作耦合剂。

3.扫查方法的选择

锻件探伤时,原则上应在内在探测面上从两个相互垂直的方向进行全面扫查。扫查覆盖面为探头直径的 15%,探头移动速度不大于 150mm/s,扫查过程中要注意观察缺陷波的情况和底波的变化情况。

4.材质衰减系统的测定

当锻件尺寸较大时,材质的衰减对缺陷定量有一定的影响,特别是材质衰减严重时,影响更明显。因此,在锻件探伤中有时要测定材质的衰减系数,衰减系数可利用式(3-16)来计算。

$$\alpha = \frac{V_1 - V_2 - 6}{2x}\ (\mathrm{dB/mm}) \tag{3-16}$$

式中:$V_1 - V_2$——无缺陷处第一、二次底波高的分贝差;

x——底波声程(单程)。

测定衰减系数时,探头所对锻件底面应光洁干净,底面形状为大平底或圆柱面,$x \geqslant 3N$,测试处无缺陷。一般选取三处测试,最后取平均值。

5. 试块选择

锻件探伤中,要根据探头和探测面的情况选择试块。采用单晶直探头检测时,常用 CSI 标准试块,其结构尺寸见图 3-33 和表 3-20。

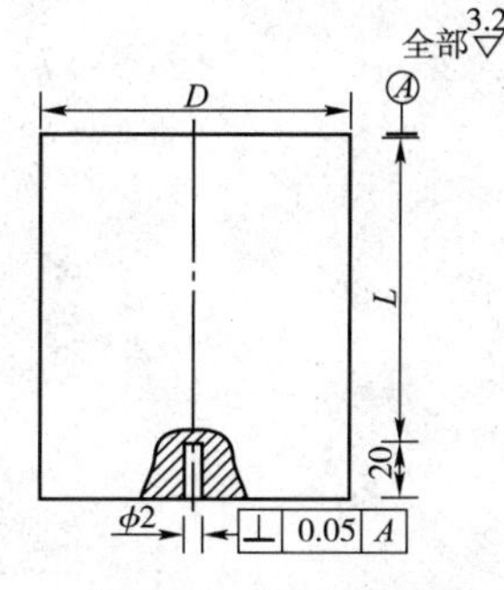

图 3-33　CSI 标准试块

CSI 标准试块尺寸(单位:mm)　　表 3-20

试块序号	CSI－1	CSI－2	CSI－3	CSI－4
L	50	100	150	200
D	50	60	80	80

6. 探伤时机

锻件超声波探伤应在热处理后进行,因为热处理可以细化晶粒,减少衰减。此外,还可以发现热处理中产生的缺陷。对于带孔、槽和台阶的锻件,超声波探伤应在孔、槽、台阶加工前进行,因为孔、槽、台阶对探伤不利,容易产生各种非缺陷回波。当热处理后材质衰减仍较大且对于探测结果有较大影响时,应重新进行热处理。

(三)探伤灵敏度的调节

探伤灵敏度是指在确定的探测范围内的最大声程处发现规定大小缺陷的能力。使用轴本身的底面作为探测灵敏度校正基准时,应选择完好无缺陷,并确认波束不射及侧面的部位进行。以轴的中心孔回波校正时或者该部位为锥体时,则应注意到它们反射声波的条件与理想上的大平行底面不同,应根据实际情况给予修正。

使用平底孔的试块作为探测灵敏度校正基准时,由于其探测面形状、粗糙度,以及材质不可能与轴相同,因此亦须按实际情况给予修正。当轴的直径小于近场值的三倍时,一般不宜使用底面为基准的探测灵敏度校正法,为避免使用平面试块校正时修正的麻烦,最好使用各种条件和轴相应的对比试块。

不论用何种基准校正的探测灵敏度,都是假定缺陷与波束轴线相垂直,在使用直探头在端面做轴向探测时,轴的表面或接近表面的横向缺陷,由于几何形状的限制,波束中心无法射及,因此做此类缺陷检查时,应使用专门的试块。

1. 利用试块调节法

试块调节法是根据工件对灵敏度的要求选择适当的试块来调节探伤灵敏度。例如,探伤厚度为 200mm 的锻件,探伤灵敏度为 $200/\phi2$,探伤灵敏度的调节方法是先加工一块材质、声程与工件相同的 $\phi2$ 平底孔试块,将探头对准试块上 $\phi2$ 平底孔。调节仪器使 $\phi2$ 的最高回波达 50%(或 80%)基准波高即可。如果试块与工件表面耦合不同,那么还应考虑耦合补偿。

利用试块调节灵敏度比较直观,操作简单方便,但往往需要加工大量试块和进行耦合补偿、另外,当试块与工件材质不同时,还要测定材质的衰减系数,以便考虑材质衰减损失的补偿。

2. 利用工件底波调节法

利用工件底波调节灵敏度是根据工件底波与同深度(或不同深度)的特定的人工缺陷回波高度的分贝差(Δ)为定值。这个定值可由以下理论公式推算出来。

$$\Delta = 20\lg \frac{P_B}{P_\Phi} = 20\lg \frac{2\lambda x}{\pi\phi^2}(x \geqslant 3N) \tag{3-17}$$

式中:x——探测面至底面的距离;

ϕ——要求检出的最小平底孔当量尺寸;

P_B——底面反射声压;

P_ϕ——平底孔反射声压;

λ——波长;

N——近场长度。

利用底波调节灵敏度是将探头对准工件底面,仪器保留足够的灵敏度余量,调"增益"使底波 B1 最高达 50%(或 80%)基准波高,然后增益 ΔdB,这时探伤灵敏度就好调。

【例 3-1】 用 2.5P20Z(2.5MHz,ϕ20mm 直探头)探测厚度为 400mm 的钢工件,钢中 $C_L = 5900$m/s,探伤灵敏度为 400/ϕ2,利用工件底波调节 400/ϕ2 灵敏度:

(1)计算。

$$\lambda = \frac{C}{f} = \frac{5.9}{2.5} = 2.36(\text{mm})$$

再计算出 400mm 处大平底与同距离处 ϕ2 平底孔回波的分贝差 Δ:

$$\Delta = 20\lg \frac{2\lambda x}{\pi\phi^2} = 20\lg \frac{2 \times 400 \times 2.36}{4 \times \pi} = 44(\text{dB})$$

分贝差也可由纵波平底孔 AVG 曲线得到。

(2)调节。将探头对准工件大平底面,调"增益"使底波 B_1 达 50% 基准波高,然后增益 44dB,这时 400/ϕ2 灵敏度就调好。也就是这时 400mm 处 ϕ2 回波达到 50% 基准波高。

利用工件底波调节探伤灵敏度不需要任何试块。也不要考虑耦合和材质衰减补偿,因为调灵敏度和探伤在同一表面,但这种方法只适用于 $x \geqslant 3N$ 的大平底面或曲面(圆柱),且要求底面光洁干净,当底面粗糙,有水有油或大平底面与探测面不平行时,将使底面反射率降低,底波高度下降,这样调节的灵敏度将会偏高。

利用底波调灵敏度的方法常用于锻件探伤。

3. 利用 AVG 曲线调节法

以横坐标表示实际声程,纵坐标表示规则反射体相对波高,用来描述距离、波幅、当量大小之间的关系曲线、称为实用 AVG 曲线,如图 3-34 所示。

原理如下:

(1)当 $x \geqslant 3N$ 时,同距离大平底与平底孔回波分贝差公式为:

$$\Delta = 20\lg \frac{H_B}{H_\phi} = 20\lg \frac{2\lambda x}{\pi\phi^2}(x \geqslant 3N) \tag{3-18}$$

式中:H_B——底面反射波高;

H_ϕ——平底孔反射波高。

(2)当 $x \geqslant 3N$ 时,相同直径不同距离平底孔回波分贝差公式为:

$$\Delta_2 = [\phi]_1 - [\phi]_2 = 40\lg \frac{x_1}{x_2} \tag{3-19}$$

对于 ϕ20mm、2.5MHz 直探头,以距离 x 为横坐标,以 750mm 处为直径 ϕ2mm 平底孔回波达基准高作为 0dB,以相对波高(即分贝差 Δ_1、Δ_2)为纵坐标,根据公式计算出不同距离大平底及不同直径不同距离平底孔的相对波高,即可绘出图 3-34 所示的平底孔实用 AVG 曲线。

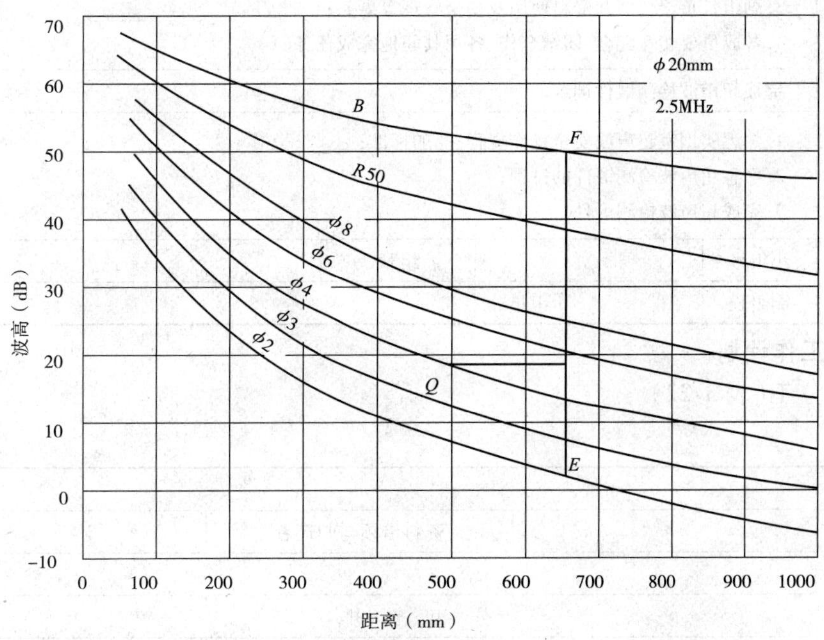

图 3-34　平底孔 AVG 曲线

【例 3-2】　用 2.5MHz、ϕ20mm 直探头探测饼形钢锻件,锻件厚 650mm,探伤中在 500mm 处发现一缺陷,缺陷波高比大平底回波低 31dB。问:如何利用底波调整 ϕ2 灵敏度?

解:如图 3-34 所示,在 $x = 650$mm 处作垂线交曲线于 E,交 B 曲线于 F,则 EF 对应的分贝值 $\Delta = 48$dB 就表示该处大平底与 ϕ2 平底孔回波分贝差,然后再按前面所述灵敏度的调整方法进行调整即可。

二、工作任务训练

(一)训练资料、设备和工具

(1)实训室安全操作规程,船用锻钢件超声波探伤标准 CB/T 3907—1999;

(2)数字式超声波探伤仪器,型号 PXUT-350;

(3)探头线、直探头、斜探头;

(4)耦合剂;

(5)标准试块,CSK-IA,ⅡW;

(6)对比试块,CS-1、CS-2;

(7)钢直尺。

(二)训练过程

1. 下达工作任务(表3-21)

表3-21

<table>
<tr><td>任务名称</td><td colspan="5">超声波检测锻件</td></tr>
<tr><td>任务安排</td><td colspan="5">1. 小组以4~6人组成,每小组推选一名组长与副组长;
2. 组长总体负责本组人员的任务分工,组织协调完成任务;
3. 副组长负责仪器和资料使用及安全管理等事务;
4. 各成员要相互配合、团结合作、各司其职地完成任务。</td></tr>
<tr><td>任务要求</td><td colspan="5">完成超声波检测锻件训练。</td></tr>
<tr><td>技术要求</td><td colspan="5">1. 熟悉实训室超声波安全操作规程、船舶标准;
2. 熟悉超声波检测锻件的过程;
3. 完成超声波检测锻件。</td></tr>
<tr><td rowspan="2">成员组成</td><td>小组号</td><td colspan="2"></td><td>组长</td><td></td></tr>
<tr><td>副组长</td><td></td><td>组员</td><td colspan="2"></td></tr>
</table>

2. 制定工作计划

1)任务分工(表3-22)

表3-22

<table>
<tr><td>小组号</td><td colspan="3"></td></tr>
<tr><td>组长</td><td></td><td>资料借领与归还者</td><td></td></tr>
<tr><td>资料号</td><td colspan="3"></td></tr>
<tr><td colspan="4">分　工　安　排</td></tr>
<tr><td>任务编号</td><td>任务内容</td><td>任务实施者</td><td>结论记录者</td></tr>
<tr><td>1</td><td></td><td></td><td></td></tr>
<tr><td>2</td><td></td><td></td><td></td></tr>
<tr><td>3</td><td></td><td></td><td></td></tr>
<tr><td>4</td><td></td><td></td><td></td></tr>
<tr><td>5</td><td></td><td></td><td></td></tr>
<tr><td>6</td><td></td><td></td><td></td></tr>
</table>

2)实施方案设计

(1)实训的步骤:

①将实训任务进行分解编号,由不同的成员承担完成相应的项目;

②记录实训中心相关步骤;

③小组研究讨论;

④填表,完成实训任务。

(2)注意事项与技术要求:

①熟悉国家标准与规范,船舶专业标准;

②仔细分析和认真掌握超声波检测的每个操作过程;

③掌握超声波检测锻件的技能。

3. 实施工作计划，并完成如下记录

1）实施工作计划

（1）布置实训任务；

（2）将实训任务进行分解编号；

（3）研究实训任务，查阅超声波探伤国家标准；

（4）实施超声波检测锻件；

（5）填表完成实训记录。

2）超声波检测焊缝记录表（表3-23）

表3-23

<table>
<tr><td colspan="2">任务名称</td><td colspan="2">超声波检测锻件</td><td colspan="2">小组号</td><td></td></tr>
<tr><td colspan="2">组长</td><td></td><td>组员</td><td colspan="3"></td></tr>
<tr><td colspan="7">超声波检测锻件记录表</td></tr>
<tr><td>序号</td><td>实 训 内 容</td><td colspan="5">实　训　记　录</td></tr>
<tr><td rowspan="8">1</td><td rowspan="8">选择实训参数</td><td colspan="2">实训参数</td><td colspan="3">结果记录</td></tr>
<tr><td colspan="2"></td><td colspan="3"></td></tr>
<tr><td colspan="2"></td><td colspan="3"></td></tr>
<tr><td colspan="2"></td><td colspan="3"></td></tr>
<tr><td colspan="2"></td><td colspan="3"></td></tr>
<tr><td colspan="2"></td><td colspan="3"></td></tr>
<tr><td colspan="2"></td><td colspan="3"></td></tr>
<tr><td colspan="2"></td><td colspan="3"></td></tr>
<tr><td rowspan="5">2</td><td rowspan="5">安全检测程序</td><td colspan="2">检测项目</td><td colspan="3">结果记录</td></tr>
<tr><td colspan="2"></td><td colspan="3"></td></tr>
<tr><td colspan="2"></td><td colspan="3"></td></tr>
<tr><td colspan="2"></td><td colspan="3"></td></tr>
<tr><td colspan="2"></td><td colspan="3"></td></tr>
<tr><td rowspan="11">3</td><td rowspan="11">超声波仪器
测试步骤</td><td colspan="2">步骤名称</td><td colspan="3">结果记录</td></tr>
<tr><td colspan="2"></td><td colspan="3"></td></tr>
<tr><td colspan="2"></td><td colspan="3"></td></tr>
<tr><td colspan="2"></td><td colspan="3"></td></tr>
<tr><td colspan="2"></td><td colspan="3"></td></tr>
<tr><td colspan="2"></td><td colspan="3"></td></tr>
<tr><td colspan="2"></td><td colspan="3"></td></tr>
<tr><td colspan="2"></td><td colspan="3"></td></tr>
<tr><td colspan="2"></td><td colspan="3"></td></tr>
<tr><td colspan="2"></td><td colspan="3"></td></tr>
<tr><td colspan="2"></td><td colspan="3"></td></tr>
</table>

续上表

序号	实训内容	实训记录	
4	AVG 曲线制作	步骤名称	结果记录
5	现场检测	步骤名称	结果记录

【任务小结】

一、学生自我评估(表 3-24)

表 3-24

实训项目	超声波检测锻件				
小组号			任务号	实训者	
序号	检查项目	分值	要求		自我评定
1	任务完成情况	40	按要求按时完成实训任务		
2	实训记录	20	记录规范、完整		
3	实训纪律	20	不在实训场地打闹,无事故发生		
4	团队合作	20	服从组长的任务分工安排,能配合小组其他成员工作		
实训总结: 小组评分:________ 组长:________ ____年____月____日					

二、教师评定反馈(表3-25)

表3-25

<table>
<tr><td>实训项目</td><td colspan="5">超声波检测锻件</td></tr>
<tr><td>小组号</td><td colspan="2"></td><td>任务号</td><td>实训者</td><td></td></tr>
<tr><td>序号</td><td>检查项目</td><td>分值</td><td colspan="2">要　求</td><td>教师评定</td></tr>
<tr><td>1</td><td>资料、设备查阅</td><td>20</td><td colspan="2">资料、设备查阅正确、针对性强</td><td></td></tr>
<tr><td>2</td><td>操作步骤</td><td>20</td><td colspan="2">操作规范正确</td><td></td></tr>
<tr><td>3</td><td>效率检查</td><td>10</td><td colspan="2">按时完成实训</td><td></td></tr>
<tr><td>4</td><td>信息记录</td><td>20</td><td colspan="2">记录规范、完整</td><td></td></tr>
<tr><td>5</td><td>成果检测</td><td>10</td><td colspan="2">成果符合要求</td><td></td></tr>
<tr><td>6</td><td>团队合作</td><td>20</td><td colspan="2">小组各成员能相互配合,协调工作</td><td></td></tr>
<tr><td colspan="6">存在问题:

考核教师:________　　　　____年____月____日</td></tr>
</table>

【拓展提高】

案例:超声波检测铸件时,如何选择合适的工艺参数。

【课后自测】

问答题

1. 利用锻件底波调节探伤灵敏度有何好处?调节时应注意什么?

2. 锻件探伤中,调节探伤灵敏度常用哪几种方法?各适用于什么情况?

3. 用2.5P20Z探头探测400mm厚的饼形锻件,$C_L=5900\text{m/s}$,问如何利用底波调节400/ϕ_2探伤灵敏度?

4. 对于饼状锻件,除采取纵波直射单探头做垂直端面入射进行检验外,最好还应增加何种入射方向进行检验?

5. 对晶粒粗大的铸件或锻件进行超声探伤时,显示屏上会出现杂波,试问采取哪些方法有可能降低杂波高度以进行有效的超声检测?

任务五　超声波检测管材

【任务目标】

1. 熟悉超声波检测管材的方法与步骤;

2. 掌握超声波检测管材的标准,GB/T 15830—2008;

3. 初步具有超声波检测管材的能力。

【任务解析】

1. 工作任务名称:超声波检测管材。

2. 工作任务背景:超声波仪器操作。

3. 完成工作任务要达到的技术标准:《无损检测　钢制管道环向焊缝对接接头超声检测方法》GB/T 15830—2008。

4. 完成工作任务所需要的资料:国家标准与规范。

5. 完成任务的思路,完成任务的技能点和知识点:

(1)完成任务的思路:熟悉超声波检测管材的方法与步骤;掌握超声波检测管材的标准;完成超声波检测管材的操作。

(2)完成任务的技能点和知识点:超声波探伤仪;探头;耦合剂;标准试块;对比试块。

【任务实施】

一、相关理论与知识学习

(一)超声波检测的管材概述

船用管材是指适用于锅炉管、过热器管以及建造锅炉、受压容器、船舶和机械用压力管系所用的钢管。船用管材按制造方法的不同分为无缝钢管和焊接钢管。按材料分为碳钢管、不锈钢管、铜管、铝管等。

凡是要求超声波检测的管材,使用条件较为苛刻,如承受高温高压、输送易燃易爆或有毒介质的管路等,无缝钢管常见缺陷有裂纹、分层、折叠。

管材检测方法与其几何尺寸、缺陷在管壁中的分布走向、对管材的级别要求、检测的批量大小等有关。一般来讲,批量大的采用水浸聚焦法,批量小的采用直接接触法,平行于管轴线的周向缺陷采用纵波检测法,纵向和横向缺陷采用横波检测法。

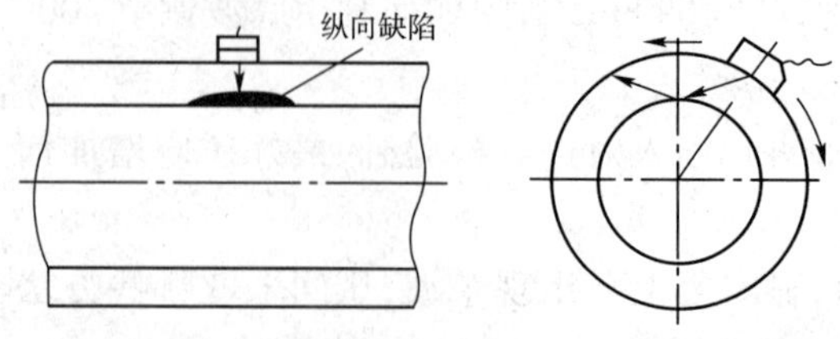

图 3-35　纵向缺陷检测,探头作周向旋转和轴向移动

纵向缺陷采用直接接触法或水浸聚焦法检测,见图 3-35 所示。

横向缺陷采用横波直接接触法检测，见图 3-36 所示。

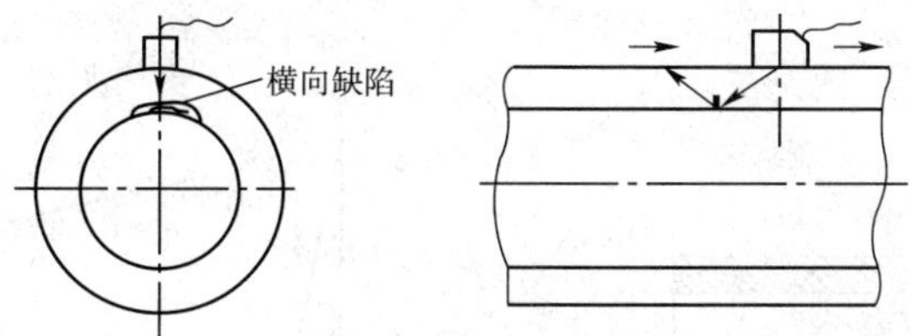

图 3-36　横向缺陷检测，探头做轴向移动和周向旋转

与管轴线平行的周向缺陷采用纵波单直探头或纵波双直探头直接接触法检测，见图 3-37 所示。

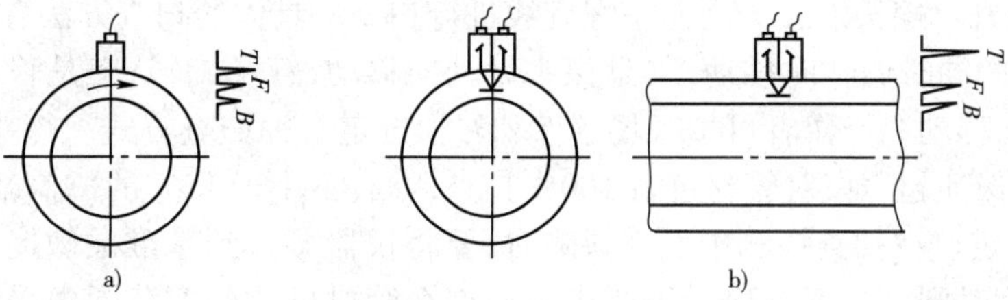

图 3-37　周向缺陷检测

（二）小口径管检测

小口径钢管，包括薄壁不锈钢管，是指外径小于 100mm 的管材。小口径管材主要缺陷为纵向缺陷，横向缺陷较少；与管轴线平行的分层缺陷，一般不做检测。现根据耦合方式的不同，介绍纵向缺陷和横向缺陷的检测方法。

1. 接触法检测

接触法检测是指探头通过薄层的耦合剂与钢管接触进行检测的方法，这种方法为手工操作，检测效率低，劳动强度大，但设备简单，操作方便，机动灵活，最适用于小批量管材检测，是目前普遍采用的方法。下面分别介绍接触法对纵向缺陷和横向缺陷的检测方法。

1）纵向缺陷检测

（1）探头。采用频率 2. 5MHz，晶片尺寸不大于 25mm 的斜探头。探头 K 值可按管径大小和管壁厚薄适当选择。一般管径越小、管壁越薄时使用较大 K 值，反之选用较小 K 值，以能测得试块中内外尖角槽的最高回波，且两波高差值最小时为准。为使探头与管材曲面耦合良好，可用纱布垫在管子上修磨探头楔块，或在探头底面粘上一块与管材表面吻合良好的有机玻璃滑块，如图 3-38 所示，保障探头与管子部分耦合良好和扫查操作的稳定性。

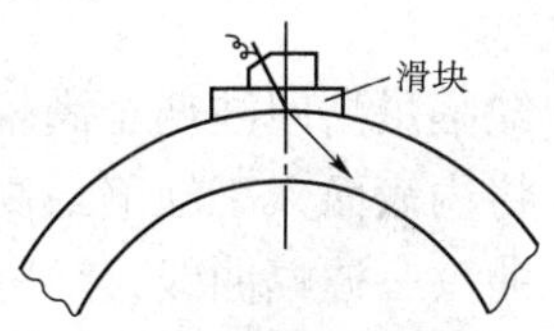

图 3-38　探头加装与管面吻合良好的滑块

（2）试块。探测纵向缺陷的对比试块的制作应选取与被检管材规格相同，材质、热处理及表面状态相同或相似的管材，条件允许时可从被检管中截取一段管制作试块，以满足上述条件，免除试块与管径产生的曲面、材质衰减以及表面耦合差的补偿，简化对检测结果的判定。试块人工缺陷为尖角槽，如图 3-39 所示。

（3）灵敏度调节。探头放在试块上做周向扫查，寻找试块上的内壁尖角槽，最高凹波调至满幅度的 80%。再移动探头找到外尖角槽的最高回波，二者波峰连线为距离—波幅曲线，

如图 3-40 所示。作为判别缺陷的基准灵敏度,在基准灵敏度的基础上提高 6dB 作为扫查灵敏度。

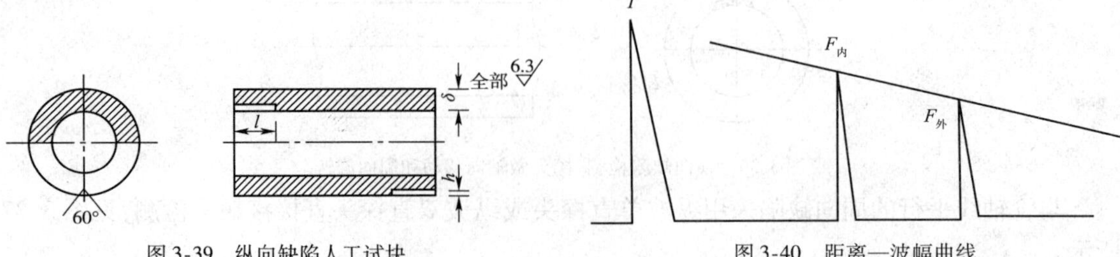

图 3-39　纵向缺陷人工试块　　图 3-40　距离—波幅曲线

(4)检测扫查。探头沿管子周向呈螺旋线进行扫查。具体的扫查方法有三种:一是探头不动,管材旋转的同时做轴向移动;二是探头做轴向移动,管子旋转;三是管材不动,探头沿管子周向和轴向移动。操作者可按现场条件和习惯选定一种扫查方式。探头扫查螺旋线的螺距不能太大,保证超声束对管材进行 100% 扫查,并有不小于 15% 的覆盖,以防漏检缺陷。

(5)结果评定。在扫查探测中发现缺陷时,要将仪器调节到基准灵敏度,若缺陷回波幅度≥基准灵敏度时则判为不合格。不合格品允许在管材尺寸公差范围内采取修磨处理,然后再复探,管子合格级别由供需双方商定。

2)横向缺陷检测

(1)探头。频率 2.5 ~5.0MHz,晶片尺寸不大于 25mm 的斜探头,为使探头与管子吻合良好,探头楔块应修磨。

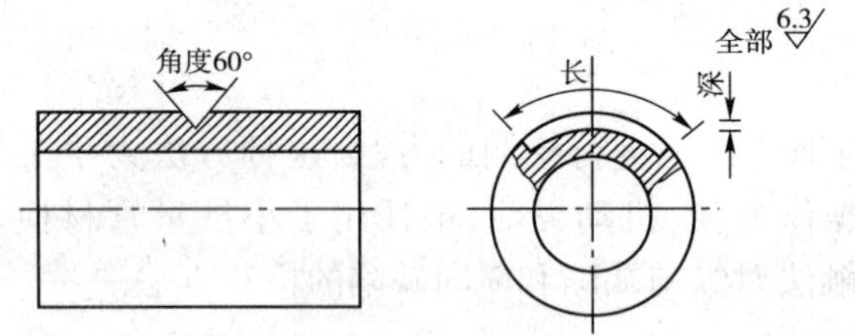

图 3-41　横向缺陷用对比试块

(2)试块。探测横向缺陷用对比试块,同样应选用与被检管材规格相同,材质、热处理及表面状态相同或相似的管材制成。对比试块上的人工缺陷为周向尖角槽,尖角槽位置和尺寸如图 3-41 所示。

(3)灵敏度调节。对于只有外表面人工尖角槽的试块,可直接将对比试块上的人工缺陷最高回波调至满幅度的 50% 作为基准灵敏度。对于内外表面均有人工缺陷的试块,应将内表面人工缺陷最高回波调至满幅度的 80%,然后找到外槽最高回波。二者波峰连线为曲率—波幅曲线,该法曲线为基准灵敏度。在基准灵敏度的基础上提高 6dB 作为扫查灵敏度。

(4)检测扫查。探头沿管材轴向按螺旋线进行扫查。当发现缺陷时将仪器调回到基准灵敏度,若缺陷回波≥基准灵敏度时则判为不合格。不合格品允许在其几何尺寸公差范围内进行修磨,然后复探,合格级别由供需双方商定。

2. 水浸法检测

小口径管水浸法检测为自动化或半自动化检测法,检测效率高,劳动强度小,适用于批量大的管材检测,但其整体结构比较复杂,价格较高。

小口径管存在缺陷多数为纵向裂纹,产生横向裂纹的概率较低,除特殊要求外一般不作横向缺陷检测。

小口径管水浸检测纵向缺陷是将水浸纵波探头放在水中，利用纵波倾斜入射到水/钢界面，当入射角 α 在 $\alpha_{\mathrm{I}} \sim \alpha_{\mathrm{II}}$ 之间（α_{I} 为第一临界角，α_{II} 为第二临界角）时可在管壁中实现纯横波检测。

（三）大口径管件探伤

超声波探伤中，大口径管一般是指外径大于100mm的管材。大口径管曲率半径较大，探头与管壁声耦合比小口径管要好，通常采用接触法探伤，批量较大时，也可采用水浸线聚焦法探伤，大口径无缝钢管大多数以检测纵向缺陷为主，对于某些承受高温高压、输送易燃易爆物质的管材则有可能要求检测横向缺陷。一般情况下大口径管壁比小口径管大，存在面积较大的与管轴线平行的周向缺陷（分层）的几率高，检出概率较多。

1. 纵向缺陷探伤

1）接触法探伤

大口径管纵向缺陷探伤与小口径管接触法探伤所使用的探头、试块、灵敏度调节、扫查方式以及对检测结果的评定相同。但考虑到大口径管纵向缺陷走向较复杂，探伤时探头应对正反两个方向进行扫查，以防漏检。

2）水浸聚焦法探伤

水浸聚焦法探伤大口径管，常采用线聚焦探头，一次扫查面积大，比点聚焦工效高。当焦点调在管材中心线时，横波声束在内外壁多次反射、产生多次敛聚发散，在整个管壁截面上形成平均宽度基本一致的声束，这样不仅探伤灵敏度高，而且内外壁缺陷检出灵敏度大致相同，如图3-42所示。大口径管水浸聚焦法探伤原理、探伤方法及其结果评定与小口径管相同。

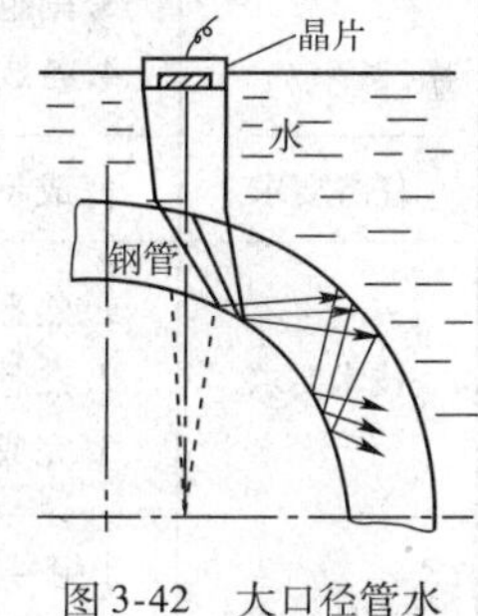

图3-42　大口径管水浸聚焦法

2. 横向缺陷探伤

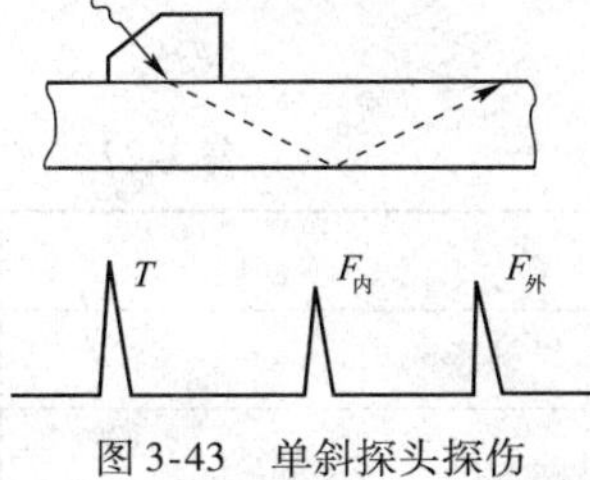

图3-43　单斜探头探伤

采用单斜探头探测大口径管横向缺陷，与小口径管探伤法使用的探头、试块、灵敏度调节、扫查方式以及对检测结果的评定相同。探头在工件中的相对位置以及波形如图3-43所示。单斜探头探伤，由于管子的曲率大，声束在内壁的反射波更进一步发散，声能损失大，对外壁缺陷灵敏度较低，探伤时应注意，如有条件，可采用聚焦探头，能量集中，减少声束发散。

3. 与轴线平行的周向缺陷探伤

大口径管中与轴线平行的周向缺陷多数为分层缺陷，采用纵波单直探头或纵波双晶直探头。如前图3-37所示，当缺陷较小时，缺陷波 F 与底波 B 同时存在，按当量大小评定缺陷；当缺陷较大时，底波 B 消失，用半波高度法测定缺陷边界，用面积和长度评定缺陷。

二、工作任务训练

（一）训练资料、设备和工具

（1）实训室安全操作规程，探伤标准GB/T 15830—2008；

（2）数字式超声波探伤仪器；

(3)探头线、直探头、斜探头;

(4)耦合剂;

(5)标准试块,CSK-IA,ⅡW;

(6)对比试块;

(7)钢直尺。

(二)训练过程

1. 下达工作任务(表3-26)

表3-26

<table>
<tr><td>任务名称</td><td colspan="4">超声波检测管件</td></tr>
<tr><td>任务安排</td><td colspan="4">1. 小组以4~6人组成,每小组推选一名组长与副组长;
2. 组长总体负责本组人员的任务分工,组织协调完成任务;
3. 副组长负责仪器和资料使用及安全管理等事务;
4. 各成员要相互配合、团结合作、各司其职地完成任务。</td></tr>
<tr><td>任务要求</td><td colspan="4">完成超声波检测管件训练。</td></tr>
<tr><td>技术要求</td><td colspan="4">1. 熟悉实训室超声波安全操作规程;船舶标准
2. 熟悉超声波检测管件的过程;
3. 完成超声波检测管件。</td></tr>
<tr><td rowspan="2">成员组成</td><td>小组号</td><td></td><td>组长</td><td></td></tr>
<tr><td>副组长</td><td></td><td>组员</td><td></td></tr>
</table>

2. 制定工作计划

1)任务分工(表3-27)

表3-27

<table>
<tr><td>小组号</td><td colspan="3"></td></tr>
<tr><td>组长</td><td></td><td>资料借领与归还者</td><td></td></tr>
<tr><td>资料号</td><td colspan="3"></td></tr>
<tr><td colspan="4">分 工 安 排</td></tr>
<tr><td>任务编号</td><td>任务内容</td><td>任务实施者</td><td>结论记录者</td></tr>
<tr><td>1</td><td></td><td></td><td></td></tr>
<tr><td>2</td><td></td><td></td><td></td></tr>
<tr><td>3</td><td></td><td></td><td></td></tr>
<tr><td>4</td><td></td><td></td><td></td></tr>
<tr><td>5</td><td></td><td></td><td></td></tr>
<tr><td>6</td><td></td><td></td><td></td></tr>
</table>

2）实施方案设计

（1）实训的步骤：

①将实训任务进行分解编号，由不同的成员承担完成相应的项目；

②记录实训中心相关步骤；

③小组研究讨论；

④填表，完成实训任务。

（2）注意事项与技术要求：

①熟悉国家标准与规范，船舶专业标准；

②仔细分析和认真掌握超声波检测的每个操作过程；

③掌握超声波检测管件的技能。

3. 实施工作计划，并完成如下记录

1）实施工作计划

（1）布置实训任务；

（2）将实训任务进行分解编号；

（3）研究实训任务，查阅超声波探伤国家标准；

（4）实施超声波检测管件；

（5）填表完成实训记录。

2）超声波检测管件记录表（表 3-28）

表 3-28

<table>
<tr><td colspan="2">任务名称</td><td colspan="2">超声波检测管件</td><td>小组号</td><td></td></tr>
<tr><td colspan="2">组长</td><td></td><td>组员</td><td colspan="2"></td></tr>
<tr><td colspan="6">超声波检测管件记录表</td></tr>
<tr><td>序号</td><td>实 训 内 容</td><td colspan="4">实　训　记　录</td></tr>
<tr><td rowspan="8">1</td><td rowspan="8">选择实训参数</td><td colspan="2">实训参数</td><td colspan="2">结果记录</td></tr>
<tr><td colspan="2"></td><td colspan="2"></td></tr>
<tr><td colspan="2"></td><td colspan="2"></td></tr>
<tr><td colspan="2"></td><td colspan="2"></td></tr>
<tr><td colspan="2"></td><td colspan="2"></td></tr>
<tr><td colspan="2"></td><td colspan="2"></td></tr>
<tr><td colspan="2"></td><td colspan="2"></td></tr>
<tr><td colspan="2"></td><td colspan="2"></td></tr>
<tr><td rowspan="4">2</td><td rowspan="4">安全检测程序</td><td colspan="2">检测项目</td><td colspan="2">结果记录</td></tr>
<tr><td colspan="2"></td><td colspan="2"></td></tr>
<tr><td colspan="2"></td><td colspan="2"></td></tr>
<tr><td colspan="2"></td><td colspan="2"></td></tr>
</table>

续上表

序号	实训内容	实训记录	
3	超声波仪器测试步骤	步骤名称	结果记录
4	现场检测	步骤名称	结果记录

【任务小结】

一、学生自我评估(表3-29)

表3-29

实训项目	超声波检测管件				
小组号			任务号		实训者
序号	检查项目	分值	要求	自我评定	
1	任务完成情况	40	按要求按时完成实训任务		
2	实训记录	20	记录规范、完整		
3	实训纪律	20	不在实训场地打闹,无事故发生		
4	团队合作	20	服从组长的任务分工安排,能配合小组其他成员工作		
实训总结: 小组评分:________ 组长:________ ____年____月____日					

二、教师评定反馈(表3-30)

表3-30

实训项目	超声波检测管件				
小组号		任务号		实训者	
序号	检查项目	分值	要　求		教师评定
1	资料、设备查阅	20	资料、设备查阅正确、针对性强		
2	操作步骤	20	操作规范正确		
3	效率检查	10	按时完成实训		
4	信息记录	20	记录规范、完整		
5	成果检测	10	成果符合要求		
6	团队合作	20	小组各成员能相互配合,协调工作		
存在问题:					
考核教师:____				____年____月____日	

【拓展提高】

案例:超声波检测大口径管件时,如何选择合适的工艺参数。

【课后自测】

问答题

1. 用 $K1$ 探头探测外径为600mm的桶体,能探测的壁厚极限尺寸是多少?
2. 用 $K2$ 探头探测外径为500mm的圆轴,最大探测深度是多少?
3. 直接接触法探伤无缝钢管时,问如何调节探伤灵敏度?
4. 直接接触法探伤无缝钢管时,为什么要对探头楔块进行修磨?
5. 试说明大口径无缝钢管的一般探伤方法。

任务六　评定超声波检测缺陷

【任务目标】

1. 熟悉超声波缺陷评定的方法与步骤;
2. 掌握超声波检测标准;

3. 初步具有评定超声波检测缺陷的能力。

【任务解析】

1. 工作任务名称:评定超声波检测缺陷。

2. 工作任务背景:超声波检测。

3. 完成工作任务要达到的技术标准:《焊缝无损检测　超声检测技术、检测等级和评定》GB/T 11345—2013,《船舶钢焊缝超声波检测工艺和质量分级》CB/T 3559—2011。

4. 完成工作任务所需要的资料:国家标准与规范。

5. 完成任务的思路,完成任务的技能点和知识点:

(1)完成任务的思路:熟悉超声波评定缺陷的方法与步骤;掌握评定超声波缺陷的标准;完成超声波缺陷评定的操作。

(2)完成任务的技能点和知识点:超声波探伤仪;探头;耦合剂;标准试块;对比试块。

【任务实施】

一、相关理论与知识学习

当超声波检测发现缺陷显示信号后,对缺陷进行评定,以判断是否危害使用。缺陷评定的内容主要是确定缺陷位置和评定缺陷尺寸。缺陷位置的确定包括缺陷平面位置和埋藏深度的确定,缺陷尺寸的评定包括缺陷回波波幅的评定,当量尺寸的评定和缺陷延伸长度的测量。以下主要介绍缺陷评定的各种方法。

(一)缺陷位置的确定

测定缺陷在工件或焊接接头中的位置称之为定位。一般可根据示波屏上缺陷波的水平刻度值与扫描速度来对缺陷定位。

1. 垂直入射法时缺陷定位

显然,缺陷的 x、y 坐标由探头在检测面上的 X 轴和 Y 轴的投影位置容易确定,这里主要需测定沿工件 z 轴(深度方向)的坐标。

检测仪按 $1:n$ 调节纵波扫描速度(具体做法是:利用已知尺寸的试块或工件上的两次不同底面反射波的前沿,分别对准示波屏上相应的水平刻度值来实现)。则有:

$$Z = n\tau \tag{3-20}$$

式中:Z——缺陷深度(mm);

n——调节比例系数;

τ——缺陷波前沿所对水平刻度值。

【例 3-3】 仪器按 1∶2 调节纵波扫描速度,检测中示波屏上水平刻度 75 处出现一缺陷波,求缺陷至探头的距离 Z。

解:$Z = n\tau = 2 \times 75 = 150$(mm)

2. 斜角检测时缺陷定位

检测仪横波扫描速度可有声程、水平、深度三种调节方法。在焊缝检测中推荐;厚板($\delta \geqslant 32$mm)焊缝检测应采用深度调节法;中薄板($\delta \leqslant 24$mm)焊缝检测应采用水平调节法。

1)深度 1∶1 调节法定位

(1)利用 CSK—IB 标准试块,先计算 $R50$、$R100$ 圆弧反射波 B_1、B_2 对应的深度 Z_1,Z_2

$$\left.\begin{aligned} Z_1 &= \frac{50}{\sqrt{1+K^2}} \\ Z_2 &= \frac{100}{\sqrt{1+K^2}} = 2Z_1 \end{aligned}\right\} \tag{3-21}$$

式中:K——斜探头 K 值(实测值)。

(2)探头入射点对准圆心。

(3)调节检测仪(例如,水平、微调旋钮)使 B_1、B_2 前沿分别对准示波屏上相应水平刻度值,注意 $Z_1 = 2Z_2$,此时深度 1∶1 即调好。则有:

$$\left.\begin{aligned} l_f &= Kn\tau_f \\ Z_f &= n\tau_f \end{aligned}\right\} \tag{3-22}$$

式中:l_f——一次波检测时,缺陷在工件中的水平距离(mm);

Z_f——一次波检测时,缺陷在工件中的深度(mm)。

如果探头给的是折射角 γ,则有 $K = \tan\gamma$

【例 3-4】 用 $K1.5$ 横波斜探头检测厚度 $\delta = 30\text{mm}$ 的钢板焊缝,仪器按深度 1∶1 调节横波扫描速度,检测中在水平刻度 $\tau = 40$ 处出现一缺陷波,求此缺陷位置。

解:由于 $\delta < \tau < 2\delta$,可以判定缺陷是二次波发现的,因此:

$$l = Kn\tau = 1.5 \times 1 \times 40 = 60\text{mm}$$

$$Z = 2\delta - n\tau = (2 \times 30 - 1 \times 40) = 20\text{mm}$$

2)水平 1∶1 调节法定位

(1)利用 CSK—IB 标准试决,先计算 $R50$、$B100$ 圆弧反射波 B_1、B_2 对应的水平距离 l_1、l_2:

$$\left.\begin{aligned} l_1 &= \frac{50K}{\sqrt{1+K^2}} \\ l_2 &= \frac{100K}{\sqrt{1+K^2}} = 2l_1 \end{aligned}\right\} \tag{3-23}$$

(2)探头入射点对准圆心。

(3)调节检测仪使 B_1、B_2 前沿分别对准示波屏上相应水平刻度值,注意 $l_1 = 2l_2$,此时水平距离 1∶1 调好。则有:

$$\left.\begin{aligned} l_f &= n\tau_f \\ Z_1 &= \frac{n\tau_f}{K} \\ l'_f &= n\tau_f \\ Z'_2 &= 2\delta - \frac{n\tau_f}{K} \end{aligned}\right\} \tag{3-24}$$

【例 3-5】 用 $K2$ 横波斜探头检测厚度 $\delta = 15\text{mm}$ 的钢板焊缝,仪器按水平 1∶1 调节横波扫描速度,检测中在水平刻度 $\tau = 45$ 处出现一缺陷波,求此缺陷位置?

解:由于 $K\delta = 2 \times 15 = 30, 2K\delta = 60, K\delta < \tau < 2K\delta$,可以判定此缺陷是二次波发现的,因此

$$l = n\tau = 1 \times 45 = 45\text{mm}$$

$$Z = 2\delta - n\tau/2 = 2 \times 15 - 1 \times 15/2 = 7.5\text{mm}$$

(二)缺陷大小的测定

在实际检测中,由于自然缺陷的形状、性质是多种多样的,要通过超声波回波信号确定缺陷的真实尺寸比较困难。目前主要利用来自缺陷的反射波高,沿工件表面测出的缺陷延伸范围以及存在缺陷时底面回波的变化等信息,对缺陷的尺寸进行评定。测定工件或焊接接头中缺陷的大小和数量称为缺陷定量。缺陷的大小,则包括缺陷的面积和长度,常用的定量方法有两种:当量法和探头移动法(又称扫描法或测长法)。由于焊缝中自然缺陷的形态、位置、方向和性质等各不一样,要测定缺陷的实际尺寸,对超声波检测来说是比较困难的,因此,上述两种定量法均有一定的局限性,其测得结果往往有较大出入,是需进一步加以解决的前沿课题。

1. 当量法

当缺陷尺寸小于声束截面时,一般采用当量法来确定缺陷的大小。"当量"概念仅表示缺陷与该尺寸人工反射体对声波的反射能量相等,并不涉及缺陷尺寸与人工反射体尺寸相等的含义。当量评定的方法有试块对比法、AVG 曲线法和当量计算法。

1)试块对比法

将已知形状和尺寸的人工缺陷(平底孔或横孔)回波与探测到的缺陷回波相比较,如二者的声程、回波相等,则这个已知的人工缺陷尺寸(平底孔或横孔直径)就是被探测到的缺陷的所谓缺陷当量。如人工反射体为 ϕ2mm 平底孔,称缺陷当量尺寸为 ϕ2mm 平底孔当量。

采用试块对比法给定缺陷定量时,要保持检测条件相同。即所用试块的材质、表面粗糙度和形状都要与被检工件相同或相近,试块中平底孔的埋藏深度与缺陷的埋藏深度相同,并且所用的仪器、探头和对探头施加的压力也要相同。

试块对比法的优点是明确直观,结果可靠,又不受近场区的限制,对仪器的水平线性和垂直线性要求也不高,因此,对于要求给缺陷回波幅度准确定量的重要工件或要在 $x < 3N$ 情况下给缺陷定量常用试块对比法。试块对比法的缺点是,要制作一系列含不同声程和不同直径人工缺陷的试块,现场检测时,携带和使用都很不方便。解决的方法是,采用与实际检测相同的探头与检测条件,预先将检测用对比试块测定好实用 AVG 曲线,在现场检测时,可以携带少量试块调整仪器灵敏度,再根据曲线评定缺陷当量。这种方法可以解决现场操作的不便,但制作对比试块的工作不能省略。

2)当量曲线法(AVG 曲线法)

当量曲线法是为现场检测使用而预先制定的距离—波幅曲线。纵波直探头检测时,可用平底孔 AVG 曲线确定缺陷当量。AVG 曲线法的优点是不需要大量的试块,也不需要烦琐的计算。用 AVG 曲线法评定缺陷当量时,既可以用通用 AVG 曲线,也可以用实用 AVG 曲线。

用 AVG 曲线给缺陷定量,首先要测出缺陷回波幅度相对于某一基准反射体回波幅度的分贝差,基准可以是工件的底面回波,也可以是试块上的规则反射体回波。根据测得的分贝差,在曲线图上可查出缺陷的当量尺寸。

3)当量计算法

当 $x \geqslant 3N$,规则反射体的回波声压变化规律基本符合理论回波声压公式,当量计算法就是利用各种规则反射体的理论回波声压公式进行计算来确定缺陷当量尺寸的定量方法,应用当量计算法对缺陷定量不需要专门加工试块,是目前应用较为广泛的一种定量方法。

下面以纵波检测为例来说明平底孔当量计算法的应用。

当 $x \geqslant 3N$,并考虑介质衰减时,在不同距离处大平底与平底孔回波分贝差为:

$$\Delta = 20\lg\frac{P_B}{P_\phi} = 20\lg\frac{2\lambda x_\phi^2}{\pi x_B \phi^2} + 2\alpha(x_\phi - x_B) \tag{3-25}$$

在不同距离处不同直径平底孔回波分贝差为:

$$\Delta = 20\lg\frac{P_{\phi 1}}{P_{\phi 2}} = 40\lg\frac{\phi_1 x_2}{\phi_2 x_1} + 2\alpha(x_2 - x_1) \tag{3-26}$$

式中:x_B——太平底至探测面的距离;

x_2——平底孔至探测面的距离;

λ——波长;

α——介质的衰减系数。

根据检测中测得的大平底与平底孔缺陷回波的分贝差或平底孔缺陷与灵敏度基准平底孔回波分贝差,利用公式可以计算出缺陷的平底孔当量大小。

【例 3-6】　用 2.5P14Z(2.5MHzϕ14 直探头)探测厚为 420mm 的工件,钢中 C = 5900m/s,α = 0 时,灵敏度为 420/ϕ2。检测中在 210mm 处发现一缺陷,其回波比底波低 26dB,求此缺陷的平底孔当量大小?

解:由已知得:

$$\lambda = \frac{C}{f} = \frac{5.9}{2.5} = 2.36\text{mm}$$

$$N = \frac{D^2}{4\lambda} = \frac{14^2}{4 \times 2.36} = 21\text{mm}$$

所以可以用当量计算法定量。

由 $\Delta = 20\lg\frac{P_B}{P_\phi} = 20\lg\frac{2\lambda x_\phi^2}{\pi x_B \phi^2} = 26$ 得此缺陷的当量大小为:

$$\phi = \sqrt{\frac{2\lambda x_\phi^2}{10^{1.3}\pi x_B}} = \sqrt{\frac{2 \times 2.36 \times 210^2}{10^{1.3} \times 3.14 \times 420}} \approx 2.8\text{mm}$$

【例 3-7】　2.5P20Z 探头径向探测 500 的实心圆柱体,C = 5900m/s,α = 001dB/mm,灵敏度为 500/ϕ2、检测中在 400mm 处发现一缺陷,其回波比 500 处 ϕ2 高 22dB。求此缺陷的当量大小?

解:由已知得:

$$\lambda = \frac{C}{f} = \frac{5.9}{2.5} = 2.36\text{mm}$$

$$N = \frac{D^2}{4\lambda} = \frac{20^2}{4 \times 2.36} = 4.24\text{mm}$$

$3N = 3 \times 42.4 = 127.2 < 400\text{mm}$,故可以利用当量计算法定量。

由已知得:

$$\Delta = 20\lg \frac{P_{\phi1}}{P_{\phi2}} = 40\lg \frac{\phi_1 x_2}{\phi_2 x_1} + 2\alpha(x_2 - x_1) = 22$$

$$40\lg \frac{\phi_1 x_2}{\phi_2 x_1} = 22 - 2\alpha(x_2 - x_1) = 22 - 2 \times 0.01 \times 100 = 20$$

$$\phi_1 = \frac{\phi_2 x_1}{x_2} \times 10^{0.5} = \frac{2 \times 400 \times 10^{0.5}}{500} = 5.1\text{mm}$$

即此缺陷的当量平底孔尺寸为 $\phi 5.1\text{mm}$。

2. 探头移动法

对于尺寸或面积大于声束直径或断面的缺陷,一般用探头移动法来测定其指示长度或范围,这就是所谓"测长"问题。通常称为缺陷指示长度的测定。其原理是,当声束整个宽度全部入射到大于声束截面的缺陷上时,缺陷的反射幅度为最大值,当声束的一部分离开缺陷时,缺陷反射面积减小,回波幅度降低,完全离开时,缺陷回波不再显现,这样,可以根据缺陷最大回波高度降低的情况和探头移动的距离来确定缺陷的边缘范围或长度。在实际检测中,缺陷的回波高度完全消失的临界位置难以界定,所以,按规定的方法测定缺陷长度称为缺陷的指示长度。由于实际工件中缺陷的取向、性质、表面状态等都会影响缺陷回波高,因此缺陷的指示长度总是与缺陷的实际长度有一定的差别。根据测定缺陷长度时的灵敏度基准不同,缺陷指示长度的测定方法有相对灵敏度法、绝对灵敏度法和端点峰值法。

1)相对灵敏度测长法

相对灵敏度测长法是以缺陷最高回波为相对基准,沿缺陷的长度方向移动探头,降低一定的 dB 值来测定缺陷的长度。一般降低的分贝值有 6dB 等。相对灵敏度测长法操作的过程是:发现缺陷回波时,找到缺陷最大回波高度,以此为基准,然后沿缺陷长度方向的一侧移动探头,使缺陷回波下降到相对于最大高度的某一确定值,记下此时探头位置,再沿相反的方向移动探头,使缺陷回波在另一侧下降到同样高度时,记下探头的位置。量出两个位置间探头移动的距离,即为缺陷的指示长度。当缺陷反射波只有一个高点时,用降低 6dB 相对灵敏度法测长,由于波高降低 6dB 后正好为原来的一半,因此 6dB 法又称为半波高度法,见图 3-44。

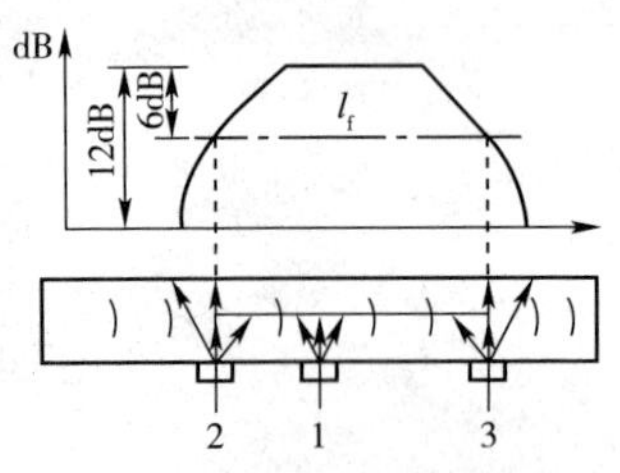

图 3-44 相对灵敏度测长法

6dB 法具体做法是:移动探头找到缺陷的最大反射波后,调节增益,使缺陷波高降低至基准波高。然后调节增益,使仪器灵敏度提高 6dB,沿缺陷方向移动探头,当缺陷波高降至基准波高时,探头中心线间的距离就是缺陷的指示长度。

2)绝对灵敏度测长法

在仪器灵敏度一定的条件下,用探头沿缺陷长度方向平行移动,当缺陷波高降低到规定位置,将此时探头移动的距离作为缺陷的指示长度,见图 3-45。

3)端点峰值法

在测长扫查过程中,如发现缺陷反射波峰值起伏变化,有多个高点,则以缺陷两端反射波极大值之间探头的移动长度确定为缺陷指示长度,即为端点峰值法。图 3-46,端点峰值法

适用于测长扫查过程中，缺陷反射波有多个高点的情况。

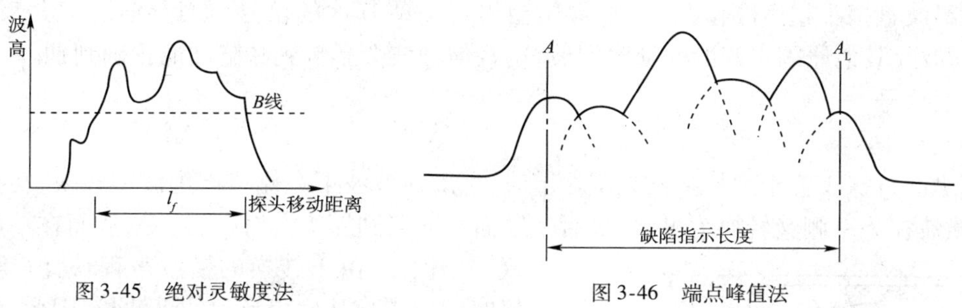

图3-45　绝对灵敏度法　　　　图3-46　端点峰值法

（三）缺陷性质的估判和假信号的识别

到目前为止，超声波探伤对缺陷性质的判断还是一个疑难问题。对缺陷性质的估判主要根据缺陷反射回波形状、特点，各种不同类型缺陷在工件中位置，缺陷产生的原因、工件制造工艺、结构及热处理条件等方面的因素进行综合分析并做出判断。焊缝中缺陷的性质与其产生的部位、大小和分布情况有关。因此，可根据缺陷波的大小、位置、探头运动时波幅的变化特点（即所谓静态波形特征和动态波形包络线特征），并结合焊接工艺情况对缺陷性质进行综合判断。但这在很大程度上要依靠检验人员的实际经验和操作技能，因而较难掌握。这里仅作简单介绍。

1. 缺陷回波

1）气孔

这个点状气孔回波高度低，波形为单峰，较稳定。从各个方向探测，反射波的高大致相同，但稍一移动探头就消失，密集气孔会出现一簇反射波，其波高随气孔大小而不同，当探头做定点转动时，会出现此起彼落现象。

2）夹渣

点状夹渣回波信号与点状气孔相似；条状夹渣回波信号多呈锯齿状，由于其反射率低，波幅不高。形状多是树枝状，主峰边上有小峰。探头平移时，波幅有变动，从各个方向探测时，反射波幅不相同。

3）未焊透

由于反射率高（厚板焊缝中该缺陷表面类似镜面反射），波幅均较高。探头平移时，波形较稳定。在焊缝两侧检测时，均能得到大致相同的反射波幅。

4）未熔合

当声波垂直入射该缺陷表面时，回波高度大。探头平移时，波形稳定。两侧检测时，反射波幅不同，有时只能从一侧探到。

5）裂纹

该缺陷回波高度较大，波幅宽，会出现多峰。探头平移时，反射波连续出现，波幅有变动；探头转动时，波峰有上、下错动现象。

在检测中，仪器上常会出现一些非缺陷引起的反射信号，称之为假信号。如探头杂波、仪器杂波、耦合反射、焊角反射、咬边反射、沟槽反射、焊缝错位和上下宽度不一等情况均可能引起假信号。产生的主要原因是焊缝成形结构和仪器灵敏度过高，识别的关键是要熟悉结构,这同样需要实际经验和操作技能。

在纵波直探头超声波检测中,常常还会出现一些其他的信号,如迟到波、三角反射波、61°反射波及其他原因引起的非缺陷回波,这些信号波会影响到缺陷波的正确判别。

2. 假信号

1)迟到波

当纵波直探头置于细长工件或试块上时,扩散纵波波束在侧壁产生波型转换,转换为横波,此横波在另一侧又转换为纵波,最后经底面反射回到探头,被探头接受,从而在一起上出现一个回波,由于转换的横波声程长,波速小,传播时间较直接从底面反射的纵波长,因此,转换后的波总是出现在第一次底波 B_1 之后,故称为迟到波。见图 3-47 所示。

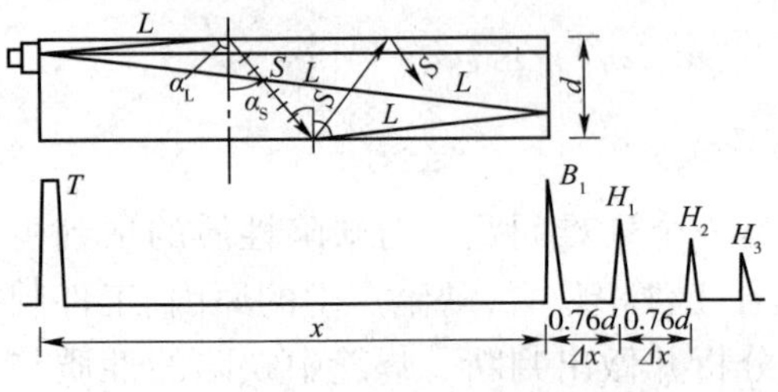

图 3-47 迟到波

2)61°反射波

当探头置于如图 3-48 所示的直角三角形工件时,若纵波入射角与横波反射角的和为 90°,则仪器上会出现位置特定的反射波。

3)三角反射

纵波直探头径向检测圆柱体,由于探头平面与圆柱面接触面积小,使波束扩散角增加,这样扩散波束在圆柱面形成三角反射路径,在仪器上出现多个反射回波,称三角反射。见图 3-49 所示。

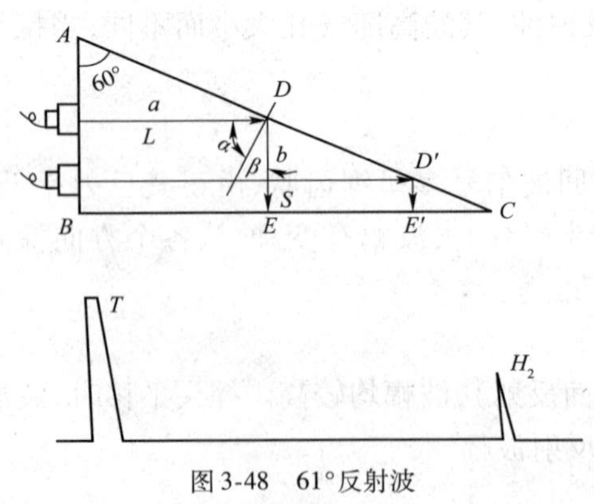

图 3-48 61°反射波

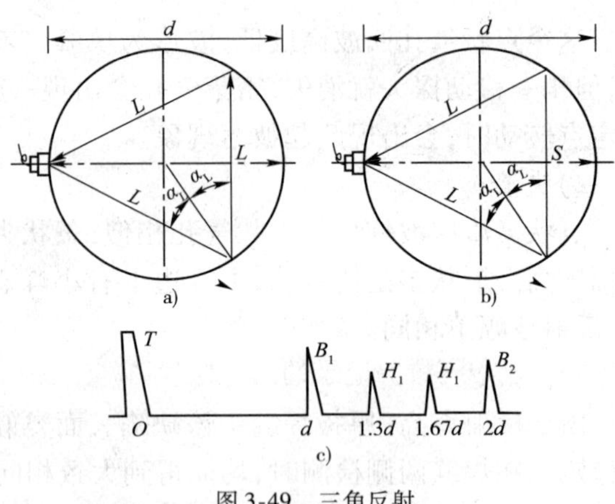

图 3-49 三角反射

(四)缺陷质量等级评定及报告

1. 缺陷质量等级评定

超过评定线的信号应注意其是否具有裂纹等危害性缺陷特征。如有怀疑时,应采取改变探头角度、增加检测面、观察动态波形、结合结构工艺特征做判定。如对波形不能准确判断时,应辅以其他检测方法(例如射线照相法)做综合判定。

根据缺陷的性质、波高、指示长度和分布状态,把焊缝质量分为Ⅰ、Ⅱ、Ⅲ、Ⅳ、Ⅴ级,具体如下:

(1)最大反射波幅位于Ⅱ区(参见图 3-50)的缺陷,根据所测定单个缺陷的指示长度按

表3-6的规定予以评级。

(2)最大反射波幅不超过评定线的缺陷,均评为Ⅰ级。

(3)最大反射波幅超过评定线的缺陷,检验者判定为裂纹等危害性缺陷时,无论波幅和尺寸如何,均评为Ⅴ级。

(4)反射波幅位于Ⅲ区的缺陷,无论其指示长度如何,均评定为Ⅳ级,见表3-31。

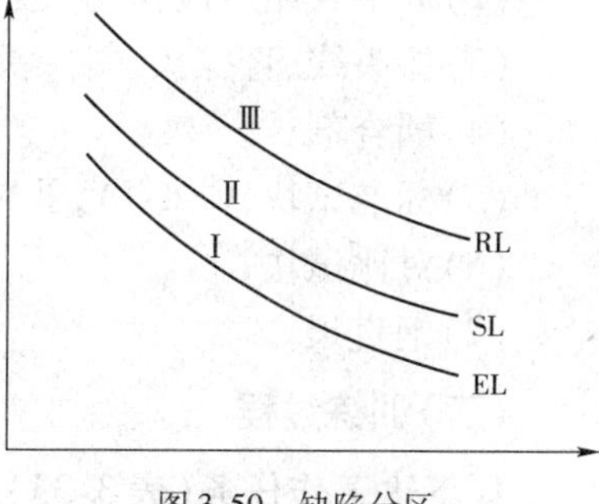

图3-50　缺陷分区

缺陷指示长度小于8mm时按4mm计算。

相邻两个缺陷在一直线上,其间距小于其中较小的缺陷长度时,则以各缺陷长度之和作为单个缺陷的指示长度。

在任意6T或150mm(两者取较小)焊缝长度内多个缺陷的累计长度不应超过表3-32的限值。

单个缺陷评级　　表3-31

评定等级	单个缺陷的允许指示长度
Ⅰ	$T^a/3$,最小[b]8;最大[c]24
Ⅱ	$T/2$,最小12;最大36
Ⅲ	$3T/4$,最小16;最大48
Ⅳ	T,最小20;最大60
Ⅴ	大于Ⅳ级

T^a——被检焊缝母材厚度,两侧母材厚度不同时取较薄侧母材厚度。

最小[b]——指T小于某一厚度时的允许值;如Ⅰ级焊缝,当$T \leqslant 24$mm时,允许单个缺陷指示长度为8mm。

最大[c]——指T大于某一厚度时的上限制;如Ⅰ级焊缝,当$T \geqslant 72$mm时,单个缺陷指示长度不得大于24mm。

多个缺陷累计长度的评级　　表3-32

评定等级	Ⅰ	Ⅱ	Ⅲ	Ⅳ	Ⅴ
累计长度	$2T$	$2.5T$	$3T$	$4T$	大于Ⅳ级

2. 检测记录和报告

记录的目的是为工件无损检测质量评定(编发检测报告)提供书面的依据,并提供质量追踪所需的原始资料。记录的内容应尽可能全面。包括,送检部门、送检日期、检测日期,被检工件名称、图号、零件号、炉批号、工序号及数量,所用标准或说明图表的编号,任何反射波高超过规定质量等级中相应反射体波高的缺陷平面位置、埋藏深度、波高的相对分贝数,以及其他认为必要记录的内容。记录中应有检测人员的签字并编号保存,保存期限按有关的要求确定。

检测报告可采用表格或文字叙述的形式,内容应包括,被检工件名称、图号及编号、检测规程的编号、验收标准、超标缺陷的位置、评定尺寸、评定结论等。报告中最重要的部分是评定结论,需根据显示信号情况和验收标准的规定进行评判。若出现难以判别的异常情况,应在报告中注明,并提请有关部门处理。

二、工作任务训练

(一)训练资料、设备和工具

(1)实训室安全操作规程,探伤标准CB/T 3907—1999,CB/T 3559—2011;

(2)数字式超声波探伤仪器;

(3)探头线、直探头、斜探头;

(4)耦合剂;

(5)标准试块,CSK-IA,ⅡW;

(6)对比试块;

(7)钢直尺。

(二)训练过程

1. 下达工作任务(表 3-33)

表 3-33

<table>
<tr><td>任务名称</td><td colspan="4">评定超声波检测缺陷</td></tr>
<tr><td>任务安排</td><td colspan="4">1. 小组以 4 ~6 人组成,每小组推选一名组长与副组长;
2. 组长总体负责本组人员的任务分工,组织协调完成任务;
3. 副组长负责仪器和资料使用及安全管理等事务;
4. 各成员要相互配合、团结合作、各司其职地完成任务。</td></tr>
<tr><td>任务要求</td><td colspan="4">完成超声波缺陷评定训练。</td></tr>
<tr><td>技术要求</td><td colspan="4">1. 熟悉实训室超声波安全操作规程、船舶标准;
2. 熟悉超声波缺陷评定的过程;
3. 完成超声波缺陷评定,并出具报告。</td></tr>
<tr><td rowspan="2">成员组成</td><td>小组号</td><td></td><td>组长</td><td></td></tr>
<tr><td>副组长</td><td></td><td>组员</td><td></td></tr>
</table>

2. 制定工作计划

1)任务分工(表 3-34)

表 3-34

<table>
<tr><td>小组号</td><td colspan="3"></td></tr>
<tr><td>组长</td><td></td><td>资料借领与归还者</td><td></td></tr>
<tr><td>资料号</td><td colspan="3"></td></tr>
<tr><td colspan="4">分　工　安　排</td></tr>
<tr><td>任务编号</td><td>任务内容</td><td>任务实施者</td><td>结论记录者</td></tr>
<tr><td>1</td><td></td><td></td><td></td></tr>
<tr><td>2</td><td></td><td></td><td></td></tr>
<tr><td>3</td><td></td><td></td><td></td></tr>
<tr><td>4</td><td></td><td></td><td></td></tr>
<tr><td>5</td><td></td><td></td><td></td></tr>
<tr><td>6</td><td></td><td></td><td></td></tr>
</table>

2)实施方案设计

(1)实训的步骤:

①将实训任务进行分解编号,由不同的成员承担完成相应的项目;

②记录实训中心相关步骤；

③小组研究讨论；

④填表，完成实训任务。

(2)注意事项与技术要求：

①熟悉国家标准与规范，船舶专业标准；

②仔细分析和认真掌握超声波缺陷评定的每个操作过程；

③掌握超声波缺陷评定的技能。

3. 实施工作计划，并完成如下记录

1)实施工作计划

(1)布置实训任务；

(2)将实训任务进行分解编号；

(3)研究实训任务，查阅超声波探伤国家标准；

(4)实施超声波缺陷评定；

(5)填表完成实训记录。

2)超声波缺陷评定记录表(表3-35)

表3-35

任务名称	评定超声波检测缺陷				小组号		
组长			组员				
超声波缺陷评定记录表							
序号	检测位置	板厚	坡口	缺陷位置	缺陷指示长度	判定	备注

【任务小结】

一、学生自我评估(表3-36)

表3-36

<table>
<tr><td>实训项目</td><td colspan="5"></td></tr>
<tr><td>小组号</td><td colspan="2"></td><td>任务号</td><td colspan="2">实训者</td></tr>
<tr><td>序号</td><td>检 查 项 目</td><td>分值</td><td colspan="2">要　求</td><td>自 我 评 定</td></tr>
<tr><td>1</td><td>任务完成情况</td><td>40</td><td colspan="2">按要求按时完成实训任务</td><td></td></tr>
<tr><td>2</td><td>实训记录</td><td>20</td><td colspan="2">记录规范、完整</td><td></td></tr>
<tr><td>3</td><td>实训纪律</td><td>20</td><td colspan="2">不在实训场地打闹,无事故发生</td><td></td></tr>
<tr><td>4</td><td>团队合作</td><td>20</td><td colspan="2">服从组长的任务分工安排,能配合小组其他成员工作</td><td></td></tr>
<tr><td colspan="6">实训总结:

小组评分:________　　组长:________　　____年____月____日</td></tr>
</table>

二、教师评定反馈(表3-37)

表3-37

<table>
<tr><td>实训项目</td><td colspan="5"></td></tr>
<tr><td>小组号</td><td colspan="2"></td><td>任务号</td><td colspan="2">实训者</td></tr>
<tr><td>序号</td><td>检 查 项 目</td><td>分值</td><td colspan="2">要　求</td><td>教 师 评 定</td></tr>
<tr><td>1</td><td>资料、设备查阅</td><td>20</td><td colspan="2">资料、设备查阅正确、针对性强</td><td></td></tr>
<tr><td>2</td><td>操作步骤</td><td>20</td><td colspan="2">操作规范正确</td><td></td></tr>
<tr><td>3</td><td>效率检查</td><td>10</td><td colspan="2">按时完成实训</td><td></td></tr>
<tr><td>4</td><td>信息记录</td><td>20</td><td colspan="2">记录规范、完整</td><td></td></tr>
<tr><td>5</td><td>成果检测</td><td>10</td><td colspan="2">成果符合要求</td><td></td></tr>
<tr><td>6</td><td>团队合作</td><td>20</td><td colspan="2">小组各成员能相互配合,协调工作</td><td></td></tr>
<tr><td colspan="6">存在问题:

考核教师:________　　____年____月____日</td></tr>
</table>

【拓展提高】

案例:超声波铸件缺陷评定。

【课后自测】

问答题

1. 探测 100mm 板厚的焊缝,在 150mm 长度范围内发现间距大于 8mm 的缺陷情况如下:

当量 $\phi2$ 一个,长度为 22mm;

当量 $\phi2$-4dB 三个,长度均为 9mm;

当量 $\phi2$-10dB 两个,长度均为 4mm;

问上述缺陷符合 CB/T 3559—2011 标准的几级?

2. 简述纵波探伤时,缺陷定位的方法?

3. 超声波探伤时,常用的定量方法有哪三种,分别用于什么情况?

4. 什么是缺陷的当量尺寸和指示长度?缺陷的指示长度和缺陷当量尺寸与缺陷的实际尺寸有何关系?

5. 探伤时,对缺陷性质的估判应从哪些方面综合分析和判断?

6. 缺陷的定位精度与哪些因素有关?

项目四　磁粉检测

能力要求

1. 熟悉磁粉检测的基本原理与准备过程；
2. 掌握典型工件磁粉检测的方法；
3. 掌握磁粉检测磁痕的记录与评级方法。

工作任务

1. 测试通电导体的磁场；
2. 测试工件 L/D 值对纵向磁化效果的影响；
3. 选择工件磁粉检测方法；
4. 磁粉检测典型工件；
5. 记录磁痕与分析评级。

任务一　测试通电导体的磁场

【任务目标】

1. 熟悉磁粉检测的基本原理与过程；
2. 掌握磁场测量仪器的使用方法；
3. 初步具有测试通电导体磁场的能力。

【任务解析】

1. 工作任务名称：测试通电导体的磁场。

2. 工作任务背景：焊接无损检测。

3. 完成工作任务要达到的技术标准：《船舶钢焊缝磁粉检测、渗透检测工艺和质量分级》CB/T 2598—2004。

4. 完成工作任务所需要的资料：磁粉检测相关的国家标准或资料。

5. 完成工作任务的思路：知识点引导，根据任务要求，团队分工合作，完成技能训练。

6. 工作任务的技能点与知识点：磁粉探伤的基本概念；通电导体周围的磁场分布；掌握磁场测量仪器的使用方法；磁场的计算单位和换算。

【任务实施】

一、相关理论与知识学习

(一)磁粉探伤的基本概念

1. 地磁场

人们居住的地球是一个巨大的磁体,在它的周围存在着一个强大的磁场。如果把一个磁针悬挂起来,使它自由地转动,那么可以发现磁针的一端永远指向北方,而另一端则指向南方。习惯上把指向北方的一端称为北极,指向南方的一端称为南极,分别用 N 和 S 表示。根据同性磁极相斥,异性磁极相吸的原理可以推定,地磁场的南极位于地球的地理北极附近,而地磁场的北极位于地球的地理南极附近。

2. 磁极

把棒状磁铁放在铁屑中滚动一下,在磁铁两端吸引的铁屑最多。见图 4-1 磁铁两场物理学中称为磁铁的磁极。磁铁都有一对磁极(N 极和 S 极)并同时存在于一块磁铁中,即使把磁铁分成无数小磁铁。每一小磁铁同样有 N 极和 S 极。把两块磁铁磁极靠在一起,则同性极相斥的力会使磁铁分开;异性极相吸的力会使磁铁靠近。

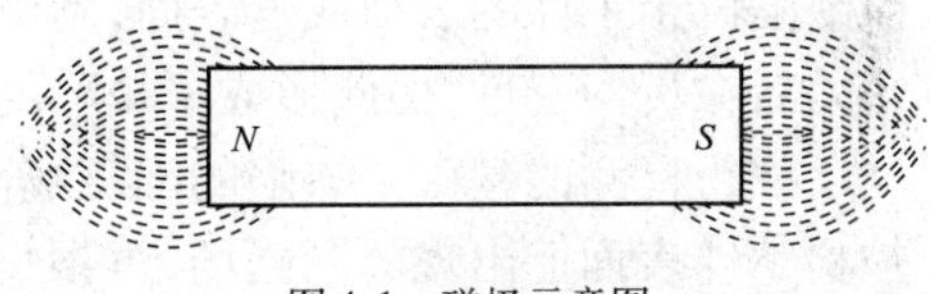

图 4-1　磁极示意图

3. 磁力线

为了能形象地描述磁场,如同在静电场中引入电力线一样,在磁场中引入磁力线。磁力线密的地方表示磁场强,磁力线疏的地方表示磁场弱。

磁力线具有下列特征:

(1)磁力线的方向,表示磁场方向,磁力线上任一点的切线方向和该点的磁场方向一致。

(2)由于磁场中某点的磁场方向是确定的,所以磁场中的磁力线永远不会相交,磁力线的这一特征与电力线相似。

(3)磁体内磁场的磁力线方向从 S 极指向 N 极。

(4)周向磁场的磁力线是沿磁体圆周方向分布的闭合曲线,没有起点也没有终点。

(5)纵向磁场的磁力线,在磁体外从 N 极指向 S 极闭合成磁回路。

(6)磁力线按通过最短路径而闭合。

4. 磁场强度

磁场强度是一个与磁性材料性质无关的物理量,通常是指空气中的磁场强度,用符号 H 表示,定义是:在任何磁性材料中,磁场中某点磁感应强度与该点磁导率 μ 的比值,称为该点的磁场强度,即:$H = B/\mu$;

5. 磁感应强度和磁通量

将原来不具有磁性的铁磁材料放在磁场内,使其内部感生出磁场的物理过程称为磁化。这种铁磁材料内部感应出来的磁场强度叫作磁感应强度,用 B 表示。

磁感应强度和磁场强度一样都是矢量。磁感应强度大小等于穿过垂直于磁感应方向单位面积时的磁感应线的根数,从这个意义是看,磁感应强度也称为磁通密度。

磁感应强度和磁感应线通过有效截面积之间的乘积称为磁通量或磁通。在一个均匀的磁场中,有一个面积 S 的平面,若其法线与磁感应方向的夹角为 θ,那么最大磁通量可由下式(4-1)表达:

$$\phi_n = B \times S \times \cos\theta \tag{4-1}$$

式中:ϕ_n——最大磁通量(Wb);

B——磁感应强度(T);

S——平面的面积(m^2);

θ——平面法线与磁感应方向夹角。

6. 漏磁场

所谓漏磁场是指被磁化的物体内部的磁力线在缺陷或磁路截面发生突变的部位离开或进入物体表面所形成的磁场。

漏磁场的成因在于磁导率的突变。设想一被磁化的工件上存在缺陷。由于缺陷内含的物质一般有远低于铁磁性材料的磁导率,因而造成了缺陷附近磁力线的弯曲和压缩。如果该缺陷位于工件的表面或近表面,则部分磁力线就会在缺陷处逸出工件表面进入空气,绕过缺陷后在折回工件,由此形成了缺陷的漏磁场。

磁粉检测的基础是缺陷的漏磁场与外加磁粉的磁相互作用,即通过磁粉的聚集来显示被检工件表面上出现的漏磁场,再根据磁粉聚集形成的磁痕的形状和位置分析漏磁场的成因并评价缺陷。磁粉探伤的缺陷检测灵敏度,从根本上来讲取决于由缺陷所形成的漏磁场强度。一般来讲,漏磁场强度越大。缺陷的检测灵敏度越高。

影响漏磁场强度的因素很多,概括起来有如下几点:

1)外加磁场强度

铁磁材料磁化时,所施加的磁场强度大,材料中产生的磁感应强度也相应增大,磁力线密度就越高,被垂直于磁力线方向的缺陷切割的磁力线也越多,那么形成的漏磁场强度将随之而增加。因此,在磁饱和范围内外加磁场强度越大,漏磁场强度也越大。

2)材料的磁导率

从材料的磁滞回线上可以看出,材料的磁导率高,则工件易被磁化,在一定的外加磁场强度下,在材料中所产生的磁感应强度增大,由缺陷所形成的漏磁场强度也将增大。即材料的磁导率越高,漏磁场强度就越大。

3)缺陷的埋藏深度

当缺陷位于材料表面时,那么被弯曲的磁力线越接近材料表面,磁力线溢出材料表面的可能性越大。随着缺陷埋藏深度的增加,被溢出表面的磁力线迅速减少,到一定的程度,在材料表面不形成漏磁场而仅改变材料内部磁力线的方向,即缺陷埋藏深度越小,漏磁场强度越大。

4)缺陷方向

当缺陷的方向与磁力线方向垂直时,能最有效地切割磁力线,使更多的磁力线弯曲溢出材料表面形成漏磁场。如缺陷的方向完全平行于磁力线的方向,则使磁力线在材料内部可能仍按正常状态分布,材料表面就无法形成漏磁场。由此可见,缺陷方向完全垂直于磁力线方向时所形成的漏磁场强度最大。

5）缺陷内部介质的磁导率

若缺陷内部含有铁磁材料的成分。即使缺陷方向垂直于磁力线方向，在外加磁场作用下将与工件材料一起被磁化。这样就不会在材料表面形成漏磁场。从中可以看出，缺陷内部介质的磁导率与工作材料的磁导率相差越大，所形成的漏磁场强度越大。

一般来讲，铁磁材料的表面和近表面缺陷内部介质的磁导率总是远远小于工件材料的磁导率。所以，对工件磁化时，缺陷一般不会被磁化，而只会阻挡磁力线形成漏磁场。

6）缺陷的尺寸和形状

缺陷的尺寸（沿工件厚度方向上的尺寸）越大，切割的磁力线也越多，就容易形成漏磁场。由此可推断缺陷尺寸越大，所形成的漏磁场强也越大。

缺陷的形状（表面缺陷开口的宽度与沿工件厚度方向上尺寸的比值）：如缺陷沿工件厚度方向上尺寸很小，但其宽度却较大时，由于切割磁力线的多少主要取决于缺陷沿工件厚度方向上的尺寸，所以磁力线通道阻塞不严重，从而减弱了漏磁场强度。另外，加缺陷的宽度较大，虽有一部分磁力线被溢出材料表面，但由于空气的磁阻极大，磁力线也无法跨越这一鸿沟。一般来讲，当缺陷的宽度与沿工件厚度方向的尺寸之比大于 1 时，所形成的漏磁场强度将明显减小。

7. 磁粉探伤适用范围

（1）适用于检测铁磁性材料（如 16MnR、20g、30CrMnSiA）工件表面和近表面尺寸很小、间隙极窄（如可检测出长 0.1mm、宽为微米级的裂纹）和目视难以看出的缺陷；

（2）适用于检测马氏体不锈钢和沉淀硬化不锈钢材料（如 Cr17Ni7、T91/P91），但不适用于检测奥氏体不锈钢材料（如 1Cr18Ni9、1Cr18Ni9Ti）和用奥氏体不锈钢焊条焊接的焊接接头，也不适用于检测铜、铝、镁、钛合金等非磁性材料；

（3）适用于检测未加工的铁磁性原材料（如钢坯）和加工的半成品、成品件及在役与使用过的工件及特种设备或零部件；

（4）适用于检测管材、棒材、板材、型材和锻钢件、铸钢件及焊接件；

（5）适用于检测工件表面和近表面的裂纹、白点、发纹、折叠、疏松、冷隔、气孔和夹杂等缺陷，但不适用于检测工件表面浅而宽的划伤、针孔状缺陷、埋藏较深的内部缺陷和延伸方向与磁力线方向夹角小于 20°的缺陷。

（二）通电导体的磁场测试原理

通电导体内部和周围存在着磁场，其形状为垂直导体轴线并以轴线各点为圆心，绕轴线旋转同心圆。其大小和通过导体的电流强度成正比，和离导线轴线的距离成反比，即

$$B = 1.9 \times 10^{7} \frac{I}{R} \tag{4-2}$$

式中：B——空气中的磁感应强度，T；

I——通过导体的电流，A；

R——空间一点到导体轴线的距离，m。

导体周围空间磁场的测量采用特斯拉计进行，其原理是通过霍尔元件上的磁场可使元件上产生电势差，且不同的磁场大小产生的电势差也不等，它们具有一定的对应关系；将该电势差接收处理后在特斯拉计上以磁场强度的形式显示出来。

通电导体的磁场测试方法如下:

(1)将铜棒夹紧于探伤机两夹头上。

(2)将CT3特斯拉计接通电源,将测量传感器(即霍尔元件)和仪器连接好。

(3)调整CT3零点和校正点,根据测量值预计的大小,从大到小选择好测量档位。

(4)将测量传感器元件的平面垂直于磁场方向放置,并按表4-1中要求的电流和距离数据,依次地从小到大,从近到远进行测量。

记录测量结果和测试中发生的现象。将测试结果填入表4-1中。

通电导体周向测试结果　　表4-1

I/A B/T R/m	200	500	800	1100	1400	2000
0.02 0.05 0.1 0.15 0.2						

注:测量中应避免霍尔元件磕碰到工件或其他物体上,同时在使用特斯拉计时在转换测量档位时,必须重新对仪器进行校正。

二、工作任务训练

(一)训练资料、设备和工具

(1)磁粉探伤机一台,其额定电流为2000~3000A;

(2)特斯拉计(CT3)一台;

(3)铜棒ϕ20mm×300mm一根。

(二)训练过程

1. 下达工作任务(表4-2)

表4-2

任务名称	测试通电导体的磁场			
任务安排	1. 小组以4~6人组成,每小组推选一名组长与副组长; 2. 组长总体负责本组人员的任务分工,组织协调完成任务; 3. 副组长负责仪器和资料使用及安全管理等事务; 4. 各成员要相互配合、团结合作、各司其职地完成任务。			
任务要求	完成通电导体的磁场测试。			
技术要求	掌握磁场测量仪器的使用。			
成员组成	小组号		组长	
	副组长		组员	

2. 制定工作计划

1）任务分工表（表4-3）

表4-3

小组号			场地号		
组长			仪器归还者		
仪器号					
分　工　合　作					
序号	操作者	观察者	记录或计算者	协助者	
1					
2					
3					
4					
5					

2）实施方案设计

（1）实训的步骤：

①熟悉磁粉检测方法与有关标准；

②将实训任务进行分解编号，由不同的成员承担完成不同的训练项目；

③记录实训过程中的测试结果；

④小组研究讨论；

⑤填表，完成实训任务。

（2）注意事项与技术要求：

①熟悉磁粉检测的设备、技术标准；

②熟悉磁粉探伤机等设备构造、安全操作规程；

③掌握磁粉探伤机等构造与操作方法。

3. 实施工作计划，并完成相应记录

实施工作计划步骤：

（1）布置实训任务；

（2）将实训任务进行分解编号；

（3）研究实训任务，查阅检测方法、设备仪器和标准；

（4）进行通电导体的磁场测试；

（5）填表完成实训任务。

【任务小结】

一、学生自我评估(表 4-4)

表 4-4

实训项目					
小组号			任务号		实训者
序号	检查项目	分值	要求		自我评定
1	任务完成情况	40	按要求按时完成实训任务		
2	实训记录	20	记录规范、完整		
3	实训纪律	20	不在实训场地打闹,无事故发生		
4	团队合作	20	服从组长的任务分工安排,能配合小组其他成员工作		
实训总结: 小组评分:________ 组长:________ ____年____月____日					

二、教师评定反馈(表 4-5)

表 4-5

实训项目					
小组号			任务号		实训者
序号	检查项目	分值	要求		自我评定
1	资料查阅		资料查阅正确、针对性强		
2	条件分析		分析正确		
3	效率检查		按时完成实训		
4	信息记录		记录规范、完整		
5	成果检测		成果符合要求		
6	团队合作		小组各成员能相互配合,协调工作		
存在问题: 考核教师:________ ____年____月____日					

【课后自测】

问答题

1. 磁场强度、磁感应强度和磁通量的定义分别是什么?

2. 影响漏磁场强度的因素有哪些?

3. 简述通电导体的磁场测试原理。

任务二 测试工件 *L/D* 值对纵向磁化效果的影响

【任务目标】

1. 了解工件纵向磁化时产生反磁场的原理;

2. 了解工件 *L/D* 值对磁化效果的影响;

3. 初步具有用 A 型试片测试技术确定反磁场影响的能力。

【任务解析】

1. 工作任务名称:测试工件 *L/D* 值对纵向磁化效果的影响。

2. 工作任务背景:焊接无损检测。

3. 完成工作任务要达到的技术标准:《船舶钢焊缝磁粉检测、渗透检测工艺和质量分级》CB/T 2598—2004。

4. 完成工作任务所需要的资料:磁粉检测相关的国家标准或资料。

5. 完成工作任务的思路:知识点引导,根据任务要求,团队分工合作,完成技能训练。

6. 工作任务的技能点与知识点:工件纵向磁化时产生反磁场的原理;工件 *L/D* 值对磁化效果的影响;用 A 型试片测试技术确定反磁场影响。

【任务实施】

一、相关理论与知识学习

(一)磁化方法

不同的磁化方法会产生不同的磁场方向。为了发现各种方向的不连续,就应在被检测零件上建立各个方向磁场。通常用来产生这些磁场的方法有:周向磁化法、纵向磁化法和复合磁化法。

1. 周向磁化法

1)直接通电法

把零件直接夹在磁粉探伤机的两个夹头之间,磁化时,电流直接沿零件轴向通过产生周向磁场,即直接通电法,如图 4-2 所示。适用于实心构件,而对于空心构件,零件内表面磁感应强度为零,不能使用这种方法。

2)中心导体法

空心零件一般都采用中心导体法进行周向磁化。用一根非磁性导体穿过空心零件并直接夹在磁粉探伤机的两个夹头之间通电磁化而产生周向磁场的方法,称为中心导体法,也称穿棒法,如图 4-3 所示。该方法可以检测空心零件的内表面检查。

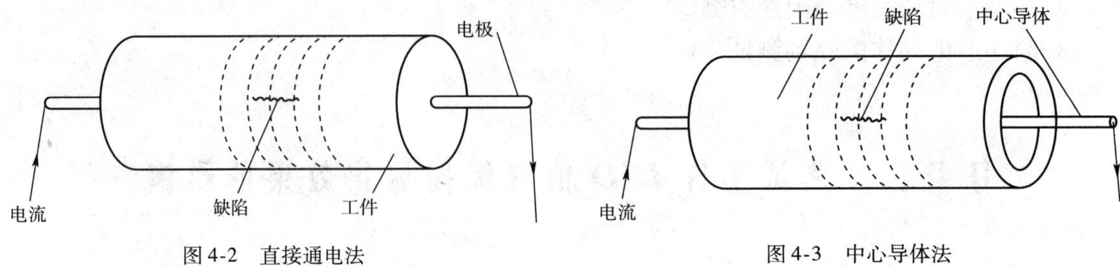

图 4-2　直接通电法

图 4-3　中心导体法

3)平行电缆法

用与被检区域(例如焊缝)平行的电缆做周向磁化可以检验该区域存在的纵向裂纹。采用这种方法磁化工件时,为避免有效磁场被干扰,应注意让返回电流的电缆尽可能远离被检区域,该距离应大于被检区域宽度的 10 倍。

平行电缆法的优点是可以用 300 ~ 500A 的交流弧焊机替代专用的磁粉检测电源,但每次通电时间不宜超过 2 ~ 3s 观察磁痕显示也应在断电后进行。

4)触头法

也称作支杆法,在零件形状复杂或位置不容许采用上述磁化方法时,可以直接使用两根带电支杆直接与零件接触产生周向磁场,从而进行检测的方法,如图 4-4 所示。

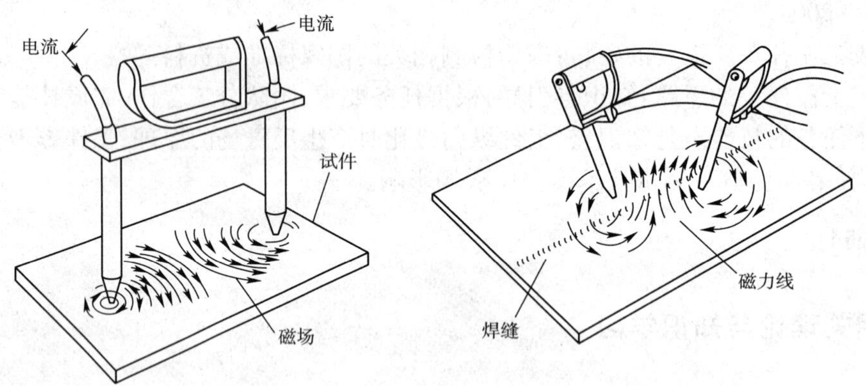

图 4-4　触头法

触头法在钢板上形成的感应磁场中,两触点连线上的磁场强度最大。采用触头法做局部检测时,应根据被测部位的实际情况及灵敏度要求确定触点间距和电流的大小,为避免因缺陷取向不利造成的漏检,对同一被检部位应通过改变触点连线方位的方法,至少进行两次相互垂直的检测。为保证人身安全,触头法检测的开路电压不应超过 24V。触头在接触和离开被检表面时,必须先通过触头手柄上的遥控开关断电,以避免因起弧烧伤触点部位。

2. 纵向磁化

纵向磁化的目的是用环绕被检工件或磁轭铁心的励磁线圈在工件中建立起沿其轴向分布的纵向磁场,以发现取向基本与工件轴向垂直的缺陷。对被检工件做纵向磁化的方法有多种,其中较常用的是磁轭法和线圈法。

1)磁轭法

将电磁轭或永久磁轭的两极与被检工件相互接触,即可对其做整体的或局部的纵向磁化。如果被检工件的两个端面能够被夹持在磁轭的两极之间,形成闭合的磁路,可以对其做整体纵向磁化。反之则可以利用磁轭对被检工件做局部磁化。做局部磁化时,磁轭两极间的磁力线大致与两极的连线平行,可以检出取向基体与两极连线垂直的缺陷。磁轭的有效检测范围与设备性能、检测条件及工件的形状有关,一般情况下是以两极连线为短轴的椭圆形,如图4-5所示。

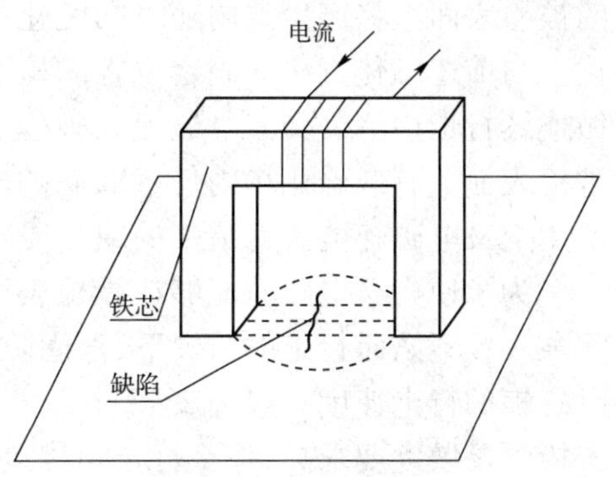

图4-5 磁轭法

便携式交流电磁轭设备简单,操作方便,被广泛用于大型结构件的磁粉检测。在检测过程中,磁极间距应该控制在50~200mm以内。检测区域应限制在磁极连线两端相当于1/4最大磁极间距的范围内。为了能检出各种取向的缺陷,在同一被检部位必须做至少两次方位相互垂直的检测。移动磁轭时,有效磁化区域应至少重叠25mm以上,以避免缺陷漏检。

2)线圈法

用螺旋管线圈对被检工件纵向磁化的方法称为线圈法,如图4-6所示。用线圈法可以对管道环焊缝做磁粉检测,方法是用电缆在被检焊缝的附近缠绕4~6匝以进行纵向磁化。用这种磁化方法可以发现焊缝及其热影响区内的纵向裂纹。

3. 复合磁化

考虑到工件上实际存在的缺陷可能有各种取向,因此为避免缺陷的漏检,就需要至少在两个相互垂直的方向上磁化被检工件。采用前述的磁化方法要分两次完成这一过程,检测速度很慢。复合磁化可将这两次磁化过程合二为一,即同时在被检工件上施加两个或两个以上不同方向的磁场,其合成磁场的方向在被检区域内随着时间变化,经一次磁化就能检出各种不同取向的缺陷。常用的方法有:矢量磁场法、直流纵向和交流周向的复合磁化法以及交叉线圈复合磁化法(旋转磁场)(图4-7)等方式。

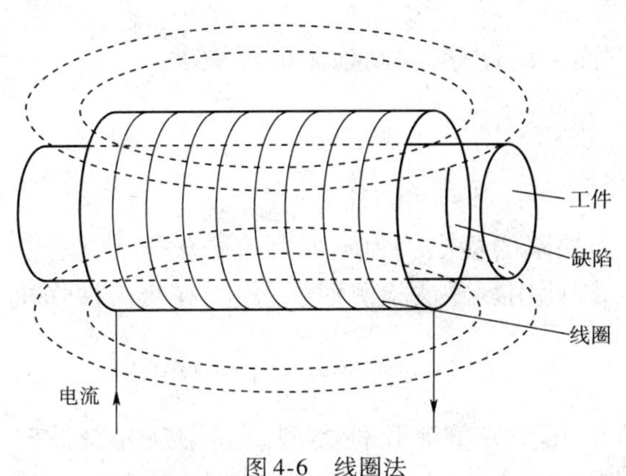

图4-6 线圈法

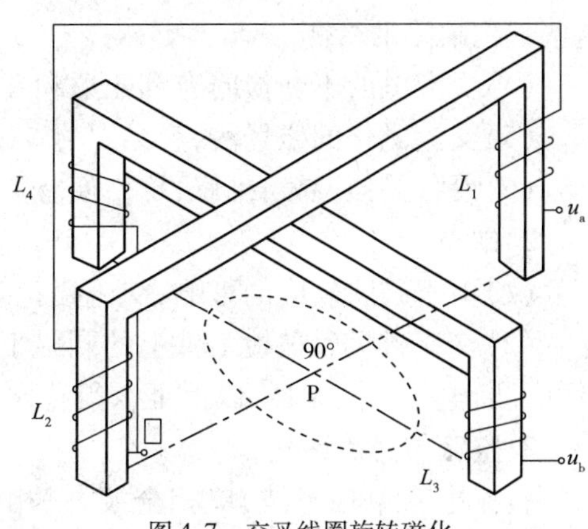

图4-7 交叉线圈旋转磁化

在多种复合磁化方法中,交叉电磁轭交叉构成,交叉角度一般为90°。用幅值相等,相位相差120°的交流电分别对两个单磁轭励磁。由磁场的矢量叠加原理可知,在四个磁极包围的被检表面上将产生方向随时间变化的椭圆形旋转磁场,为此又称这种磁化方法为旋转磁化。与前述磁化方法的固定位置的检测方式不同,使用交叉电磁轭时通常是在被检表面上做连续行走检测。交叉电磁轭在被检工件上移动,实际上是椭圆形旋转磁场的移动。由于被检表面上有效磁化场内任意取向的缺陷都有与旋转磁场最大幅值方向正交的机会,因此使用交叉电磁轭能获得最强的缺陷漏磁场。

为了使交叉电磁轭能够在被检表面上连续行走,磁极的端面与被检表面之间留有一定间隙。在不妨碍行走的前提下,该间隙越小越好,以避免在间隙处产生过大的漏磁场。交叉电磁轭的行走速度一般为2~3m/min。在实际检测中,可以根据具体情况酌定,一般原则是若检测灵敏度要求高,那么行走速度就要相应减慢。以期能较为简便地达到发现各个方向的缺陷。

4. 磁化方法的选择

磁粉探伤时应选择合适的磁化方法对工件进行磁化,磁化方法选择应考虑下列几点:

(1)缺陷的方向;

(2)缺陷的埋藏深度;

(3)工件的形状、尺寸和材料;

(4)探伤现场的条件。

(二)磁化电流

磁粉检测使用的磁化电流有交流、直流及整流电等几种。

1. 交流磁化

1)优点

交流电在磁粉检测中有着最为广泛的应用,这是因为有以下优点:

(1)交流电的趋肤效应应能提高磁粉检测检验表面缺陷的灵敏度。

(2)只有使用交流电才能在被检工件上建立起方向随时间变化的磁场,实现复合磁化。

(3)与直流磁化相比,交流磁场在被检工件截面变化部位的分布较为均匀,更有利于对这些部位缺陷的检测。

(4)交流电的不断换向有利于磁粉在被检表面上的迁移,提高检测的灵敏度。

(5)交流磁化的磁场浅,容易退磁。

(6)设备简便,易于维修,价格便宜。

2)缺点

(1)由于趋肤效应的影响,交流磁化对近表面缺陷的检出能力不如直流磁化强。

(2)交流磁化后被检工件上的剩磁不稳定。因此用剩磁法检测时,一般需在交流探伤机上加配断电相位控制器,以保证获得稳定的剩磁。

2. 整流与直流磁化

整流电有单相半波、单相全波、三相半波和三相全波整流几种类型。其中三相全波整流已经很接近纯直流电。在这几种整流电中,随着电流波型脉动程度的减小,其磁场的渗透能力增强，可检出缺陷的埋藏深度随之增大。相比之下，直流磁化可检出的缺陷的埋藏深度最大。用整流或直流磁化被检工件均可获得稳定的剩磁，但检测以后退磁也比较困难，彻底退磁需要使用专用的超低频退磁设备。此外，在整流或直流磁化的被检工件的截面突变部位，容易出现磁化不足或过量磁化现象，由此易造成这些部位缺陷的漏检。

3. 磁化规范

为获得较高的磁粉检测灵敏度，在被检工件上建立的磁场就必须具有足够的强度。使用电磁轭的纵向磁场进行检测时，可以通过测量其提升力确定被磁化区域的磁场强度是否满足要求。当使用最大的磁极间距时，要求交流电磁轭至少应具有 44N 的提升力：直流电磁轭至少应具有 177N 的提升力。

使用触头法的周向磁场进行检测时，电极间距控制在 75～200mm 之间。此时推荐使用的磁化电流表见表 4-6。

磁 化 电 流 选 择　　表 4-6

材 料 厚 度	电流值/电极间距(A/mm)
$T<19$	3.5～4.5
$T\geqslant19$	4～5

用交流励磁的缠绕电缆法检测时，实际需要的安匝数（NI）要使用人工缺陷试板或磁场指示器测定。

4. 系统性能与灵敏度评价

在磁粉检测中，要使用标准试板、试环和磁场指示器评价磁粉检测系统的综合性能及检测的灵敏度。其中试板和试环主要用于评价磁粉检测系统的综合性能，并间接地考察检测的操作方法是否合理。磁场指示器除具有上述用途以外，还可以定性地反映被检表面的磁场分布特征，确定磁粉检测的磁化规范。

1）标准试片

（1）标准试片主要用于检验磁粉检测设备、磁粉和磁悬液的综合性能，了解被检工件表面有效磁场强度和方向、有效检测区以及磁化方法是否正确。标准试片有 A_1 型、C 型、D 型和 M_1 型。其规格、尺寸和图形见表 4-7。A_1 型、C 型和 D 型标准试片应符合 JB/T 6065 的规定。

（2）磁粉检测时一般应选用 A_1-30/100 型标准试片。当检测焊缝坡口等狭小部位，由于尺寸关系，A_1 型标准试片使用不便时，一般可选用 C-15/50 型标准试片。为了更准确地推断出被检工件表面的磁化状态，当用户需要或技术文件有规定时，可选用 D 型或 M_1 型标准试片。

（3）标准试片使用方法：①标准试片适用于连续磁化法，使用时，应将试片无人工缺陷的面朝外。为使试片与被检面接触良好，可用透明胶带将其平整粘贴在被检面上，并注意胶带不能覆盖试片上的人工缺陷；②标准试片表面有锈蚀、褶折或磁特性发生改变时不得继续使用。

标准试片的类型、规格和图形　　表 4-7

类　型	规格：缺陷槽深/试片厚度（μm）		图形和尺寸（mm）
A_1 型	A_1 -7/50		
	A_1 -15/50		
	A_1 -30/50		
	A_1 -15/100		
	A_1 -30/100		
	A_1 -60/100		
C 型	C -8/50		
	C -15/50		
D 型	D -7/50		
	D -15/50		
M_1 型	ϕ12mm	7/50	
	ϕ9mm	15/50	
	ϕ6mm	30/50	
注：C 型标准试片可剪成 5 个小试片分别使用。			

2）检测试板

通过观察如图 4-8 所示试板上最浅的磁痕可以比较和评定用磁轭法或触头法检测时，磁粉材料与检测系统的灵敏度，试板的厚度、宽度和长度可以根据实际需要变更。试板材料应与被检材料相同，所有低合金钢材料可用一种低合金钢材料代替。被检材料厚度在 19mm 以下时，试板厚度应在 6.4mm以内；被检材料厚度在 19mm 以上时，试板厚度取为 19mm。试板上的 10 个小槽用电火花切割机床加工，每个槽长 3mm。第一个槽深 0.125mm，其他各槽依次按 0.125mm 的增量加深，第十个槽深 1.25mm。小槽宽 0.125 ±0.025mm。小槽内用环氧树脂一类的不导电材料填满。

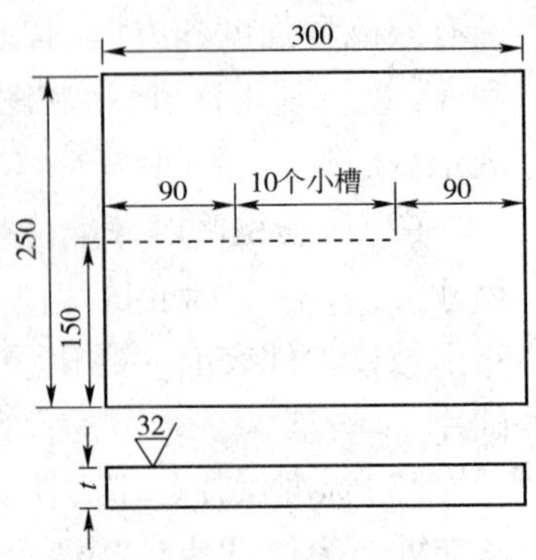

图 4-8　磁粉检测系统性能测试板

3）试环

通过观察如图4-9所示的人工缺陷试环上显示的缺陷磁痕，可以比较和评定用中心导体法及直流或全波整流励磁检测时，磁粉材料与检测系统的灵敏度。试环的材料为MnCrWV冷作模具钢，硬度为90～95HRC。试板上依次排列着12个ϕ1.8mm的通孔。第一个通孔中心至试环外缘的距离（D）为21.6mm。测试时，用直径约为32mm的铜质中心导体对试环做周向磁化。在不同的磁化电流下，若磁痕数目达不到规范中的规定值，就应校正所采用的检测系统。

4）磁场指示器

磁场指示器是一种用于表示被检工件表面磁场方向、有效检测区以及磁化方法是否正确的一种粗略的校验工具，但不能作为磁场强度及其分布的定量指示。其几何尺寸如图4-10所示。

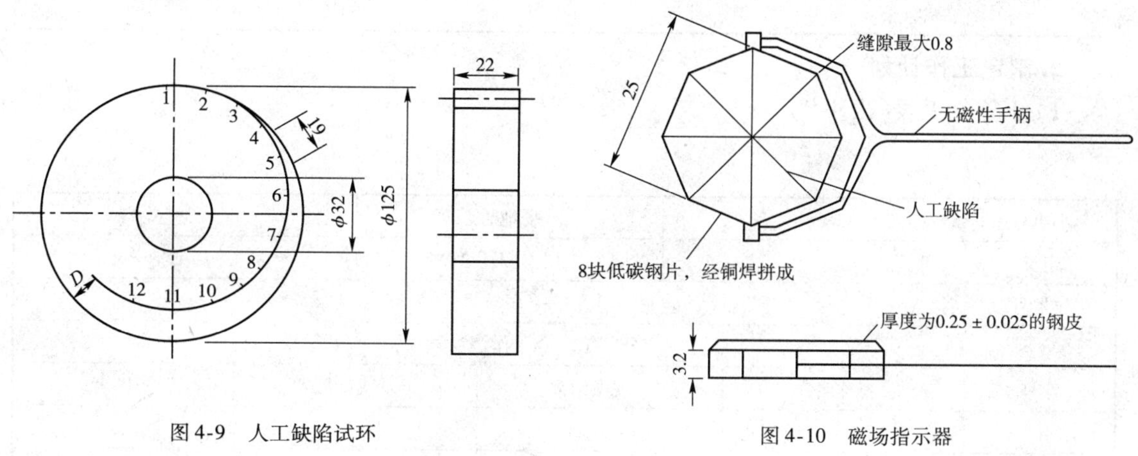

图4-9　人工缺陷试环

图4-10　磁场指示器

（三）测试原理

具有一定长度的工件放到线圈中进行纵向磁化，因为工件中退磁因子的影响将产生反磁场，使施加的外磁场减弱。其减弱程度同工件长度L和工件截面直径D之比（即L/D）有关，L/D越大，反磁场越小；反之L/D越小，则反磁场越大。

利用A型灵敏度试片进行反磁场定性认识的测试，是基于选定的A试片测试的试件为同种材料和相同外径情况下，其刻槽的磁痕显示的有效磁场是相对稳定的。这样就可以对A试片的磁场分析，来确定反磁场大小。

二、工作任务训练

（一）训练资料、工具和设备

（1）带磁化线圈的磁粉探伤机1台；

（2）试棒4个，用20退火钢制作，规格分别为ϕ40mm×400mm（1号），ϕ40mm×160mm（2号），ϕ40mm×80mm（3号）和ϕ40mm×40mm（4号）。

(二)训练过程

1. 下达工作任务(表4-8)

表4-8

<table>
<tr><td>任务名称</td><td colspan="4">测试工件 L/D 值对纵向磁化效果的影响</td></tr>
<tr><td>任务安排</td><td colspan="4">1. 小组以4~6人组成,每小组推选一名组长与副组长;
2. 组长总体负责本组人员的任务分工,组织协调完成任务;
3. 副组长负责仪器和资料使用及安全管理等事务;
4. 各成员要相互配合、团结合作、各司其职地完成任务。</td></tr>
<tr><td>任务要求</td><td colspan="4">完成工件 L/D 值对纵向磁化效果的影响测试。</td></tr>
<tr><td>技术要求</td><td colspan="4">掌握用A型试片测试技术确定反磁场影响的方法。</td></tr>
<tr><td rowspan="2">成员组成</td><td>小组号</td><td></td><td>组长</td><td></td></tr>
<tr><td>副组长</td><td></td><td>组员</td><td></td></tr>
</table>

2. 制定工作计划

1)任务分工表(表4-9)

表4-9

<table>
<tr><td>小组号</td><td colspan="2"></td><td>场地号</td><td></td></tr>
<tr><td>组长</td><td colspan="2"></td><td>仪器归还者</td><td></td></tr>
<tr><td>仪器号</td><td colspan="4"></td></tr>
<tr><td colspan="5">分 工 合 作</td></tr>
<tr><td>序号</td><td>操作者</td><td>观察者</td><td>记录或计算者</td><td>协助者</td></tr>
<tr><td>1</td><td></td><td></td><td></td><td></td></tr>
<tr><td>2</td><td></td><td></td><td></td><td></td></tr>
<tr><td>3</td><td></td><td></td><td></td><td></td></tr>
<tr><td>4</td><td></td><td></td><td></td><td></td></tr>
<tr><td>5</td><td></td><td></td><td></td><td></td></tr>
</table>

2)实施方案设计

(1)实训的步骤:

①熟悉磁粉检测方法与有关标准;

②将实训任务进行分解编号,由不同的成员承担完成不同的训练项目;

③记录实训过程中的测试结果;

④小组研究讨论;

⑤填表,完成实训任务。

(2)注意事项与技术要求:

①熟悉磁粉检测的设备、技术标准;

②熟悉磁粉探伤机等设备构造、安全操作规程;

③掌握磁粉探伤机等构造与操作方法。

3. 实施工作计划,并完成相应记录

实施工作计划步骤:

(1)布置实训任务;

(2)将实训任务进行分解编号;

(3)研究实训任务,查阅检测方法、设备仪器和标准;

(4)将 A_2 试片贴于 1 号试棒外圆中间位置,试棒放置于线圈中心,轴线相互重合,线圈通电使试棒磁化。观察试片磁痕显示直到清晰完整的显示磁痕,记录此时的充磁电流,并根据公式 $B = 125\dfrac{NI}{L}\cos a$ 计算线圈中心磁场强度;

(5)按以上办法分别对 2、3 和 4 号试棒测量并计算磁场,记录测试结果,见表 4-10;

试件 *L/D* 值对纵向磁化的影响　　表 4-10

试棒编号	1	2	3	4
试棒规格(mm)	$\phi40 \times 400$	$\phi40 \times 160$	$\phi40 \times 80$	$\phi40 \times 40$
试棒 *L/D* 值	10	4	2	1
试片型号规格	A_2	A_2	A_2	A_2
试片显示电流(A)				
线圈中心磁场(T)				

(6)填表完成实训任务。

【任务小结】

一、学生自我评估(表 4-11)

表 4-11

<table>
<tr><td>实训项目</td><td colspan="5">测试工件 L/D 值对纵向磁化效果的影响</td></tr>
<tr><td>小组号</td><td colspan="2"></td><td>任务号</td><td></td><td>实训者</td></tr>
<tr><td>序号</td><td>检 查 项 目</td><td>分值</td><td colspan="2">要　求</td><td>自 我 评 定</td></tr>
<tr><td>1</td><td>任务完成情况</td><td>40</td><td colspan="2">按要求按时完成实训任务</td><td></td></tr>
<tr><td>2</td><td>实训记录</td><td>20</td><td colspan="2">记录规范、完整</td><td></td></tr>
<tr><td>3</td><td>实训纪律</td><td>20</td><td colspan="2">不在实训场地打闹,无事故发生</td><td></td></tr>
<tr><td>4</td><td>团队合作</td><td>20</td><td colspan="2">服从组长的任务分工安排,能配合小组其他成员工作</td><td></td></tr>
<tr><td colspan="6">实训总结:

小组评分:________　　组长:________　　____年____月____日</td></tr>
</table>

二、教师评定反馈(表4-12)

表4-12

实训项目	测试工件 L/D 值对纵向磁化效果的影响				
小组号			任务号		实训者
序号	检 查 项 目	分值	要　求	自 我 评 定	
1	资料查阅		资料查阅正确、针对性强		
2	条件分析		分析正确		
3	效率检查		按时完成实训		
4	信息记录		记录规范、完整		
5	成果检测		成果符合要求		
6	团队合作		小组各成员能相互配合,协调工作		
存在问题:					
考核教师:________				____年____月____日	

【课后自测】

问答题

1. 通常用来使用工件磁化的方法如何选择?
2. 磁粉检测使用的磁化电流分别有哪些?
3. 如何评价磁粉检测系统的综合性能及检测的灵敏度?

任务三　选择工件磁粉检测方法

【任务目标】

1. 熟悉工件磁粉检测的基本原理;
2. 掌握白光照度和紫外线辐照度的质量控制标准;
3. 了解 A 型灵敏度试片的刻痕显示与所施加磁场的关系;
4. 初步具有白光照度和紫外线光(黑光)照度的测定的能力。

【任务解析】

1. 工作任务名称:选择工件磁粉检测方法。

2. 工作任务背景:焊接无损检测。

3. 完成工作任务要达到的技术标准:《船舶钢焊缝磁粉检测、渗透检测工艺和质量分级》CB/T 2598—2004。

4. 完成工作任务所需要的资料:磁粉检测相关的国家标准或资料。

5. 完成工作任务的思路:知识点引导,根据任务要求,团队分工合作,完成技能训练。

6. 工作任务的技能点与知识点:磁粉检测方法分类与应用;白光照度和紫外线光(黑光)照度的测定;灵敏度标准试片使用试验。

【任务实施】

一、相关理论与知识学习

1. 检测方法分类

根据不同的分类条件,磁粉检测方法的分类如表 4-13 所示。

磁粉检测方法分类　　表 4-13

分 类 条 件	磁 粉 检 测 方 法
施加磁粉的载体	干法(荧光、非荧光)、湿法(荧光、非荧光)
施加磁粉的时机	连续法、剩磁法
磁化方法	轴向通电法、触头法、线圈法、磁轭法、中心导体法、交叉磁轭法

1)干法

用干燥磁粉(粒度范围以 10 ~ 60μm 为宜)进行磁粉检测的方法称为干法。干法常与电磁轭或电极触头配合,广泛用于大型铸、锻件毛坯及大型结构件焊接的局部磁粉检测。用干粉检测时,磁粉与被检工件表面先要充分干燥,然后用喷粉器或其他工具将呈雾状的干燥磁粉施于被检工件表面,形成薄而均匀的磁粉覆盖层,同时用干燥的压缩空气吹去局部堆积的多余磁粉。此时应注意控制好风压、风量及风口距离,不能干扰真正的缺陷磁痕。观察磁痕应与喷粉和去除多余磁粉的操作同时进行,观察完磁痕后再撤除外磁场。

干法通常用于交流和半波整流的磁化电流或磁轭进行连续法检测的情况,采用干法时,应确认检测面和磁粉已完全干燥,然后再施加磁粉。磁粉的施加可采用手动或电动喷粉器以及其他合适的工具来进行。磁粉应均匀地撒在工件被检面上。磁粉不应施加过多,以免掩盖缺陷磁痕。在吹去多余磁粉时不应干扰缺陷磁痕。

2)湿法

磁粉(粒度范围以 1 ~ 10μm 为宜)悬浮在油、水或其他载体中进行磁粉检测的方法称为湿法。与干法相比较,湿法具有更高的检测灵敏度,特别适合于检测如疲劳裂纹一类的细微缺陷。湿法检测时,要用浇、浸或喷的方法将磁悬液施加到被检表面上。浇磁悬液的液流要微弱;浸磁悬液要掌握适当的浸没时间。二者比较,湿法的检测灵敏度较高。

使用水磁悬液时,若施加在被检工件表面上的磁悬液薄膜能保持连续并覆盖上全部被检表面,这表明水中已含有足够的润湿剂。反之,需要在水中加入更多的润湿剂,但注意不能让磁悬液的 pH 值超过 10.5。

湿法主要用于连续法和剩磁法检测。采用湿法时,应确认整个检测面被磁悬液湿润后,再施加磁悬液。磁悬液的施加可采用喷、浇、浸等方法,不宜采用刷涂法。无论采用哪种方法,均不应使检测面上磁悬液的流速过快。

3)连续法

在有外加磁场作用的同时向被检表面施加磁粉或磁悬液的检测方法称为连续法。使用连续法检测时,即可在外加磁场的作用下,也可在撤去外加磁场以后观察磁痕。

低碳钢及所有退火状态或经过热变形的钢材均应采用连续法,一些结构复杂的大型构件也宜采用连续法检测。连续法检测的操作程序见图4-11。

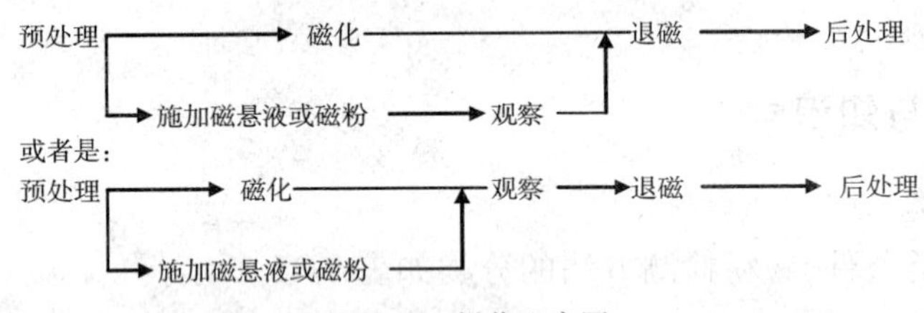

图4-11 操作程序图

(1)湿粉连续磁化:在磁化的同时施加磁悬液,每次磁化的通电时间为0.5~2s,磁化间歇时间不应超过1s。至少在停止施加磁悬液1s以后才可停止磁化。

(2)干粉连续磁化:干粉连续磁化的原则是先磁化后喷粉,待吹去多余的磁粉后才可以停止磁化。

连续法检测的灵敏度高,但检测效率较低,而且易出现干扰缺陷评定的杂乱显示。此外,复合磁化方法只能在连续法检测中使用。

采用连续法时,被检工件的磁化、施加磁粉的工艺以及观察磁痕显示都应在磁化通电时间内完成,通电时间为1~3s,停施磁悬液至少1s后方可停止磁化。为保证磁化效果应至少反复磁化两次。

4)剩磁法

利用磁化过后被检工件上的剩磁进行磁粉检测的方法称为剩磁法。在经过热处理的高碳钢或合金钢中,凡剩余磁感应强度在0.8T以上,矫顽力在800A/m以上的材料均可用剩磁法检测。

剩磁法的检测程序是:预处理⟶磁化⟶施加磁悬液⟶观察⟶退磁⟶后处理。

剩磁的大小主要取决于磁化电流的峰值,而通电时间原则上控制在0.25~1s的范围内即可。用交流励磁时,为保证得到稳定的剩磁,应配备断电相位控制装置。

剩磁法的检测效率高,其磁痕易于辨别,并有足够的检测灵敏度,但复合磁化方法不能在剩磁法检测中使用。一般情况下,剩磁法检测也不使用干粉。

剩磁法主要用于矫顽力在1kA/m以上,并能保持足够的剩磁场(剩磁在0.8T以上)的被检工件。采用剩磁法时,磁粉应在通电结束后再施加,一般通电时间为0.25~1s。施加磁粉或磁悬液之前,任何强磁性物体不得接触被检工件表面。采用交流磁化法时,应配备断电相位控制器以确保工件的磁化效果。

5)交叉磁轭法

使用交叉磁轭装置时,四个磁极端面与检测面之间应尽量贴合,最大间隙不应超过

1.5mm。连续拖动检测时，检测速度应尽量均匀，一般不应大于4m/min。

2. 工件磁粉检测的基本原理

1）白光照度和紫外线光（黑光）照度的测定原理

（1）根据照度第一定律得知，在点光源照射下，垂直于光线的平面上的照度与光源的发光强度成正比，与光源到照射面的距离的平方成反比。光源发光强度等于照射面上所测照度值乘以该面至光源的距离平方值。

（2）磁粉探伤关心的是被检工件表面上的白光或紫外线光的照度，一般不必进行发光强度换算。磁粉探伤时，要求在工作区域工件表面上的白光强度不低于2000lx，在紫外线灯下40cm处紫外线辐照度应达到1042.52lx。

2）灵敏度标准试片使用试验原理

A型灵敏度试片刻槽即为人工缺陷，当试片随工件磁化时，在刻槽处将产生磁力线弯曲并逸出试片表面形成漏磁场，可用磁粉或磁悬液显示该漏磁场。使用A型灵敏度试片可检查探伤装置或设备、磁粉或磁悬液的综合性以及在连续法探伤中表示出工件表面的磁场强度和方向，确定有效的探伤范围和判定探伤规范和操作方法是否正确等。

二、工作任务训练

（一）训练资料、设备和工具

1. 白光照度和紫外线光（黑光）照度的测定用工具

（1）白光照度计（ST-85或ST-80B型）1只；

（2）紫外线光（黑光）辐照计（UV-A或UVL型）1只；

（3）紫外线灯1只。

2. 灵敏度标准试片使用试验用工具

（1）磁粉探伤机1台，可用TC2000或类似型号的设备；

（2）A型标准灵敏度试片一套（A_1、A_2和A_3）。A型灵敏度试片的刻槽为圆形，有的中间带有十字形刻槽。试片的形状、尺寸、规格和材料见图4-12及表4-14。

A型灵敏度试片有三种规格，分别代表高、中、低三种灵敏度。其规格用分数表示，分母表示试片厚度，分子表示刻槽深度。可以看出，代表试片的分数值越小，则要求能显示刻槽磁痕的有效磁场强度越高。

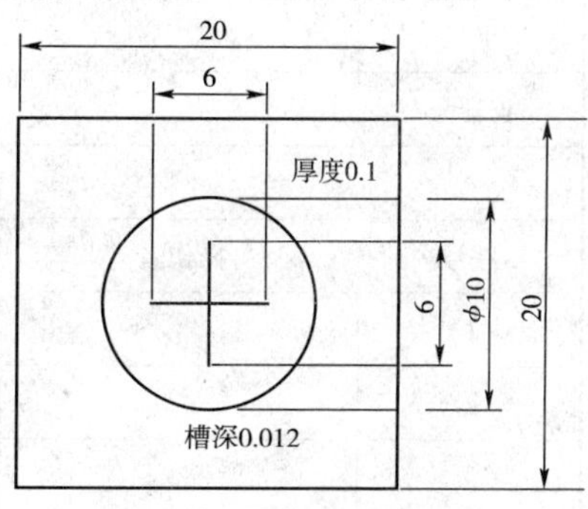

图4-12　A型试片形状尺寸

A型灵敏度试片尺寸规格　　表4-14

规　格	相对槽深（μm）		灵敏度	材　质
A_1 -15/100	15/100 ±4	分子为槽深，分母为试片厚	高	超高纯度低碳纯铁，碳含量小于0.03%，H_0 小于79.5775A/m，试片经退火处理
A_2 -30/100	30/100 ±8		中	
A_3 -60/100	60/100 ±15		低	

(3)低碳钢管试件,规格为 ϕ60mm×100mm,壁厚5~10mm;

(4)铜棒 ϕ20mm×300mm 一根;

(5)透明胶带纸数卷。

(二)训练过程

1. 下达工作任务(表4-15)

表4-15

任务名称	准备磁粉检测			
任务安排	1. 小组以4~6人组成,每小组推选一名组长与副组长; 2. 组长总体负责本组人员的任务分工,组织协调完成任务; 3. 副组长负责仪器和资料使用及安全管理等事务; 4. 各成员要相互配合、团结合作、各司其职地完成任务。			
任务要求	1. 完成白光照度和紫外线光(黑光)照度的测定; 2. 完成灵敏度标准试片使用试验。			
技术要求	1. 熟悉白光照度和紫外线辐照度的质量控制标准; 2. 了解A型灵敏度试片的使用方法。			
成员组成	小组号		组长	
	副组长		组员	

2. 制定工作计划

1)任务分工表(表4-16)

表4-16

小组号			场地号	
组长			仪器归还者	
仪器号				
分　工　合　作				
序号	操作者	观察者	记录或计算者	协助者
1				
2				
3				
4				
5				

2)实施方案设计

(1)实训的步骤:

①熟悉磁粉检测方法与有关标准;

②将实训任务进行分解编号,由不同的成员承担完成不同的训练项目;

③记录实训过程中的测试结果;

④小组研究讨论;

⑤填表,完成实训任务。

(2)注意事项与技术要求:

①熟悉磁粉检测的设备、技术标准;

②熟悉灵敏度标准试片使用试验方法;

③掌握白光照度和紫外线光(黑光)照度的测定方法。

3. 实施工作计划,并完成相应记录

实施工作计划步骤:

(1)布置实训任务;

(2)将实训任务进行分解编号;

(3)研究实训任务,查阅检测方法、设备仪器和标准;

(4)进行白光照度和紫外线光(黑光)照度的测定:

①将白光照度计放在工作区域的工件表面的位置上,测量白光照度值;

②测量符合规定照度范围的白光有效照射范围;

③将紫外线光辐照计放在紫外线灯下40cm处,测量紫外线辐照度值;

④将紫外线光辐照计放在紫外线灯下40cm处纵横移动,测量出满足使用要求的有效照射范围;

⑤测试报告:

将测试结果填在表4-17中。

照度测试结果表　　表4-17

测量光线种类	所用仪器	照射距离	照　　度	有效照射范围

(5)进行灵敏度标准试片使用试验:

①清洗试件表面油污和杂质。

②将铜棒穿过钢管夹于探伤机夹头之间,应使铜棒位于试件的中心轴位置。

③将试片揩净,使刻槽一面朝向工件外表面。沿试片四边,用透明胶带纸将试片紧贴于工件表面上,注意胶带纸不能掩盖刻槽位置。

④试件外表面上依次贴上A_1、A_2和A_3试片,它们同在一条母线上,相距20~30mm。

⑤从低电流开始给铜棒通电,并不断地增加电流值。可以陆续地依次发现A_3,A_2和A_1的刻槽磁痕,其形状为两半月形(或者中间带有一直线磁痕)则磁场方向即为两半月磁痕的中心连线方向。

⑥记录发现各试片磁痕时的磁化电流。

⑦测试报告:

将测得的各试片显示电流填入表4-18中。

A型试片性能测试结果记录表

表4-18

试片规格	A_1	A_2	A_3
显示电流(A) 显示磁场强度(A/m) 磁场方向			

注意:工作表面的磁场强度按下式计算:

$$H=\frac{I}{2\pi R^2} \tag{4-3}$$

式中:H——工件表面磁场强度,A/m;

I——中心试棒通过的电流,A。该电流若是为试片显示磁痕时的电流,则H代表着显示试片人工缺陷的有效磁场强度;

R——试件外表面半径,为30mm,计算时用m。

(6)填表完成实训任务。

【任务小结】

一、学生自我评估(表4-19)

表4-19

<table>
<tr><td>实训项目</td><td colspan="5">准备磁粉检测</td></tr>
<tr><td>小组号</td><td colspan="2"></td><td>任务号</td><td>实训者</td><td></td></tr>
<tr><td>序号</td><td>检查项目</td><td>分值</td><td colspan="2">要　求</td><td>自我评定</td></tr>
<tr><td>1</td><td>任务完成情况</td><td>40</td><td colspan="2">按要求按时完成实训任务</td><td></td></tr>
<tr><td>2</td><td>实训记录</td><td>20</td><td colspan="2">记录规范、完整</td><td></td></tr>
<tr><td>3</td><td>实训纪律</td><td>20</td><td colspan="2">不在实训场地打闹,无事故发生</td><td></td></tr>
<tr><td>4</td><td>团队合作</td><td>20</td><td colspan="2">服从组长的任务分工安排,能配合小组其他成员工作</td><td></td></tr>
<tr><td colspan="6">实训总结:

小组评分:________　　组长:________　　____年____月____日</td></tr>
</table>

二、教师评定反馈(表4-20)

表4-20

实训项目	准备磁粉检测					
小组号			任务号		实训者	
序号	检查项目	分值	要求			自我评定
1	资料查阅		资料查阅正确、针对性强			
2	条件分析		分析正确			
3	效率检查		按时完成实训			
4	信息记录		记录规范、完整			
5	成果检测		成果符合要求			
6	团队合作		小组各成员能相互配合,协调工作			
存在问题: 考核教师:________ ____年____月____日						

【拓展提高】

反差增强剂的使用。

1. 目的

(1)了解反差增强剂的作用。

(2)了解反差增强剂的配方、配制方法。

(3)掌握反差增强剂的使用方法。

2. 测试用设备和器材

(1)磁粉探伤仪1台。

(2)带缺陷的试件1个。

(3)黑磁粉悬浮液适量。

(4)反差增强剂适量。

反差增强剂可买市场上的商品,也可自行配制。配方见表4-21。

反差增强剂配方 表4-21

成分 含量	工业丙酮	稀释剂(X—1)	火棉胶	氧化锌粉
每100mL含量	65mL	20mL	15mL	10g

3. 测试原理

在暗色或缺陷磁痕显示不明显的工作表面涂上一层白色的反差增强剂,再用黑磁粉显示缺陷磁痕,可以得到和工作表面有较大对比度的缺陷磁痕显示。这特别有利于对缺陷磁痕的观察、分析和判断。而工作表面的反差增强剂薄层(一般小于 50μm)不会影响探伤灵敏度。

4. 测试方法

(1)使用浸涂法或刷涂法将工件表面覆盖上一层白色的反差增强剂薄膜,并迅速干燥。

(2)对工件进行常规的磁粉探伤检查。

(3)观察磁痕显示,必要时可复制磁痕做以记录。

(4)清除工件表面反差增强剂薄膜,可用揩拭和浸入清洗法,清洗剂配方为:丙酮∶稀释剂 =3∶2。

5. 测试报告要求

记录使用反差增强剂后缺陷显示情况,同不使用反差增强剂时缺陷显示情况进行比较。

【课后自测】

问答题:

1. 磁粉检测的原理是什么?
2. 简述磁粉检测的适用范围。
3. 磁粉检测的优点和局限性有哪些?
4. 什么是不连续性?什么是缺陷?它们的关系是什么?

任务四　磁粉检测典型工件

【任务目标】

1. 熟悉磁粉检测典型工件的检测过程;
2. 掌握磁粉检测方法和注意事项;
3. 具有对工件进行磁粉检测的能力。

【任务解析】

1. 工作任务名称:磁粉检测典型工件。
2. 工作任务背景:焊接无损检测。
3. 完成工作任务要达到的技术标准:《船舶钢焊缝磁粉检测、渗透检测工艺和质量分级》CB/T 2598—2004。
4. 完成工作任务所需要的资料:磁粉检测相关的国家标准或资料。
5. 完成工作任务的思路:知识点引导,根据任务要求,团队分工合作,完成技能训练。
6. 工作任务的技能点与知识点:焊接件磁粉探伤方法与步骤;其他工件的磁粉探伤方法

与步骤。

【任务实施】

一、相关理论与知识学习

(一)焊接件磁粉探伤

1. 焊接件磁粉探伤的应用范围与方法

1)磁粉探伤的应用范围

(1)坡口探伤:发现分层和裂纹,探伤范围含坡口和钝边。

(2)焊接过程中的探伤:发现裂纹,包括层间探伤和电弧气刨面探伤。

(3)焊缝探伤:包括焊缝金属及母材的热影响区(约为焊缝宽度的一半)。

(4)机械损伤部位的探伤:发现裂纹。

2)探伤方法的选择

(1)磁轭法。有交直流电磁轭两种。磁极最佳间距 100 ~ 150mm。每次受检长度应比磁极间距小 10 ~ 20mm。应做两个方向(接近垂直)分别探伤。优点:设备简单;缺点:效率低,有漏检的可能。

(2)触头(支杆)法。支杆法对焊缝进行局部探伤,其检测灵敏度高,操作方法简便。可根据需要调节电极支杆距离,最大电极间距为被检材料厚度的 3 ~5 倍。应做两个方向(近垂直)分别探伤。采用渗磁法探伤时,要注意磁化焊缝后一段时,不要造成前一段的退磁。探伤时,不应将触头直接放在焊缝上,而应放在焊缝边沿。但支杆法电极接触不良易打火伤工件,甚至产生裂纹,也存在漏检的可能。应注意防火防爆,同时支杆法需要一个较大较重的电流源,不适于野外现场的便携操作。

(3)交叉磁轭法(旋转磁场法)。交叉磁轭旋转磁场探伤仪方法可靠、灵敏度高,可一次磁化便能检出各方向的缺陷。但使用该设备须采用连续法探伤,注意观察探伤的全部表面,避免由于磁轭遮挡使缺陷磁痕漏检。可分段检查,但连续行走探伤时可靠性更高,效率也更高。行走速度最快为 2 ~3m/min。

支杆法和马蹄形磁轭法探伤都应在探伤区域改变几个方向,务必使探伤检验在各个方向的灵敏度达到规定要求。

(4)线圈法。管道圆周焊缝可用线圈或缠绕电缆法探伤,发现焊缝及热影响区的横向裂纹。

(5)平行电缆法。发现与电缆平行的缺陷。注意:回流电缆应远离工件。探伤注意事项:

①磁极端面与工件表面间隙不宜过大,最大不超过 1.5mm。

②磁极行走速度要适宜,行走速度最快为 2 ~3m/min。

③磁悬液喷洒原则是避免磁悬液流动冲刷掉缺陷形成的磁痕。

④观察磁痕在磁轭通过后尽快进行,以免磁痕显示被破坏。

2. 一般对接焊接工件探伤实例

1)工艺参数选择

(1)磁化方法:通常采用磁轭法或交叉磁轭法。

(2)磁化方向:磁轭法纵向磁化。

(3)磁化电流类型:一般选用交流,如欲检出近表面缺陷也可选用直流。

(4)磁化通电方式:连续法。

(5)磁化强度。

磁轭法的磁场强度应根据提升力和灵敏度试片来确定,当提升力符合要求、灵敏度试片显示清晰时,即认为磁场强度是适宜的。

2)系统灵敏度的校验

每个班次开始工作前,应进行系统灵敏度的校验。校验时,用透明胶布将标准试片贴在工件被检范围的一端,刻槽的一面朝向工件。用与工件探伤相同的磁化规范进行磁化,当试片人工刻槽磁痕显示清晰时,则认为系统灵敏度合格。

3)检测操作

(1)垂直焊缝分段检测时,应在每一段检测过程中按自上而下的方向探伤。

(2)使用磁轭法磁化时,应使磁轭与工件接触良好。用连续法进行探伤,即磁悬液必须在通电时间内施加完毕。磁轭的磁极间距应控制在75~200mm之间,检测的有效区域为两极连线两侧各50mm的范围内,磁化区域每次应有不少于15mm的重叠。磁化通电时间为1~3s,间隔1s。同一部位至少磁化两次。每一被检区进行两次独立的磁化检验,两次磁化检验的磁力线应大致相互垂直。

(3)使用交叉磁轭磁化时,四个磁极端面与检测面之间应尽量贴合,最大间隙不应超过1.5mm。连续拖动检测时,检测速度应尽量均匀,一般不应大于4m/min。

(4)施加磁悬液:

①在对工件磁化的同时,用喷壶对工件施加磁悬液。停施磁悬液至少1秒后才能停止磁化。

②用磁轭检测焊缝时,磁悬液应喷洒在磁轭行走方向的前方。

③用交叉磁轭检测垂直焊缝时,磁悬液应喷洒在磁轭行走方向的前方;用交叉磁轭检测水平焊缝时,磁悬液应喷洒在交叉磁轭行走方向的前上方。

4)磁痕观察

(1)在进行磁化的同时,对形成的磁痕进行观察。

(2)非荧光磁粉检测时,磁痕的评定应在可见光下进行,通常工件被检表面可见光照度应大于等于1000lx;当现场采用便携式设备检测,由于条件所限无法满足时,可见光照度可以适当降低,但不得低于500lx。

(3)荧光磁粉检测时,所用黑光灯在工件表面的辐照度大于或等于1000μW/cm^2,黑光波长应在320~400nm的范围内,磁痕显示的评定应在暗室或暗处进行,暗室或暗处可见光照度应不大于20lx。

(4)荧光磁粉检测时,检测人员进入暗区至少经过3min的黑暗适应后,才能进行荧光磁粉检测。观察荧光磁粉检测显示时,检测人员不准戴对检测有影响的眼镜。

(5)除能确认磁痕是由于工件材料局部磁性不均或操作不当造成的之外,其他磁痕显示均应作为缺陷处理。当辨认细小磁痕时,应用2~10倍放大镜进行观察。

5)缺陷的记录

发现磁痕后,应不少于2次反复磁化,当确认为相关显示后,用记号笔在工件上标出,用草图在探伤记录上标注。必要时可采用照相、录像和可剥性塑料薄膜等方式记录。

6）缺陷评定

除非设计文件另有规定或用户另有要求，缺陷评定应按 JB/T 6061—2007《无损检测焊缝磁粉检测》标准执行。

7）后处理

必要时，应清除检测部位的磁悬液、磁粉。

3. 焊接角接及 T 型接头的磁粉检测

1）工艺参数选择

（1）磁化方法：通常采用磁轭法或触头法。

（2）磁化方向：磁轭法纵向磁化或触头法周向磁化。

（3）磁化电流类型：一般选用交流，如欲检出近表面缺陷也可选用直流。

（4）磁化通电方式：连续法。

（5）磁化强度：

①磁轭法的磁场强度应根据提升力和灵敏度试片来确定，当提升力符合要求、灵敏度试片显示清晰时，即认为磁场强度是适宜的。

②触头法的磁化电流值可按表 4-22 的规定选用，检测时磁化电流应根据标准试片实测结果来校正。

表 4-22

工件厚度 T(mm)	电流值 I(A)
$T<19$	(3.5 ~ 4.5)倍触头间距
$T\geq19$	(4 ~ 5)倍触头间距

2）系统灵敏度的校验

每个班次开始工作前，应进行系统灵敏度的校验。校验时，用透明胶布将标准试片贴在工件被检范围的一端，刻槽的一面朝向工件。用与工件探伤相同的磁化规范进行磁化，当试片人工刻槽磁痕显示清晰时，则认为系统灵敏度合格。

3）检测操作

（1）磁轭法的磁化操作：

①用磁轭法磁化时，应使用带有活动关节的磁轭探伤机。操作时，先将磁轭垂直焊缝放置，调节活动关节使磁轭与工件接触良好。用连续法对纵向缺陷进行检测。

②再将磁轭沿焊缝方向放置，使磁轭与工件接触良好。用连续法对横向缺陷进行检测。

③磁轭的磁极间距应控制在 75 ~ 200mm 之间，检测的有效区域为两极连线两侧各 50mm 的范围内，磁化区域每次应有不少于 15mm 的重叠。通电时间为 1 ~ 3 秒，间隔 1 秒。

（2）采用触头法时，电极间距应控制在 75 ~ 200mm 之间。磁场的有效宽度为触头中心线两侧 1/4 极距，通电时间不应太长，电极与工件之间应保持良好的接触，以免烧伤工件。两次磁化区域间应有不小于 10% 的磁化重叠区。

（3）施加磁悬液：

①在对工件磁化的同时，用喷壶对工件施加磁悬液。停施磁悬液至少 1s 后才能停止

磁化。

②用磁轭检测焊缝时,磁悬液应喷洒在磁轭行走方向的前方。

③用触头法检测时,磁悬液应喷洒在两触头之间的检测部位。

4)磁痕观察

(1)在进行磁化的同时,对形成的磁痕进行观察。

(2)非荧光磁粉检测时,磁痕的评定应在可见光下进行,工件表面可见光的照度应大于等于1000lx;当现场采用便携式设备检测,由于条件所限无法满足时,可见光照度可以适当降低,但不得低于500lx。

(3)荧光磁粉检测时,所用黑光灯在工件表面的辐照度大于或等于1000$\mu W/cm^2$,黑光波长应在320~400nm的范围内,磁痕显示的评定应在暗室或暗处进行,暗室或暗处可见光照度应不大于20lx。

(4)荧光磁粉检测时,检测人员进入暗区至少经过3min的黑暗适应后,才能进行荧光磁粉检测。观察荧光磁粉检测显示时,检测人员不准戴对检测有影响的眼镜。

(5)除能确认磁痕是由于工件材料局部磁性不均或操作不当造成的之外,其他磁痕显示均应作为缺陷处理。当辨认细小磁痕时,应用2~10倍放大镜进行观察。

5)缺陷的记录

发现磁痕后,应不少于2次反复磁化,当确认为相关显示后,用记号笔在工件上标出,用草图在探伤记录上标注。必要时可采用照相、录像和可剥性塑料薄膜等方式记录。

6)缺陷评定

除非设计文件另有规定或用户另有要求,缺陷评定应按JB/T 6061—2007《无损检测焊缝磁粉检测》标准执行。

7)后处理

必要时,应清除检测部位的磁悬液、磁粉。

4. 管材磁粉检测

1)工艺参数选择

(1)磁化方法:轴向通电法。

(2)磁化方向:周向磁化。

(3)磁化电流类型:一般选用交流。若要检测近表面缺陷可使用半波整流或全波整流。

(4)磁化通电方式:连续法。

(5)磁化电流选择:

直流(整流电):

$$I=(12\sim32)D$$

交流:

$$I=(8\sim15)D$$

式中:I——电流值,A;

D——工件截面上最大尺寸,mm。

2)系统灵敏度的校验

每个班次开始工作前,应进行系统灵敏度的校验。校验时,用透明胶布将标准试片贴在工件被检范围的一端，刻槽的一面朝向工件。用与工件探伤相同的磁化规范进行磁化，当试片人工刻槽磁痕显示清晰时，则认为系统灵敏度合格。

3）检测操作

（1）使管子或管件与电缆接触良好，必要时加铅垫，防止管子或管件烧伤。

（2）用连续法进行探伤，即磁悬液必须在通电时间内施加完毕。通电时间为 1～3s，间隔 1s。

（3）在对工件磁化的同时，用喷壶对工件施加磁悬液。停施磁悬液至少 1s 后才能停止磁化。

4）磁痕观察

（1）在进行磁化的同时，对形成的磁痕进行观察。

（2）非荧光磁粉检测时，磁痕的评定应在可见光下进行，工件表面可见光的照度应大于等于 1000lx；当现场采用便携式设备检测，由于条件所限无法满足时，可见光照度可以适当降低，但不得低于 500lx。

（3）荧光磁粉检测时，所用黑光灯在工件表面的辐照度大于或等于 1000μW/cm^2，黑光波长应在 320～400nm 的范围内，磁痕显示的评定应在暗室或暗处进行，暗室或暗处可见光照度应不大于 20lx。

（4）荧光磁粉检测时，检测人员进入暗区至少经过 3min 的黑暗适应后，才能进行荧光磁粉检测。观察荧光磁粉检测显示时，检测人员不准戴对检测有影响的眼镜。

（5）除能确认磁痕是由于工件材料局部磁性不均或操作不当造成的之外，其他磁痕显示均应作为缺陷处理。当辨认细小磁痕时，应用 2～10 倍放大镜进行观察。

5）缺陷的记录

发现磁痕后，应不少于 2 次反复磁化，当确认为相关显示后，用记号笔在工件上标出，用草图在探伤记录上标注。必要时可采用照相、录像和可剥性塑料薄膜等方式记录。

6）缺陷评定

除非设计文件另有规定或用户另有要求，缺陷评定应按 JB/T 6061—2007《无损检测焊缝磁粉检测》标准执行。

7）后处理

必要时，应清除检测部位的磁悬液、磁粉。

8）管材缺陷消除

（1）管子或管件磁粉探伤发现裂纹缺陷后，应及时用角向砂轮进行打磨消除，打磨方向应垂直于裂纹方向。

（2）第一次打磨的深度为管子或管件负公差的 50%，然后用原探伤工艺参数复探，如不再出现缺陷显示，则认为管件修磨合格。如再次出现缺陷显示，应进行第二次打磨。

（3）第二次打磨的深度为管子或管件负公差的 30%，然后用原探伤工艺参数复探，如不再出现缺陷显示，则认为管件修磨合格。如再次出现缺陷显示，应进行第三次打磨。

（4）第三次打磨的深度为管子或管件负公差的 20%，然后用原探伤工艺参数复探，如不再出现缺陷显示，则认为管件修磨合格。如再次出现缺陷显示，则该管件应判为报废。

5. 其他类型工件的磁粉探伤

1）锻钢件磁粉探伤

(1)锻钢件探伤的特点。锻造加工成型方法一般分为自由锻和模锻两大类。其工艺流程为:下料—加热—锻造—(切边)—探伤—机械加工—热处理—探伤(表面热处理—探伤)—表面处理—成品交付。其中,锻造过程容易产生裂纹、折叠和白点等缺陷;热处理会产生淬火裂纹;机械加工会产生磨削裂纹和校正裂纹;表面热处理同样会产生裂纹。

(2)探伤方法选择。一般用固定式磁粉探伤机进行周向、纵向磁化,如果材料的剩磁和矫顽力符合要求,推荐采用剩磁法探伤。

(3)曲轴磁粉探伤。探伤方法:直接通电周向磁化,检查锻造裂纹、折叠、磨削裂纹、淬火裂纹和发纹等。分段线圈纵向磁化,检查横向裂纹包括锻造裂纹、磨削裂纹、校正裂纹、淬火裂纹等。探伤时特别注意对拐角处、注油孔边沿的观察。

2)铸钢件的磁粉探伤

(1)铸钢件磁粉探伤的特点。铸钢件一般形状复杂,产生缺陷类型和部位比较有规律。主要缺陷有铸造裂纹、疏松、缩孔、夹杂、气孔和冷隔等。

(2)探伤方法选择。铸件一般体积较小,方便在固定式探伤机上探伤。所有铸件都要进行周向磁化和纵向磁化检验。热处理前用连续法探伤,热处理后一般可用剩磁法探伤。检查表面下气孔、夹杂,宜采用直流探伤。对于网状裂纹,最好采用荧光磁粉探伤。

(3)凸轮磁粉探伤。探伤方法:毛坯用连续法探伤,热处理后用剩磁法探伤。轮子部分用穿棒法探伤,轴部分用直接通电法周向磁化后再用线圈纵向磁化。重点检查根部位置的裂纹。

3)特种设备在役与维修件的磁粉探伤

(1)在役与维修件磁粉探伤的特点。主要发现疲劳裂纹和应力腐蚀裂纹。裂纹产生部位与受力情况有直接关系。在役与维修件探伤条件较差,而且疲劳裂纹细小,在条件允许下尽量采用荧光磁粉探伤。对于螺栓孔应采用穿棒法,并借用内窥镜等技术。小螺栓孔也可采用橡胶铸型法探伤。

(2)螺栓磁粉探伤。螺栓是紧固件,受的是拉力,易产生横向疲劳裂纹,所以应采用线圈纵向磁化,用剩磁法、较低浓度的荧光磁粉探伤效果最好。

4)特殊工件磁粉探伤

(1)压缩弹簧探伤。首先直接通电,检查钢丝上的纵向缺陷,然后用穿棒法探伤检查钢丝上的横向缺陷。注意:退磁时应不断转动弹簧。

(2)拉伸弹簧的探伤。首先将弹簧拉开(必要时用拉力机)并用一根绝缘棒撑住,使弹簧各圈相互离开,再进行直接通电,检查钢丝上的纵向缺陷。然后在弹簧每圈垫上绝缘物(去掉支撑棒),用穿棒法探伤,检查钢丝上的横向缺陷。

(二)测试方法与步骤

(1)对焊缝的探伤区域进行预处理(除锈、去油污)。

(2)将 A_1(30/100)的试片贴在焊缝上。

(3)支杆法探伤步骤。

①检查纵向缺陷:

A. 支杆间距调整到 200~300mm。

B. 两支杆跨在焊缝上,支杆连线同焊缝纵方向夹角为 20°~30°。

C. 调整磁化电流到 A_1 试片刻槽磁痕清晰显示。

D. 支杆的每次检查区域必须和上次检查有覆盖部分，即重叠区域为 40 ~ 50mm。

E. 根据需要还可将支杆移动方位，其连线和焊缝纵向成 150° ~ 160°夹角，亦即和以上探伤的各位置相对再探伤检验一遍。

②检查横向缺陷：

A. 支杆间距根据焊缝宽窄调整，一般要大于 75mm，但不宜超过 300mm。

B. 两支杆跨在焊缝上，支杆同焊缝纵向夹角为 90° ~ 120°。

C. 用 A_1 型试片调整探伤灵敏度，两支杆移动每次不得超过 100mm。

(4)马蹄形电磁铁探伤步骤：

A. 调整磁轭间距为 100 ~ 150mm。

B. 将电磁轭两极跨在焊缝上进行横向磁化并将两极直接放在焊缝上进行纵向磁化。调节电流或两极间距，使灵敏度试片(贴于磁轭两极中间的焊缝上)的刻槽磁痕清晰显示。

C. 分别进行纵向和横向探伤检验。纵向磁化时，各检验区域应互相覆盖，覆盖区长度不小于 20mm。横向磁化时，两磁轭连线应垂直焊缝纵方向，并沿该方向移动，每次移动距离为 40 ~ 50mm。

(5)交叉磁轭旋转磁场探伤方法。用交叉磁轭旋转磁场探伤仪探伤时，要求 A 型灵敏度试片的刻槽能显示出完整的清晰的圆形磁痕。设备以行走式进行对焊缝的探伤，行走速度小于或等于 3m/min，行走的带状区域应以焊缝为中轴线。

(6)注意：上述三种探伤方法，磁悬浮液均应在充磁过程中均匀地洒布到工件被检表面。

二、工作任务训练

(一)训练资料、设备和工具

(1)带支杆探头的磁粉探伤仪 1 台；

(2)便携式马蹄形电磁轭磁粉探伤仪 1 台；

(3)便携式旋转磁场磁粉探伤仪 1 台；

(4)A 型灵敏度试片；

(5)焊缝试板或实际焊接工件；

(6)磁悬液适量，喷罐 1 个。

(二)训练过程

1. 下达工作任务(表 4-23)

表 4-23

任务名称	磁粉检测典型工件
任务安排	1. 小组以 4 ~ 6 人组成，每小组推选一名组长与副组长； 2. 组长总体负责本组人员的任务分工，组织协调完成任务； 3. 副组长负责仪器和资料使用及安全管理等事务； 4. 各成员要相互配合、团结合作、各司其职地完成任务。

续上表

任务要求	1. 能对探伤区域进行预处理和贴片; 2. 掌握支杆法探伤方法和步骤; 3. 掌握马蹄形电磁铁探伤方法和步骤; 4. 掌握交叉磁轭旋转磁场探伤方法。			
技术要求	1. 了解一般压力容器焊缝及其他制件焊缝的磁化方法; 2. 了解支杆式及磁轭式探伤机的使用方法; 3. 掌握焊缝探伤灵敏度的确定和调整方法。			
成员组成	小组号		组长	
	副组长		组员	

2. 制定工作计划

1)任务分工表(表4-24)

表4-24

小组			场地号	
组长			仪器归还者	
仪器号				
分　工　合　作				
序号	操作者	观察者	记录或计算者	协助者
1				
2				
3				
4				
5				
6				

2)实施方案设计

(1)实训的步骤:

①熟悉磁粉检测方法与步骤;

②将实训任务进行分解编号,由不同的成员承担完成不同的训练项目;

③记录实训过程中的检测结果;

④小组研究讨论;

⑤填表,完成实训任务。

(2)注意事项与技术要求:

①熟悉磁粉检测的设备构造与操作方法、技术标准;

②熟悉磁粉探伤检测的方法步骤。

3. 实施工作计划,并完成如下记录

1)实施工作计划

(1)布置实训任务;

(2)将实训任务进行分解编号;

(3)研究实训任务,熟悉检测方法、设备仪器使用和检测步骤;

(4)进行磁粉检测;

(5)填表完成实训任务。

2)磁粉检测典型工件记录表(表4-25)

表4-25

任务名称		磁粉检测典型工件			小组号		
组长			组员				
磁粉检测典型工件记录表							
序号	实 训 内 容	实　训　记　录					
1	带支杆探头的磁粉探伤检测	检测设备	试片	灵敏度	充磁电流	支杆间距	磁轭间距
2	电磁轭磁粉探伤检测						
3	旋转磁场磁粉探伤检测						

【任务小结】

一、学生自我评估(表4-26)

表4-26

实训项目						
小组号			任务号		实训者	
序号	检查项目	分值	要求			自我评定
1	任务完成情况	40	按要求按时完成实训任务			
2	实训记录	20	记录规范、完整			
3	实训纪律	20	不在实训场地打闹,无事故发生			
4	团队合作	20	服从组长的任务分工安排,能配合小组其他成员工作			
实训总结: 小组评分:______ 组长:______ ____年____月____日						

二、教师评定反馈(表4-27)

表4-27

实训项目						
小组号			任务号		实训者	
序号	检查项目	分值	要求			教师评定
1	设备使用	20	使用正确			
2	测试方法与步骤	20	方法与步骤正确			
3	效率检查	10	按时完成实训			
4	信息记录	20	记录规范、完整			
5	成果检测	10	成果符合要求			
6	团队合作	20	小组各成员能相互配合,协调工作			
存在问题: 考核教师:______ ____年____月____日						

【拓展提高】

磁粉探伤综合性能测试。

1. 测试目的

(1)了解用带有自然缺陷的工件进行综合性能试验的方法。

(2)掌握用交流环形试件进行综合性能试验的方法。

(3)掌握用直流环形试件进行综合性能试验的方法。

2. 测试设备和器材

(1)可进行交、直流直接通电磁化的磁粉探伤机。

(2)带有自然缺陷(如发纹、磨裂、淬火裂纹及皮下裂纹等)的试件若干。

(3)直流环形试块(Betz 试块)1 只,该试块用 MnCrW 模具钢制作,表面硬度为 HRB90~95。

(4)交流环形试件 1 只,该试件外环用含碳量小于 15% 的钢制作。

(5)ϕ30mm 铜棒一根,长度为 200~300mm。

(6)荧光和非荧光磁悬液适量。

3. 测试原理

磁粉探伤的综合灵敏度是指在选定条件下进行探伤检查时,通过自然缺陷和人工缺陷的磁痕显示情况来评价和确定磁粉探伤设备、磁粉及磁悬液和探伤方法的综合灵敏度。

4. 测试方法和步骤

(1)将带有自然缺陷的工件按规定的磁化规范磁化和检验,观察磁痕显示情况。

(2)将交流标准试件夹在探伤机夹头上,通以 750~800A 电流,然后依次将 1、2 和 3 孔旋至向上正中位置,进行连续法交流磁化检查。观察试件外表面磁痕线的显示情况。

(3)将直流标准环形试块穿在 ϕ30mm 的铜棒上,夹在探伤机两夹头上,分别用直流和交流电连续磁化,用磁悬液显示小孔磁痕。磁化规范可参照相关检测规范。

5. 测试报告要求

(1)记录交流标准试件的测试结果,并按标准要求考核是否符合要求(一般规定应显示三条磁痕线)。

(2)在表 4-28 上填写直流标准试块的测试结果。

(3)记录自然缺陷的显示情况,同时应注明缺陷的种类、形状、大小和位置等。

(4)根据要求填写测试报告。

直流标准试块的试验结果 表 4-28

磁化电流	磁悬液种类	应显示孔数	直流磁化显示孔数(全波整流)	交流磁化显示孔(参考)
1400A	荧光	3		
	非荧光	3		
2500A	荧光	5		
	非荧光	5		
3400A	荧光	6		
	非荧光	6		

【课后自测】

问答题

1. 如何选择磁粉探伤方法?

2. 对于焊缝工件,磁粉探伤的一般步骤。

3. 试述磁粉探伤综合性能测试方法。

任务五 记录磁痕与分析评级

【任务目标】

1. 熟悉磁粉检测检验结果的分析评级的过程与标准;
2. 掌握磁粉检测磁痕的记录方法;
3. 具有记录检测结果与分析评级的能力。

【任务解析】

1. 工作任务名称:记录磁痕与分析评级。

2. 工作任务背景:焊接无损检测。

3. 完成工作任务要达到的技术标准:《船舶钢焊缝磁粉检测、渗透检测工艺和质量分级》CB/T 2598—2004。

4. 完成工作任务所需要的资料:磁粉检测相关的国家标准或资料。

5. 完成工作任务的思路:知识点引导,根据任务要求,团队分工合作,完成技能训练。

6. 工作任务的技能点与知识点:磁痕显示的分类和记录;磁痕分析;退磁的方法与应用;磁粉检测质量分级。

【任务实施】

一、相关理论与知识学习

(一)磁痕显示的分类和记录

1. 磁痕的分类和处理

(1)磁痕显示分为相关显示、非相关显示和伪显示。

(2)长度与宽度之比大于3的缺陷磁痕,按条状磁痕处理,长度与宽度之比不大于3的磁痕,按圆形磁痕处理。

(3)长度小于0.5mm的磁痕不计。

(4)两条或两条以上缺陷磁痕在同一直线上且间距不大于2mm时,按一条磁痕处理,其长度为两条磁痕之和加间距。

(5)缺陷磁痕长轴方向与工件(轴类或管类)轴线或母线的夹角大于或等于30°时,按横向缺陷处理,其他按纵向缺陷处理。

2. 缺陷磁痕的观察

(1)缺陷磁痕的观察应在磁痕形成后立即进行。

(2)非荧光磁粉检测时,缺陷磁痕的评定应在可见光下进行,通常工件被检表面可见光照度应大于等于1000lx;当现场采用便携式设备检测,由于条件所限无法满足时,可见光照度可以适当降低,但不得低于500lx。荧光磁粉检测时,所用黑光灯在工件表面的辐照度大于或等于1000μW/cm²,黑光波长应在320~400nm的范围内,缺陷磁痕显示的评定应在暗室或暗处进行,暗室或暗处可见光照度应不大于20lx。检测人员进入暗区,至少经过3min的暗室适应后,才能进行荧光磁粉检测。观察荧光磁粉检测显示时,检测人员不准戴对检测有影响的眼镜。

(3)除能确认磁痕是由于工件材料局部磁性不均或操作不当造成的之外,其他磁痕显示均应作为缺陷处理。当辨认细小磁痕时,应用2~10倍放大镜进行观察。

3. 缺陷磁痕显示记录

缺陷磁痕的显示记录可采用照相、录像和可剥性塑料薄膜等方式记录,同时应用草图标示。

4. 复验

当出现下列情况之一时,需要复验:

(1)检测结束时,用标准试片或标准试块验证检测灵敏度不符合要求时;

(2)发现检测过程中操作方法有误或技术条件改变时;

(3)合同各方有争议或认为有必要时。

(二)磁痕分析

1. 磁痕分析的意义

正确的磁痕分析可以避免误判或漏检,保证产品质量,创造经济效益。磁痕分析可为产品设计和工艺改进提供较可靠的信息。对于运行的设备进行定期检验,可监视疲劳裂纹的扩展情况,可避免设备事故和人身事故的发生。

2. 相关名词定义解释

(1)磁痕:磁粉探伤时聚集形成的图像称为磁痕。

(2)不连续性:材料的均匀状态(致密性)受到破坏称为不连续性。

(3)相关显示:由缺陷产生的漏磁场形成的磁痕显示称为相关显示。

(4)非相关显示:由工件截面突变或材料磁导率差异等产生的漏磁场形成的磁痕显示称为非相关显示。

(5)伪显示:不是漏磁场形成的磁痕显示成为伪显示。

3. 相关缺陷的产生原因和特征辨别

1)伪显示

不是漏磁场形成的磁痕显示成为伪显示。伪显示产生的原因:

(1)工件表面粗糙滞留磁粉形成磁痕显示。

(2)工件表面有油污或不清洁,粘附磁粉形成磁痕显示。

(3)磁悬液中的纤维、线头粘附磁粉形成磁痕显示。

(4)工件表面的氧化皮、油漆斑点的边缘滞留磁粉形成磁痕显示。

(5)工件上形成排液沟滞留磁粉形成磁痕显示。

(6)磁悬液浓度过大或磁悬液施加不当形成过度背景。

判别和排除方法:仔细观察,擦去磁痕显示后重新探伤(连续法)或重新显示(剩磁法)。

2)非相关显示

不是材料不连续性引起的漏磁场的磁痕显示,它包括以下几种。

(1)磁极和电极附近的非相关显示。产生原因:电磁轭探伤时,磁极附近磁通密度最大,与工件接触处会产生漏磁场。用触头法(支杆法)探伤时电极附近的电流密度最大,电极附近容易产生漏磁场。磁痕特征:在磁极和电极周围磁痕松散,与磁极形状一致,容易掩盖缺陷显示。鉴别方法:退磁后改变磁极或电极位置重新探伤,该处磁痕重复出现可能就是相关显示,没有出现即是非相关显示。

(2)工件截面突变。产生原因:工件内键槽等部位,由于截面缩小,这一部分金属容纳磁力线能力有限,多余磁力线将外泄形成漏磁场。磁痕特征:磁痕松散,宽度与键槽一致。鉴别方法:有规律出现在相同工件的同一部位。

(3)磁写。产生原因:当两个已经磁化的工件相互接触或用一块铁磁材料在一个已磁化的工件上划一下,在接触部位就产生磁痕显示称为磁写。磁痕特征:磁痕松散,线条不清晰,磁痕淡。鉴别方法:工件退磁后重新探伤将不会产生磁痕显示。

(4)两种材料交界处。产生原因:两种材料的磁导率不一样。磁痕特征:磁痕有的松散,有的较浓密,类似裂纹磁痕显示,在整条焊缝都出现同样的磁痕显示。鉴别方法:结合焊接工艺、母材和焊条材料进行分析。

(5)局部冷作硬化。产生原因:冷作硬化部位磁导率小。磁痕特征:磁痕宽而松散,呈带状。鉴别方法:根据磁痕特征分析或工件退火后进行探伤。

(6)金相组织不均匀。产生原因:组织不均匀,磁导率不一样。磁痕特征:磁痕呈带状,松散不浓密。鉴别方法:根据磁痕分布和特征及材料进行分析。

(7)磁化电流过大。产生原因:产生磁饱和。磁痕特征:磁痕松散,沿金属流线分布,形成过度背景,棱角处磁痕浓密。鉴别方法:退磁后用合适磁化规范进行探伤。

3)相关显示

由材料不连续性(缺陷)产生的漏磁场所引起的磁痕显示,它包括以下几种。

(1)原材料缺陷磁痕显示:

①发纹。产生原因:钢锭内夹渣或气孔经轧制和拉拔变形伸长形成发纹。磁痕特征:发纹磁痕直,长短不一,清晰不浓密,两头呈圆形。鉴别方法:发纹一般属表面下(近表面)缺陷,可根据其特征进行判别。

②分层。产生原因:钢锭内夹渣、疏松或气孔经轧制变形形成发纹。磁痕特征:磁痕直,长短不一,清晰浓密。鉴别方法:分层属内部缺陷,经加工、切割后才会出现。

③材料裂纹。产生原因:钢锭表面裂纹、皮下气孔、夹渣及冷拔变形量不当都会形成裂纹。磁痕特征:磁痕直,长短不一,清晰浓密。鉴别方法:分层属内部缺陷,经加工、切割后才

会出现。

④白点。产生原因:氢裂。磁痕特征:在横断面上白点的磁痕呈短曲线状或锯齿状,中部粗、两头尖,呈辐射状分布。鉴别方法:在纵向剖面上,磁痕沿轴向分布,呈弯曲状或分叉。磁痕浓密清晰。

⑤拉痕。产生原因:模具表面光洁度不高、残留有氧化皮或润滑条件不良会产生拉痕。磁痕特征:拉痕肉眼可见。鉴别方法:检测时直接观察。

(2)锻钢件缺陷磁痕显示:

①锻造裂纹。产生原因:加热不当、操作不当、终锻温度太低、冷却速度太快等。磁痕特征:浓密清晰,呈直线或弯曲线状。鉴别方法:有裂纹尖端。

②折叠。产生原因:模具设计不合理、操作不当等。磁痕特征:一般呈圆弧形。鉴别方法:磁痕不浓密清晰,表面打磨后磁痕会更清晰。

(3)铸钢件缺陷磁痕显示:

①铸造裂纹。产生原因:铸造应力引起的。有热裂和冷裂之分。磁痕特征:磁痕浓密清晰,有裂纹尖端,即中间粗、两头尖。鉴别方法:属网状裂纹则磁痕清晰,但很淡。

②疏松。产生原因:铸造补缩不良。磁痕特征:呈点状或线状。鉴别方法:当磁化方向改变后,磁痕显示形状就不一样。

(4)焊接件缺陷磁痕显示:

①气割裂纹。产生原因:气割工艺不当、环境温度过低或冷却速度太快。磁痕特征:裂纹方向不定,磁痕呈线状清晰(具有裂纹特征)。

②电弧气刨裂纹。产生原因:气刨工艺不当、环境温度过低或冷却速度太快。磁痕特征:裂纹方向不定,磁痕呈线状清晰(具有裂纹特征)。

③焊接裂纹。焊接裂纹可分为焊缝裂纹、热影响区裂纹和熔合线裂纹。焊缝裂纹还可分为纵向裂纹、横向裂纹和树枝状裂纹。产生原因:焊接工艺不当、环境温度过低、冷却速度太快等。磁痕特征:磁痕呈线状清晰(具有裂纹共同特征)。

④未焊透。产生原因:焊接电流小、焊接速度快,基体金属未充分预热,坡口开度过小,焊工技术不熟练等。磁痕特征:磁痕松散、宽,呈直线(连续或断续状)。

(5)热处理缺陷磁痕显示:

①淬火裂纹。产生原因:加热温度过高、冷却速度过快。工件设计结构不良引起应力集中,或材料本身存在冶金缺陷等。磁痕特征:磁痕呈线状,清晰浓密(具有裂纹共同特征)。

②渗碳裂纹。产生原因:渗碳后冷却速度过快。磁痕特征:磁痕呈细线状、弧形状或龟裂状,磁痕清晰不浓密。

③表面淬火裂纹。产生原因:感应加热时间过长、冷却速度过快。磁痕特征:磁痕呈细线状、弧形状、辐射状或网状裂状,磁痕清晰。

(6)机械加工缺陷显示:

①磨削裂纹。产生原因:材料组织不均、淬火应力过大、磨削量过大等。磁痕特征:裂纹一般与磨削方向垂直分布或平行分布,也有呈放射状,磁痕清晰,但不浓密。

②矫正裂纹。产生原因:矫正工艺不当,施加压力超过材料的塑性变形。磁痕特征:磁

痕浓密,中间粗,两头尖。

(7)脆性裂纹磁痕显示。

产生原因:材料中S、P、Cu含量过高,热加工烧或表面处理产生氢脆。磁痕特征:磁痕成群出现,磁痕清晰。

4)磁痕分析与工件验收

磁痕分析是指确认磁粉探伤所发现磁痕显示属于伪显示、非相关显示或相关显示。磁痕评定是指对裂纹、发纹等相关显示严重性进行评价。工件验收是指根据工件磁粉探伤的质量验收标准和发现磁痕显示,判定合格/拒收或报废。

(三)退磁

1. 退磁一般要求

规定检测后加热至700℃以上进行热处理的工件,一般可不进行退磁。在下列情况下工件应进行退磁:

(1)当检测需要多次磁化时,如认定上一次磁化将会给下一次磁化带来不良影响;

(2)如认为工件的剩磁会对以后的机械加工产生不良影响;

(3)如认为工件的剩磁会对测试或计量装置产生不良影响;

(4)如认为工件的剩磁会对焊接产生不良影响;

(5)其他必要的场合。

2. 退磁方法

退磁可分为交流退磁法和直流退磁法两种。

1)交流退磁法

将需退磁的工件从通电的磁化线圈中缓慢抽出,直至工件离开线圈1m以上时,再切断电流。或将工件放入通电的磁化线圈内,将线圈中的电流逐渐减小至零或将交流电直接通过工件并同时逐步将电流减到零。

2)直流退磁法

将需退磁的工件放入直流电磁场中,不断改变电流方向,并逐渐减小电流至零。

3)大型工件退磁

大型工件可使用交流电磁轭进行局部退磁或采用缠绕电缆线圈分段退磁。

3. 剩磁

测定工件的退磁效果一般可用剩磁检查仪或磁场强度计测定。剩磁应不大于0.3mT(240A/m),或按产品技术条件规定。

(四)磁粉检测质量分级

1. 不允许存在的缺陷

(1)不允许存在任何裂纹和白点;

(2)紧固件和轴类零件不允许任何横向缺陷显示。

2. 焊接接头的磁粉检测质量分级

焊接接头的磁粉检测质量分级见表4-29。

焊接接头的磁粉检测质量等级　　表 4-29

等　　级	线性缺陷磁痕	圆形缺陷磁痕 （评定框尺寸为 35mm × 100mm）
Ⅰ	不允许	d≤1.5,且在评定框内不大于 1 个
Ⅱ	不允许	d≤3.0,且在评定框内不大于 2 个
Ⅲ	l≤3.0	d≤4.5,且在评定框内不大于 4 个
Ⅳ	大于Ⅲ级	
注:l 表示线性缺陷磁痕长度,mm;d 表示圆形缺陷磁痕长径,mm。		

3. 受压加工部件和材料磁粉检测质量分级

受压加工部件和材料磁粉检测质量等级见表 4-30。

受压加工部件和材料磁粉检测质量等级　　表 4-30

等　　级	线性缺陷磁痕	圆形缺陷磁痕 （评定框尺寸为 2500mm^2 其中一条矩形边长最大为 150mm）
Ⅰ	不允许	d≤2.0,且在评定框内不大于 1 个
Ⅱ	l≤4.0	d≤4.0,且在评定框内不大于 2 个
Ⅲ	l≤6.0	d≤6.0,且在评定框内不大于 4 个
Ⅳ	大于Ⅲ级	
注:l 表示线性缺陷磁痕长度,mm;d 表示圆形缺陷磁痕长径,mm。		

4. 综合评级

在圆形缺陷评定区内同时存在多种缺陷时,应进行综合评级。对各类缺陷分别评定级别,取质量级别最低的级别作为综合评级的级别;当各类缺陷的级别相同时,则降低一级作为综合评级的级别。

二、工作任务训练

(一)训练资料、设备和工具

(1)交直流磁粉探伤机;

(2)退磁机;

(3)XCJ 型磁强计;

(4)毫特斯拉计;

(5)磁罗盘;

(6)标准退磁样件 1 个;

(7)探伤的工件 1 个。

(二)训练过程

1. 下达工作任务(表4-31)

表4-31

任务名称	记录磁痕与分析评级			
任务安排	1. 小组以4~6人组成,每小组推选一名组长与副组长; 2. 组长总体负责本组人员的任务分工,组织协调完成任务; 3. 副组长负责仪器和资料使用及安全管理等事务; 4. 各成员要相互配合、团结合作、各司其职地完成任务。			
任务要求	1. 分别完成通过法和衰减法对标准退磁试件和工件进行退磁; 2. 分别完成换向衰减法和超低频退磁法对标准退磁试件和工件进行退磁; 3. 完成每次退磁后,分别用测剩磁仪器测量剩磁大小。			
技术要求	1. 了解工件上允许剩磁的标准; 2. 熟悉各种剩磁测量设备的使用方法; 3. 掌握各种退磁方法的操作及其退磁效果。			
成员组成	小组号		组长	
	副组长		组员	

2. 制定工作计划

1)任务分工表(表4-32)

表4-32

小组号		场地号		
组长		仪器归还者		
仪器号				
分　工　合　作				
序号	操作者	观察者	记录或计算者	协助者
1				
2				
3				
4				
5				
6				

2)实施方案设计

(1)实训的步骤:

①熟悉常用退磁方法与有关标准;

②将实训任务进行分解编号,由不同的成员承担完成不同的训练项目;

③记录实训过程中的测试结果;

④小组研究讨论;

⑤填表,完成实训任务。

(2)注意事项与技术要求:

①熟悉磁粉检测的设备、技术标准;

②熟悉各种剩磁测量设备的使用方法；
③掌握各种退磁方法的操作。

3. 实施工作计划，并完成如下记录

1）实施工作计划

（1）布置实训任务；
（2）将实训任务进行分解编号；
（3）研究实训任务，查阅检测方法、设备仪器和标准；
（4）进行磁粉检测准备测试；
（5）填表完成实训任务。

2）退磁结果记录表（表 4-33）

表 4-33

<table>
<tr><td colspan="2">任务名称</td><td colspan="2">退磁方法与退磁效果</td><td>小组号</td><td></td></tr>
<tr><td colspan="2">组长</td><td></td><td>组员</td><td colspan="2"></td></tr>
<tr><td colspan="6">退磁方法与退磁效果记录表</td></tr>
<tr><td rowspan="2">序号</td><td rowspan="2">实训内容</td><td colspan="4">实 训 记 录</td></tr>
<tr><td colspan="2">检测设备</td><td>测试对象</td><td>测试结果</td></tr>
<tr><td rowspan="6">1</td><td rowspan="6">交流电通过
退磁法</td><td colspan="2"></td><td></td><td></td></tr>
<tr><td colspan="2"></td><td></td><td></td></tr>
<tr><td colspan="2"></td><td></td><td></td></tr>
<tr><td colspan="2"></td><td></td><td></td></tr>
<tr><td colspan="2"></td><td></td><td></td></tr>
<tr><td colspan="2"></td><td></td><td></td></tr>
<tr><td rowspan="6">2</td><td rowspan="6">交流电衰减
退磁法</td><td colspan="2"></td><td></td><td></td></tr>
<tr><td colspan="2"></td><td></td><td></td></tr>
<tr><td colspan="2"></td><td></td><td></td></tr>
<tr><td colspan="2"></td><td></td><td></td></tr>
<tr><td colspan="2"></td><td></td><td></td></tr>
<tr><td colspan="2"></td><td></td><td></td></tr>
<tr><td rowspan="6">3</td><td rowspan="6">换向衰减
退磁法</td><td colspan="2"></td><td></td><td></td></tr>
<tr><td colspan="2"></td><td></td><td></td></tr>
<tr><td colspan="2"></td><td></td><td></td></tr>
<tr><td colspan="2"></td><td></td><td></td></tr>
<tr><td colspan="2"></td><td></td><td></td></tr>
<tr><td colspan="2"></td><td></td><td></td></tr>
<tr><td rowspan="6">4</td><td rowspan="6">超低频
退磁法</td><td colspan="2"></td><td></td><td></td></tr>
<tr><td colspan="2"></td><td></td><td></td></tr>
<tr><td colspan="2"></td><td></td><td></td></tr>
<tr><td colspan="2"></td><td></td><td></td></tr>
<tr><td colspan="2"></td><td></td><td></td></tr>
<tr><td colspan="2"></td><td></td><td></td></tr>
</table>

【任务小结】

一、学生自我评估(表4-34)

表4-34

实训项目						
小组号			任务号		实训者	
序号	检查项目	分值	要求			自我评定
1	任务完成情况	40	按要求按时完成实训任务			
2	实训记录	20	记录规范、完整			
3	实训纪律	20	不在实训场地打闹,无事故发生			
4	团队合作	20	服从组长的任务分工安排,能配合小组其他成员工作			
实训总结: 小组评分:________ 组长:________ ____年____月____日						

二、教师评定反馈(表4-35)

表4-35

实训项目						
小组号			任务号		实训者	
序号	检查项目	分值	要求			教师评定
1	设备使用	20	使用正确			
2	测试方法与步骤	20	方法与步骤正确			
3	效率检查	10	按时完成实训			
4	信息记录	20	记录规范、完整			
5	成果检测	10	成果符合要求			
6	团队合作	20	小组各成员能相互配合,协调工作			
存在问题: 考核教师:________ ____年____月____日						

【拓展提高】

填写磁粉检测报告(表4-36)。

磁粉检验报告

MAGNETIC PARTICLE INSPECTION REPORT

表4-36

报告编号:MT-001

REPORT NO:

委托单位 UNIT		零件名称或部件 NAME AND LOCATION OF PART	
飞机号 A/C NO		参考手册或规范 REFERENCE MANUAL &SPECTFICATION	
件号/序号 P/N&S/N		工卡号/工作指令号 JOB CARD/WORK ORDER NO	
数量 QUANTITY		仪器型号 TYPE OF EQUIP	
检查结果: INSPECTION RESULTS			
工作者: OPERATOR	检验员: INSPECTOR	日期:　年　月　日 DATE	

磁粉检测报告至少应包括以下内容:

(1)委托单位;

(2)被检工件:名称、编号、规格、材质、坡口型式、焊接方法和热处理状况;

(3)检测设备:名称、型号;

(4)检测规范:磁化方法及磁化规范,磁粉种类及磁悬液浓度和施加磁粉的方法,检测灵

敏度校验及标准试片、标准试块;

(5)磁痕记录及工件草图(或示意图);

(6)检测结果及质量分级、检测标准名称和验收等级;

(7)检测人员和责任人员签字及其技术资格;

(8)检测日期。

【课后自测】

问答题

1. 磁痕观察有哪些要求?
2. 退磁的原理是什么?退磁应注意什么?
3. 试述磁痕显示的分类和记录方法。

项目五　渗透检测

能力要求

1. 熟悉磁粉检测的基本原理与准备过程；
2. 掌握典型工件渗透检测的方法；
3. 掌握渗透显示缺陷的判定方法。

工作任务

1. 准备渗透检测；
2. 比较渗透检测剂；
3. 配制溶剂悬浮湿式显像剂；
4. 检测荧光渗透剂紫外线稳定性；
5. 渗透检测典型工件；
6. 判定渗透显示缺陷。

任务一　准备渗透检测

【任务目标】

1. 熟悉渗透检测的基本原理与过程；
2. 掌握渗透检测的渗透剂准备过程；
3. 初步具有渗透剂选择准备的能力。

【任务解析】

1. 工作任务名称：准备渗透检测。
2. 工作任务背景：焊接无损检测。
3. 完成工作任务要达到的技术标准：《船舶钢焊缝磁粉检测、渗透检测工艺和质量分级》CB/T 2598—2004。
4. 完成工作任务所需要的资料：渗透检测相关的国家标准或资料。
5. 完成工作任务的思路：知识点引导，根据任务要求，团队分工合作，完成技能训练。
6. 工作任务的技能点与知识点：渗透检测的基本概念；比较标准的与使用中的溶剂去除型着色渗透剂的性能。

【任务实施】

一、相关理论与知识学习

(一)液体渗透检测的基本原理

液体渗透检测的基本原理是由于渗透液的润湿作用和毛细现象而进入表面开口缺陷,随后被吸附和显像。渗透作用的深度和速度与渗透液的表面张力、粘附力、内聚力、渗透时间、材料的表面状况、缺陷的大小及类型等因素有关。

1. 表面张力

液体的表面张力是两个共存相之间出现的一种界面现象,是液体表面层收缩趋势的表现。表面张力可以用液面对单位长度边界线的作用来表示,即用表面张力系数来表示,其单位为 N/m。液体表面层中的分子一方面受液体内部的吸引力,称内聚力;另一方面受到其相邻气体分子的吸引力。由于后一种力比内聚力小,因而液体表面层中的分子有被拉进液体内部的趋势。一般来说,容易挥发的液体(如丙酮、酒精等)的表面张力系数比不易挥发的液体(如水银等)的表面张力系数小,同一种液体在高温时比低温时的表面张力系数小,含有杂质的液体的表面张力系数要更小。

2. 液体的湿润作用

液体与固体交界处有两种现象:第一种现象是液体之间的相互作用力大于液体分子与固体分子之间的作用力,称为固体不被液体润湿。如水银在玻璃板上收缩成水银珠、水滴在有油脂的玻璃板上形成水珠。第二种现象是液体各个分子之间的相互作用力小于液体分子与固体分子之间的相互作用力。被称为固体被液体湿润,如水滴在洁净的玻璃板上,水滴会慢慢散开。

固体被液体湿润的程度可以用液体对固体表面的接触角来表示。接触角 θ 是液面在接触点的切线与包裹液体的固体表面交界线之间的夹角。一种液体对某种固体的接触角小于90°,我们称该液体对这种固体表面是湿润的。接触角愈小,说明液体对固体表面的湿润能力愈好。当接触角大于90°时,称该液体对固体表面是不湿润的。同一种液体对不同的固体来说,可能是湿润的,也可能是不湿润的,水能湿润无油脂的玻璃,但不能湿润石蜡;水银不能湿润玻璃,但能湿润干净的锌板。

湿润作用与液体的表面张力有关系。内聚力大的液体,其表面张力系数也大,对固体的接触角也大。

3. 液体的毛细现象

将一根很细的管子插入盛有液体的容器中,如果液体能湿润管子,那么液体会在管子内上升,使管内的液面高于容器里的液面。如果液体不能湿润管子,管内的液面就会低于容器的液面,通常将这种湿润管壁的液体在细管中上升,而不湿润管壁的液体在细管中下降的现象称为毛细现象(图 5-1)。

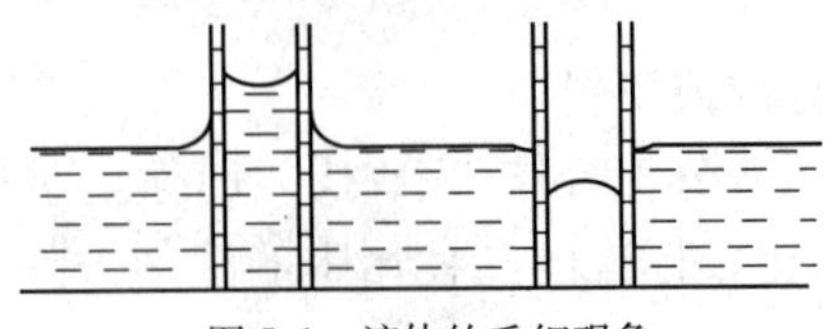

图 5-1　液体的毛细现象

液体在毛细管中上升或下降的高度可用下式计算：

$$h = 2\sigma\cos\theta / r\rho g$$

式中：h ——液体在毛细管中上升或下降的高度；

σ——液体的表面张力系数；

θ——液体对固体表面的接触角；

ρ——液体的密度；

r ——毛细管的内半径；

g ——重力加速度。

由上式可知，液体在毛细管中上升的高度与表面张力系数和接触角余弦的乘积成正比，与毛细管的内半径、液体的密度和重力加速度成反比。

4. 渗透检测的基本原理

可将零件表面的开口缺陷看成是毛细管或毛细缝隙。由于所采用的渗透液都是湿润的零件，因此渗透液在毛细作用下能渗入表面缺陷中去。此时在不进行显像的情况下可直接进行观察，如果使用显像剂进行显像，灵敏度会大大提高。

显像过程也是利用渗透作用的基本原理，显像剂是一种细微粉末，显像剂微粉之间可形成很多半径很小的毛细管，这种粉末又能被渗透液所湿润，所以当清洗完零件表面多余的渗透液后，给零件的表面敷散一层显像剂，根据上述毛细现象，缺陷中的渗透液就容易被吸出，形成一个放大的缺陷显示（如图5-2）。

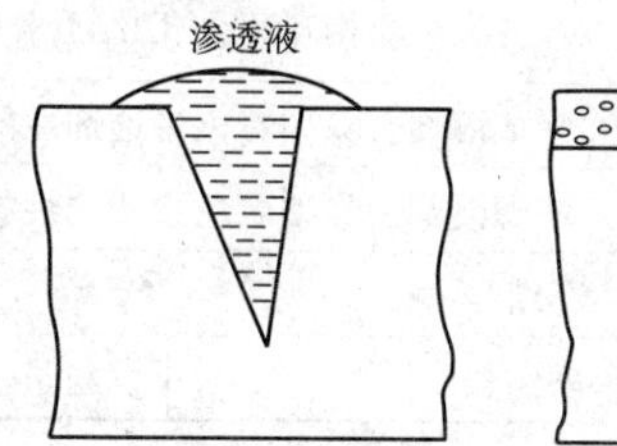

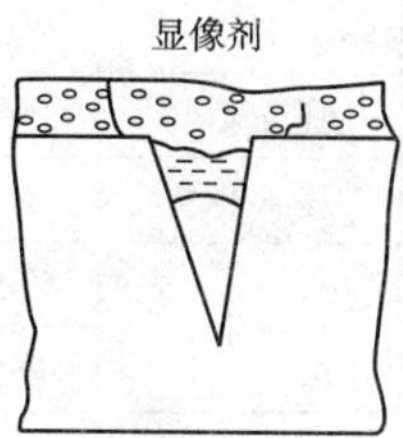

图5-2 渗透检测的基本原理

（二）训练步骤

（1）用去除剂预清洗试块，并随后干燥。

（2）将标准的溶剂去除型着色渗透剂刷涂于A型试块的半面上，将使用中的溶剂去除型着色渗透剂刷涂于A型试块的另半面上。

（3）然后使用标准处理方法。按下列处理程序（见图5-3）进行处理。

（4）观察比较标准着色渗透剂与使用中的着色渗透剂缺陷显示状态。从而确定使用中的着色渗透剂可否继续使用。

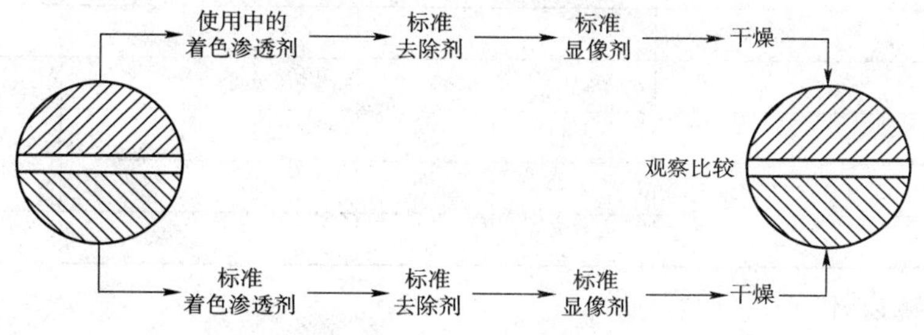

图5-3 标准处理程序

二、工作任务训练

(一)训练资料、工具和设备

(1)白光光源;

(2)铝合金淬火试块(A 型试块);

(3)标准的与使用中的溶剂去除型着色渗透剂;

(4)与溶剂去除型着色渗透剂同族组的标准去除剂及标准显像剂。

(二)训练过程

1. 下达工作任务(表 5-1)

表 5-1

<table>
<tr><td>任务名称</td><td colspan="5">准备渗透检测</td></tr>
<tr><td>任务安排</td><td colspan="5">1. 小组以 4~6 人组成,每小组推选一名组长与副组长;
2. 组长总体负责本组人员的任务分工,组织协调完成任务;
3. 副组长负责仪器和资料使用及安全管理等事务;
4. 各成员要相互配合、团结合作、各司其职地完成任务。</td></tr>
<tr><td>任务要求</td><td colspan="5">完成溶剂去除型着色渗透剂性能比较。</td></tr>
<tr><td>技术要求</td><td colspan="5">掌握溶剂去除型着色渗透剂性能比较的方法。</td></tr>
<tr><td rowspan="2">成员组成</td><td>小组号</td><td colspan="2"></td><td>组长</td><td></td></tr>
<tr><td>副组长</td><td></td><td>组员</td><td colspan="2"></td></tr>
</table>

2. 制定计划

1)任务分工(表 5-2)

表 5-2

<table>
<tr><td>小组号</td><td colspan="2"></td><td colspan="2">场地号</td><td colspan="2"></td></tr>
<tr><td>组长</td><td colspan="2"></td><td colspan="2">仪器归还者</td><td colspan="2"></td></tr>
<tr><td>仪器号</td><td colspan="6"></td></tr>
<tr><td colspan="7">分 工 合 作</td></tr>
<tr><td>序号</td><td>操作者</td><td colspan="2">观察者</td><td colspan="2">记录或计算者</td><td>协助者</td></tr>
<tr><td>1</td><td></td><td colspan="2"></td><td colspan="2"></td><td></td></tr>
<tr><td>2</td><td></td><td colspan="2"></td><td colspan="2"></td><td></td></tr>
<tr><td>3</td><td></td><td colspan="2"></td><td colspan="2"></td><td></td></tr>
<tr><td>4</td><td></td><td colspan="2"></td><td colspan="2"></td><td></td></tr>
<tr><td>5</td><td></td><td colspan="2"></td><td colspan="2"></td><td></td></tr>
<tr><td>6</td><td></td><td colspan="2"></td><td colspan="2"></td><td></td></tr>
</table>

2)实施方案设计

(1)实训的步骤:

①熟悉渗透检测方法与有关标准;

②将实训任务进行分解编号，由不同的成员承担完成不同的训练项目；

③记录实训过程中的测试结果；

④小组研究讨论；

⑤填表，完成实训任务。

（2）注意事项与技术要求：

①两种不同牌号的渗透检测剂其性能比较试验也可参照上述试验方法。可将不同牌号的两种着色渗透剂分别刷涂于试块的两个半面上，然后分别使用各自的去除剂及显像剂，按各自的标准方法处理，最后观察比较；

②研究分析渗透、乳化、去除及显像操作工序是否得当，也可参照上述试验方法。例如进行旨在研究分析乳化去除操作工序是否合适的试验时，首先要在相同的条件下，将渗透剂刷涂在A型试块的两个半面上，然后，在完全相同的条件下进行乳化去除以外的各项操作。即只是在乳化去除操作工序时，改变A型试块的两个半面上的乳化去除时间、水压、水温等试验条件，最后观察比较；

③也可使用黄铜板镀镍铬裂纹试块（C型试块）进行上述试验；

④熟悉渗透检测的设备、技术标准；

⑤熟悉渗透检测设备构造、安全操作规程；

⑥掌握渗透检测的准备过程和方法。

3. 实施工作计划，并完成相应记录

实施工作计划步骤

（1）布置实训任务；

（2）将实训任务进行分解编号；

（3）研究实训任务，查阅检测方法、设备仪器和标准；

（4）进行渗透检测准备测试；

（5）填表完成实训任务。

【任务小结】

一、学生自我评估（表5-3）

表5-3

实训项目	准备渗透检测					
小组号			任务号		实训者	
序号	检查项目	分值	要求			自我评定
1	任务完成情况	40	按要求按时完成实训任务			
2	实训记录	20	记录规范、完整			
3	实训纪律	20	不在实训场地打闹，无事故发生			
4	团队合作	20	服从组长的任务分工安排，能配合小组其他成员工作			

续上表

<table>
<tr><td>实训总结:

小组评分:________ 组长:________ ____年____月____日</td></tr>
</table>

二、教师评定反馈(表5-4)

表5-4

<table>
<tr><td>实训项目</td><td colspan="5">准备渗透检测</td></tr>
<tr><td>小组号</td><td colspan="2"></td><td>任务号</td><td></td><td>实训者</td></tr>
<tr><td>序号</td><td>检查项目</td><td>分值</td><td colspan="2">要求</td><td>自我评定</td></tr>
<tr><td>1</td><td>资料查阅</td><td></td><td colspan="2">资料查阅正确、针对性强</td><td></td></tr>
<tr><td>2</td><td>条件分析</td><td></td><td colspan="2">分析正确</td><td></td></tr>
<tr><td>3</td><td>效率检查</td><td></td><td colspan="2">按时完成实训</td><td></td></tr>
<tr><td>4</td><td>信息记录</td><td></td><td colspan="2">记录规范、完整</td><td></td></tr>
<tr><td>5</td><td>成果检测</td><td></td><td colspan="2">成果符合要求</td><td></td></tr>
<tr><td>6</td><td>团队合作</td><td></td><td colspan="2">小组各成员能相互配合,协调工作</td><td></td></tr>
<tr><td colspan="6">存在问题:

考核教师:________ ____年____月____日</td></tr>
</table>

【课后自测】

问答题

1. 液体的表面张力和浸润作用的定义是什么?
2. 渗透检测的基本原理是什么?
3. 如何进行渗透检测剂性能比较试验?

任务二　比较渗透检测剂

【任务目标】

1. 熟悉渗透检测剂的基本原理与过程；
2. 掌握一般渗透剂的配制方法；
3. 初步具有选择渗透检测剂的能力。

【任务解析】

1. 工作任务名称：比较渗透检测剂。
2. 工作任务背景：焊接无损检测。
3. 完成工作任务要达到的技术标准：《船舶钢焊缝磁粉检测、渗透检测工艺和质量分级》CB/T 2598—2004。
4. 完成工作任务所需要的资料：渗透检测相关的国家标准或资料。
5. 完成工作任务的思路：知识点引导，根据任务要求，团队分工合作，完成技能训练。
6. 工作任务的技能点与知识点：后乳化型着色渗透剂的配制。

【任务实施】

一、相关理论与知识学习

（一）渗透剂概述

渗透检测剂包括渗透剂、乳化剂、清洗剂和显像剂。

渗透剂是渗透检测中最为关键的材料，直接影响检测的精度。

渗透剂应具有以下性能：①渗透性能好，容易渗入缺陷中去。②易被清洗，容易从零件表面清洗干净。③对于荧光渗透液，要求其荧光辉度高；对于着色渗透剂，则要求其色彩艳丽。④其酸碱度应呈中性，对被检部件无腐蚀，毒性小，对人无伤害，对环境污染亦小。⑤闪点高，不易着火。⑥制造原材料来源方便，价格低廉。

1. 渗透剂分类

按其显示方式可分为荧光渗透剂和着色渗透剂两种。按其清洗方法可分为水洗型渗透剂、后乳化型渗透剂和溶剂去除型渗透剂三种：

（1）水洗型，即在渗透剂中加入了乳化剂，可直接用水来洗。乳化剂含量高时，渗透剂容易清洗（在清洗时容易将宽而浅的缺陷中的渗透剂清洗出来，造成漏检），但检测灵敏度低。乳化剂含量低时，难于清洗，但检测灵敏度较高。

（2）后乳化型渗透剂不含有乳化剂，只是在渗透完成后，再给零件的表面渗透剂上加乳化剂。所以使用后乳化型渗透剂进行着色检测时，渗透液保留在缺陷中而不被清洗出来的能力强。

(3)溶剂去除型渗透剂不用乳化型,而是利用有机溶剂(如汽油、酒精、丙酮等)来清洗零件表面多余的渗透剂,进而达到清洗的目的。

2. 渗透剂的质量控制应满足下列要求

(1)在每一批新的合格散装渗透剂中应取出500mL贮藏在玻璃容器中保存起来,作为校验基准。

(2)渗透剂应装在密封容器中,放在温度为10~50℃的暗处保存,并应避免阳光照射。各种渗透剂的相对密度应根据制造厂说明书的规定采用相对密度计进行校验,并应保持相对密度不变。

(3)散装渗透剂的浓度应根据制造厂说明书规定进行校验。校验方法是将10mL待校验的渗透剂和基准渗透剂分别注入盛有90mL无色煤油或其他惰性溶剂的量筒中,搅拌均匀。然后将两种试剂分别放在比色计试管中进行颜色浓度的比较,如果被校验的渗透剂与基准渗透剂的颜色浓度差超过20%时,就应作为不合格。

(4)对正在使用的渗透剂进行外观检验,如发现有明显的混浊或沉淀物、变色或难以清洗,则应予以报废。

(5)被检渗透剂与基准渗透剂用试块进行性能对比试验,当被检渗透剂显示缺陷的能力低于基准渗透剂时,应予报废。

(6)荧光渗透剂的荧光效率不得低于75%。

3. 显像剂

显像剂的质量控制要求

(1)对干式显像剂应经常进行检查,如发现粉末凝聚、显著的残留荧光或性能低下时要废弃。

(2)湿式显像剂的浓度应保持在制造厂规定的工作浓度范围内,其比重应经常进行校验,校验方法是用比重计进行测定。

(3)当使用的湿式显像剂出现混浊、变色或难以形成薄且均匀的显像层时,则应予以报废。

4. 检测剂其他一般要求

(1)渗透检测剂必须标明生产日期和有效期,要附带产品合格证和使用说明书。

(2)对于喷罐式渗透检测剂,其喷罐表面不得有锈蚀,喷罐不得出现泄漏。

(3)渗透检测剂必须具有良好的检测性能,对工件无腐蚀,对人体基本无毒害作用。

(4)渗透检测剂应根据承压设备的具体情况进行选择。对同一检测工件,不能混用不同类型的渗透检测剂。

(二)训练步骤

(1)将玻璃容器、玻璃搅拌棒及量筒清洗干净。

(2)称取:苏丹红Ⅳ　8g

(3)量取:乙酸乙酯　50ml;
航空煤油　600ml;
变压器油　200ml;
松节油　50ml;
丁酸丁酯　100ml。

(4)先将苏丹红Ⅳ8g置于玻璃容器中,然后将50ml乙酸乙酯缓缓倒入,一边倒入一边搅拌,让苏丹红Ⅳ浸透在乙酸乙酯中,并搅拌均匀。

(5)按如下顺序逐次倒入:

航空煤油、松节油、变压器油、丁酸丁酯。

每加进一种溶剂,都需搅拌均匀。

(6)一直搅拌至苏丹红Ⅳ完全溶解,并且各种溶剂均匀混合。至此,后乳化型着色渗透剂基本配制完毕。

(7)用B型试块检查新配制的后乳化型着色渗透剂的灵敏度。除施加的着色渗透剂渗透使用新配制的后乳化型着色渗透剂外,其他乳化剂、去除剂及显像剂均用同族组的标准渗透检测剂,按标准操作方法处理,观察B型试块辐射状裂纹显示情况,并将辐射状裂纹显示与原保存的复制品对照,观察对比确定新配制的着色渗透剂可否使用。

二、工作任务训练

(一)训练资料、工具和设备

(1)白光光源;

(2)不锈钢镀铬辐射状裂纹试块(B型试块);

(3)化学试剂:

苏丹红Ⅳ	8g	乙酸乙酯	50ml
航空煤油	600ml	松节油	50ml
变压器	200ml	丁酸丁酯	100ml

(4)玻璃容器:容积1500ml;

(5)玻璃搅拌棒:长200mm;

(6)天平:称量500g;

(7)量筒:容量500ml。

(二)训练过程

1. 下达工作任务(表5-5)

表5-5

<table>
<tr><td>任务名称</td><td colspan="4">比较渗透检测剂</td></tr>
<tr><td>任务安排</td><td colspan="4">1. 小组以4~6人组成,每小组推选一名组长与副组长;
2. 组长总体负责本组人员的任务分工,组织协调完成任务;
3. 副组长负责仪器和资料使用及安全管理等事务;
4. 各成员要相互配合、团结合作、各司其职地完成任务。</td></tr>
<tr><td>任务要求</td><td colspan="4">比较渗透检测剂。</td></tr>
<tr><td>技术要求</td><td colspan="4">掌握不同渗透检测剂性能。</td></tr>
<tr><td rowspan="2">成员组成</td><td>小组号</td><td></td><td>组长</td><td></td></tr>
<tr><td>副组长</td><td></td><td>组员</td><td></td></tr>
</table>

2. 制定工作计划

1)任务分工表(表5-6)

表5-6

<table>
<tr><td>小组号</td><td colspan="2"></td><td>场地号</td><td></td></tr>
<tr><td>组长</td><td colspan="2"></td><td>仪器归还者</td><td></td></tr>
<tr><td>仪器号</td><td colspan="4"></td></tr>
<tr><td colspan="5">分　工　合　作</td></tr>
<tr><td>序号</td><td>操作者</td><td>观察者</td><td>记录或计算者</td><td>协助者</td></tr>
<tr><td>1</td><td></td><td></td><td></td><td></td></tr>
<tr><td>2</td><td></td><td></td><td></td><td></td></tr>
<tr><td>3</td><td></td><td></td><td></td><td></td></tr>
<tr><td>4</td><td></td><td></td><td></td><td></td></tr>
<tr><td>5</td><td></td><td></td><td></td><td></td></tr>
<tr><td>6</td><td></td><td></td><td></td><td></td></tr>
</table>

2)实施方案设计

(1)实训的步骤:

①熟悉渗透检测方法与有关标准;

②将实训任务进行分解编号,由不同的成员承担完成不同的训练项目;

③记录实训过程中的测试结果;

④小组研究讨论;

⑤填表,完成实训任务。

(2)注意事项与技术要求:

①配制的后乳化型着色渗透剂中应无沉淀结块物,如果发现有沉淀结块物可用水浴法适当提高温度。但以不超过40℃为宜;

②配制过程中,乙酸乙酯倒入苏丹红Ⅳ中时,防止出现结块物是关键;

③本实验的后乳化型着色渗透剂配方中,苏丹红Ⅳ是着色染料,乙酸乙酯是渗透溶剂,航空煤油及松节油是溶剂、渗透剂,变压器油是增长剂,丁酸丁酯是助溶剂。

3. 实施工作计划,并完成相应记录

实施工作计划步骤:

(1)布置实训任务;

(2)将实训任务进行分解编号;

(3)研究实训任务,查阅检测方法、设备仪器和标准;

(4)进行渗透检测准备测试;

(5)填表完成实训任务。

【任务小结】

一、学生自我评估(表5-7)

表5-7

实训项目	比较渗透检测剂				
小组号		任务号		实训者	
序号	检查项目	分值	要求		自我评定
1	任务完成情况	40	按要求按时完成实训任务		
2	实训记录	20	记录规范、完整		
3	实训纪律	20	不在实训场地打闹,无事故发生		
4	团队合作	20	服从组长的任务分工安排,能配合小组其他成员工作		
实训总结: 小组评分:________　组长:________　____年____月____日					

二、教师评定反馈(表5-8)

表5-8

实训项目	比较渗透检测剂				
小组号		任务号		实训者	
序号	检查项目	分值	要求		自我评定
1	资料查阅		资料查阅正确、针对性强		
2	条件分析		分析正确		
3	效率检查		按时完成实训		
4	信息记录		记录规范、完整		
5	成果检测		成果符合要求		
6	团队合作		小组各成员能相互配合,协调工作		
存在问题: 考核教师:________　____年____月____日					

【课后自测】

问答题:

1. 简述渗透剂分类。
2. 显像剂的质量控制要求有哪些?
3. 简述渗透检测剂的一般要求。

任务三　配制溶剂悬浮湿式显像剂

【任务目标】

1. 熟悉调试设备仪器以及试块的基本原理与过程;
2. 掌握渗透检测设备仪器以及试块的性能;
3. 初步具有溶剂悬浮湿式显像剂配制的能力。

【任务解析】

1. 工作任务名称:配制溶剂悬浮湿式显像剂。
2. 工作任务背景:焊接无损检测。
3. 完成工作任务要达到的技术标准:《船舶钢焊缝磁粉检测、渗透检测工艺和质量分级》CB/T 2598—2004。
4. 完成工作任务所需要的资料:渗透检测相关的国家标准或资料。
5. 完成工作任务的思路:知识点引导,根据任务要求,团队分工合作,完成技能训练。
6. 工作任务的技能点与知识点:设备仪器以及试块;配制溶剂悬浮湿式显像剂。

【任务实施】

一、相关理论与知识学习

(一)配制溶剂悬浮湿式显像剂基础

1. 暗室或检测现场

暗室或检测现场应有足够的空间,能满足检测的要求,检测现场应保持清洁,荧光检测时暗室或暗处可见光照度应不大于 20lx。

2. 黑光灯

黑光灯的紫外线波长应在 320 ~ 400nm 的范围内,峰值波长为 365nm,距黑光灯滤光片 38cm 的工件表面的辐照度大于等于 $1000\mu W/cm^2$,自显像时距黑光灯滤光片 15cm 的工件表面的辐照度大于等于 $3000\mu W/cm^2$。黑光灯的电源电压波动大于 10% 时应安装电源稳压器。

3. 黑光辐照度计

黑光辐照度计用于测量黑光辐照度,其紫外线波长应在 320 ~ 400nm 的范围内,峰值波长为 365nm。

4. 荧光亮度计

荧光亮度计用于测量渗透剂的荧光亮度,其波长应在 430 ~ 600nm 的范围内,峰值波长为 500 ~ 520nm。

5. 照度计

照度计用于测量白光照度。

6. 试块

1)铝合金试块(A 型对比试块)

铝合金试块尺寸如图 5-4 所示,试块由同一试块剖开后具有相同大小的两部分组成,并打上相同的序号,分别标以 A、B 记号,A、B 试块上均应具有细密相对称的裂纹图形。铝合金试块的其他要求应符合检验标准的有关规定。

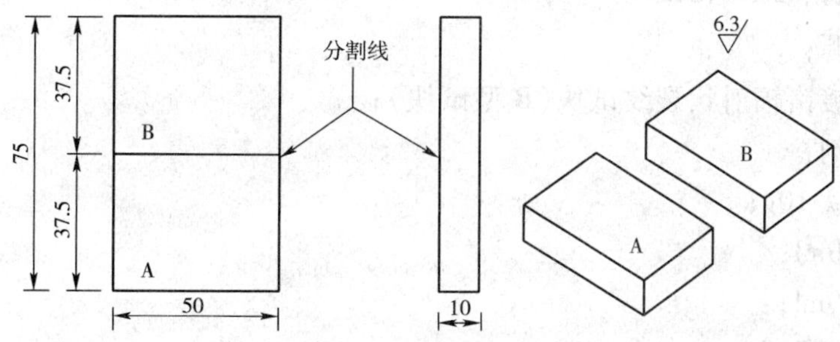

图 5-4 铝合金试块

铝合金试块主要用于以下两种情况:①在正常使用情况下,检验渗透检测剂能否满足要求,以及比较两种渗透检测剂性能的优劣;②对用于非标准温度下的渗透检测方法做出鉴定。

2)镀铬试块(B 型试块)

将一块尺寸为 130mm × 40mm × 4mm、材料为 0Cr18Ni9Ti 或其他不锈钢材料的试块上单面镀铬,用布氏硬度法在其背面施加不同负荷形成 3 个辐射状裂纹区,按大小顺序排列区位号分别为 1、2、3,其位置、间隔及其他要求应符合检测标准型试块相关规定。裂纹尺寸分别对应 B 型试块上的裂纹区位号 2、3、4。

镀铬试块主要用于检验渗透检测剂系统灵敏度及操作工艺正确性。

3)试块使用注意

(1)着色渗透检测用的试块不能用于荧光渗透检测,反之亦然。

(2)发现试块有阻塞或灵敏度有所下降时,必须及时修复或更换。

(3)试块使用后要用丙酮进行彻底清洗。清洗后,再将试块放入装有丙酮和无水酒精的混合液体(体积混合比为 1 : 1)的密闭容器中保存,或用其他有效方法保存。

(二)训练步骤

(1)将玻璃容器、玻璃搅拌棒、量筒清洗干净。

(2)称取:二氧化钛 50g。

(3)量取:丙酮400ml、乙醇150ml、胶棉液450ml。

(4)先将二氧化钛50g置于玻璃容器中,然后将丙酮缓缓倒入二氧化钛中,一边倒入一边搅拌,让二氧化钛浸透在丙酮中,搅拌均匀。

(5)按顺序依次倒入乙醇、胶棉液,每加一种溶剂,都须搅拌均匀。

(6)一直搅拌至二氧化钛完全溶解,并且各种溶剂均匀混合。此时溶剂悬浮湿式显像剂基本配制完毕。

(7)用B型试块,检查新配制的溶剂悬浮湿式显像剂的性能。除显像剂外,其他着色渗透剂、去除剂均用同族组的标准渗透检测剂,按标准操作方法处理。观察B型试块辐射状裂纹显示情况,并将辐射状裂纹显示与原保存的复制品对照。观察对比确定新配制的溶剂悬浮湿式显像剂可否使用。

二、工作任务训练

(一)训练资料、工具和设备

(1)白光光源;

(2)不锈钢镀铬辐射状裂纹试块(B型试块);

(3)化学试剂:

二氧化钛10g;

丙酮400ml;

乙醇150ml;

胶棉液450ml;

(4)玻璃容器:容积150ml;

(5)玻璃搅拌棒:长200mm;

(6)天平:称量500g;

(7)量筒:容量500ml。

(二)训练过程

1. 下达工作任务(表5-9)

表5-9

<table>
<tr><td>任务名称</td><td colspan="4">配制溶剂悬浮湿式显像剂</td></tr>
<tr><td>任务安排</td><td colspan="4">1. 小组以4~6人组成,每小组推选一名组长与副组长;
2. 组长总体负责本组人员的任务分工,组织协调完成任务;
3. 副组长负责仪器和资料使用及安全管理等事务;
4. 各成员要相互配合、团结合作、各司其职地完成任务。</td></tr>
<tr><td>任务要求</td><td colspan="4">完成溶剂悬浮湿式显像剂的配制。</td></tr>
<tr><td>技术要求</td><td colspan="4">掌握溶剂悬浮湿式显像剂的配制方法。</td></tr>
<tr><td rowspan="2">成员组成</td><td>小组号</td><td></td><td>组长</td><td></td></tr>
<tr><td>副组长</td><td></td><td>组员</td><td></td></tr>
</table>

2. 制定工作计划

1)任务分工(表 5-10)

表 5-10

小组号		场地号		
组长		仪器归还者		
仪器号				
分　工　合　作				
序号	操作者	观察者	记录或计算者	协助者
1				
2				
3				
4				
5				
6				

2)实施方案设计

(1)实训的步骤:

①熟悉渗透检测方法与有关标准;

②将实训任务进行分解编号,由不同的成员承担完成不同的训练项目;

③记录实训过程中的测试结果;

④小组研究讨论;

⑤填表,完成实训任务。

(2)注意事项与技术要求:

①配制的溶剂悬浮湿式显像剂不应有结块物。经轻微搅拌,沉淀物即可在溶剂中分散并悬浮起来。

②在本实验的溶剂悬浮湿式显像剂配方中,二氧化钛是吸附剂,丙酮是溶剂,乙醇是稀释剂,胶棉液是限制剂。

3. 实施工作计划,并完成相应记录

实施工作计划步骤:

(1)布置实训任务;

(2)将实训任务进行分解编号;

(3)研究实训任务,查阅检测方法、设备仪器和标准;

(4)进行渗透检测准备测试;

(5)填表完成实训任务。

【任务小结】

一、学生自我评估(表5-11)

表5-11

实训项目	配制溶剂悬浮湿式显像剂				
小组号		任务号		实训者	
序号	检查项目	分值	要求		自我评定
1	任务完成情况	40	按要求按时完成实训任务		
2	实训记录	20	记录规范、完整		
3	实训纪律	20	不在实训场地打闹,无事故发生		
4	团队合作	20	服从组长的任务分工安排,能配合小组其他成员工作		
实训总结: 小组评分:________ 组长:________ ____年____月____日					

二、教师评定反馈(表5-12)

表5-12

实训项目	配制溶剂悬浮湿式显像剂				
小组号		任务号		实训者	
序号	检查项目	分值	要求		自我评定
1	资料查阅		资料查阅正确、针对性强		
2	条件分析		分析正确		
3	效率检查		按时完成实训		
4	信息记录		记录规范、完整		
5	成果检测		成果符合要求		
6	团队合作		小组各成员能相互配合,协调工作		
存在问题: 考核教师:________ ____年____月____日					

【课后自测】

问答题

1. 常见的辅助设备仪器有哪些?
2. 试块的使用方法与注意事项是什么?
3. 如何配制溶剂悬浮湿式显像剂?

任务四　检测荧光渗透剂紫外线稳定性

【任务目标】

1. 熟悉各类渗透检测方法的基本原理与过程;
2. 掌握各类渗透检测方法的区别与应用;
3. 初步具有检测荧光渗透剂紫外线稳定性的能力。

【任务解析】

1. 工作任务名称:检测荧光渗透剂紫外线稳定性。
2. 工作任务背景:焊接无损检测。
3. 完成工作任务要达到的技术标准:《船舶钢焊缝磁粉检测、渗透检测工艺和质量分级》CB/T 2598—2004。
4. 完成工作任务所需要的资料:渗透检测相关的国家标准或资料。
5. 完成工作任务的思路:知识点引导,根据任务要求,团队分工合作,完成技能训练。
6. 工作任务的技能点与知识点:具有检测荧光渗透剂紫外线稳定性的能力。

【任务实施】

一、相关理论与知识学习

(一)检测荧光渗透剂紫外线稳定性基础

1. 渗透检测方法分类

根据渗透剂和显像剂种类不同,渗透检测方法可按表 5-13 进行分类。

2. 灵敏度等级

灵敏度等级分类如下:1 级——低灵敏度;2 级——中灵敏度;3 级——高灵敏度。

不同灵敏度等级在镀铬试块上可显示的裂纹区位数应按表 5-14 的规定。

渗透检测方法分类 表5-13

渗透剂		渗透剂的去除		显像剂	
分类	名称	方法	名称		名称
Ⅰ Ⅱ Ⅲ	荧光渗透检测 着色渗透检测 荧光、着色渗透检测	A B C D	水洗型渗透检测 亲油型后乳化渗透检测 溶剂去除型渗透检测 亲水型后乳化渗透检测	a b c d e	干粉显像剂 水溶解显像剂 水悬浮显像剂 溶剂悬浮显像剂 自显像
注:渗透检测方法代号示例:ⅡC-d 为溶剂去除型着色渗透检测(溶剂悬浮显像剂)。					

灵敏度等级 表5-14

灵敏度等级	可显示的裂纹区位数
1级	1~2
2级	2~3
3级	3

3. 渗透检测方法选用

(1)渗透检测方法的选用,首先应满足检测缺陷类型和灵敏度的要求。在此基础上,可根据被检工件表面粗糙度、检测批量大小和检测现场的水源及电源等条件来决定。

(2)对于表面光洁且检测灵敏度要求高的工件,宜采用后乳化型着色法或后乳化型荧光法,也可采用溶剂去除型荧光法。

(3)对于表面粗糙且检测灵敏度要求低的工件宜采用水洗型着色法或水洗型荧光法。

(4)对现场无水源、电源的检测宜采用溶剂去除型着色法。

(5)对于批量大的工件检测,宜采用水洗型着色法或水洗型荧光法。

(6)对于大工件的局部检测,宜采用溶剂去除型着色法或溶剂去除型荧光法。

(7)荧光法比着色法有较高的检测灵敏度。

4. 检测时机

除非另有规定,焊接接头的渗透检测应在焊接完工后或焊接工序完成后进行。对有延迟裂纹倾向的材料,至少应在焊接完成24h后进行焊接接头的渗透检测。紧固件和锻件的渗透检测一般应安排在最终热处理之后进行。

(二)训练步骤

(1)开启紫外线光源,用J221型紫外线辐照计(或ZQJ-1)检测紫外线强度,使其为$(860 \pm 40)\mu W/cm^2$。

(2)将荧光渗透剂500ml置于广口玻璃容器中。

(3)将10张定性滤纸浸入到荧光渗透剂中,取出用试样夹子夹好,干燥5min;

(4)将5个挂有滤纸试样的夹子悬挂在无强光、强热和强气流的地方。其余5个试样暴露在紫外线下,5个试样应受到均匀照射,曝光时间1h;

(5)曝光后,使用紫外线辐照计交替测试5个未暴露和5个暴露的试样。以未暴露试样的辐照强度值作为100%,与暴露试样的照度值做比较,确定是否符合要求。注:85%以上合格。

二、工作任务训练

(一)训练资料、工具和设备

(1)后乳化型荧光渗透剂:HA-1 型 500ml;

(2)紫外线光源;

(3)定性滤纸:10 张;

(4)紫外线辐照计:J221 型(或 ZQJ-1 型)1 个;

(5)广口玻璃容器:容量 500ml;

(6)定时钟:1 个;

(7)试样夹子:0 个;

(8)试样架:10 个。

(二)训练过程

1. 下达工作任务(表 5-15)

表 5-15

<table>
<tr><td>任务名称</td><td colspan="5">检测荧光渗透剂紫外线稳定性</td></tr>
<tr><td>任务安排</td><td colspan="5">1. 小组以 4 ~6 人组成,每小组推选一名组长与副组长;
2. 组长总体负责本组人员的任务分工,组织协调完成任务;
3. 副组长负责仪器和资料使用及安全管理等事务;
4. 各成员要相互配合、团结合作、各司其职地完成任务。</td></tr>
<tr><td>任务要求</td><td colspan="5">检测荧光渗透剂紫外线稳定性。</td></tr>
<tr><td>技术要求</td><td colspan="5">熟悉荧光渗透剂紫外线稳定性试验过程。</td></tr>
<tr><td rowspan="2">成员组成</td><td>小组号</td><td colspan="2"></td><td>组长</td><td></td></tr>
<tr><td>副组长</td><td></td><td>组员</td><td colspan="2"></td></tr>
</table>

2. 制定工作计划

1)任务分工(表 5-16)

表 5-16

<table>
<tr><td>小组号</td><td colspan="2"></td><td colspan="2">场地号</td></tr>
<tr><td>组长</td><td colspan="2"></td><td colspan="2">仪器归还者</td></tr>
<tr><td>仪器号</td><td colspan="4"></td></tr>
<tr><td colspan="5">分 工 合 作</td></tr>
<tr><td>序号</td><td>操作者</td><td>观察者</td><td>记录或计算者</td><td>协助者</td></tr>
<tr><td>1</td><td></td><td></td><td></td><td></td></tr>
<tr><td>2</td><td></td><td></td><td></td><td></td></tr>
</table>

续上表

序号	操作者	观察者	记录或计算者	协助者
3				
4				
5				
6				

2)实施方案设计

(1)实训的步骤:

①熟悉渗透检测方法与有关标准;

②将实训任务进行分解编号,由不同的成员承担完成不同的训练项目;

③记录实训过程中的测试结果;

④小组研究讨论;

⑤填表,完成实训任务。

(2)注意事项与技术要求:

①交替测试是为了补偿仪器读数的漂移。

②在暴露的试样上测试时,一定要在暴露于紫外线的一面上进行测量。

③5 个试样的照度值应取平均值。

3. 实施工作计划,并完成相应记录

实施工作计划步骤:

(1)布置实训任务;

(2)将实训任务进行分解编号;

(3)研究实训任务,查阅检测方法、设备仪器和标准;

(4)进行渗透检测准备测试;

(5)填表完成实训任务。

【任务小结】

一、学生自我评估(表 5-17)

表 5-17

实训项目	检测荧光渗透剂紫外线稳定性				
小组号			任务号	实训者	
序号	检 查 项 目	分值	要　求		自 我 评 定
1	任务完成情况	40	按要求按时完成实训任务		
2	实训记录	20	记录规范、完整		
3	实训纪律	20	不在实训场地打闹,无事故发生		
4	团队合作	20	服从组长的任务分工安排,能配合小组其他成员工作		

续上表

实训总结：   小组评分：______________ 组长：______________ ____年____月____日

二、教师评定反馈(表 5-18)

表 5-18

实训项目	检测荧光渗透剂紫外线稳定性				
小组号		任务号		实训者	
序号	检 查 项 目	分值	要　求	自 我 评 定	
1	资料查阅		资料查阅正确、针对性强		
2	条件分析		分析正确		
3	效率检查		按时完成实训		
4	信息记录		记录规范、完整		
5	成果检测		成果符合要求		
6	团队合作		小组各成员能相互配合,协调工作		
存在问题： 考核教师：______________ ____年____月____日					

【拓展提高】

训练：干粉显像剂的摇实密度

一、训练目的

掌握干粉显像剂的摇实密度的测定方法。

二、实验内容

测定干粉显像剂的摇实密度。

三、实验器具

(1)量筒:容量500ml;
(2)天平:称量1 000g;
(3)直尺:1把;
(4)白纸:200mm×200mm;
(5)细线:长300mm;
(6)自制圆环三脚架,见图5-5用细铁棒焊接而成,细铁棒直径约为5mm;
(7)橡皮:厚10mm,大小为200mm×200mm。

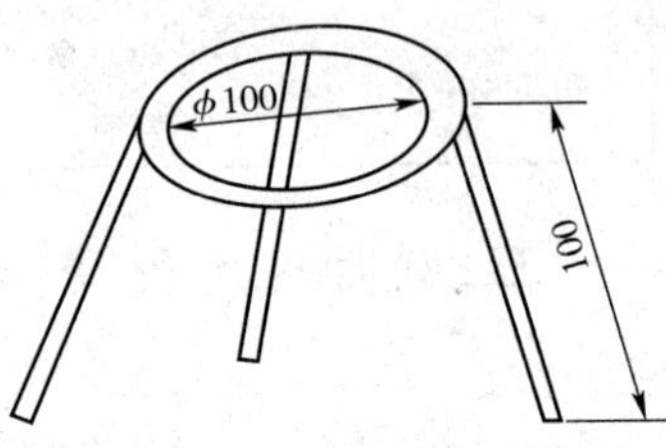

图5-5 自制圆环三脚架

四、实验步骤

(1)将一个清洁、干净,刻度为500ml的量筒从500ml标线处准确地切齐,然后称取质量,记为X_1,精确到0.5g。

(2)将量筒倾斜30度角,并使干粉显像剂粉末沿筒壁轻轻滑入量筒内。然后逐渐扩大角度,逐渐添加粉末,使其充满溢出。添加粉末时,防止空穴形成,同时严禁摇动或敲击量筒。见图5-6。用直尺刮去多余显像剂粉末,并在筒口捆扎一张纸。

(3)将量筒插入到圆环三脚架的圆环内,并且一块放置到橡皮板上。见图5-7。

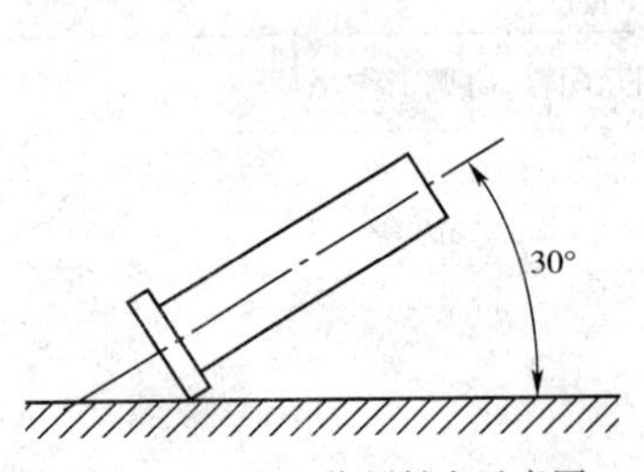

图5-6 充装显像剂粉末示意图

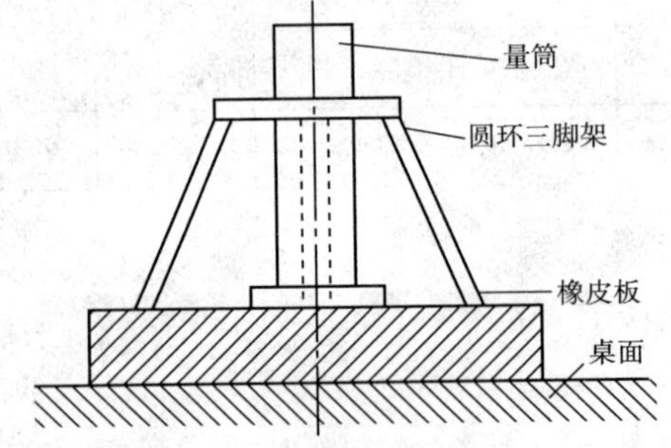

图5-7 量筒、圆环三脚架、橡皮板相对位置示意图

(4)使量筒从圆环内提高到25mm垂直行程,然后将其自由落到橡皮板上。此动作反复多次,每落下一次,将量筒转1/4圈。一直重复到体积保持不变时为止。

(5)除去捆扎的纸张,称取盛装有显像剂粉末的量筒的质量记为X_2;同时测量显像剂粉末所占的体积。

(6)将显像剂的净质量(等于X_2-X_1)除以显像剂粉末所占的体积就是干粉显像剂的摇实密度。

五、说明

将显像剂的净质量(等于X_2-X_1)除以500ml,就是干粉显像剂的松装密度。

【课后自测】

问答题

1. 什么叫液体的表面张力？试举例说明。

2. 什么叫表面张力系数？它有哪些特点？

3. 简述显像剂的基本功能及显像机理。

4. 为什么溶剂悬浮湿式显像剂有较高的显像灵敏度？干式显像剂有较高的显像分辨力？

5. 简述渗透剂渗入缺陷的作用机理。

任务五　渗透检测典型工件

【任务目标】

1. 熟悉渗透检测典型工件的检测过程；

2. 掌握渗透检测方法和注意事项；

3. 具有对工件进行渗透检测的能力。

【任务解析】

1. 工作任务名称:渗透检测典型工件。

2. 工作任务背景:焊接无损检测。

3. 完成工作任务要达到的技术标准:《船舶钢焊缝磁粉检测、渗透检测工艺和质量分级》CB/T 2598—2004。

4. 完成工作任务所需要的资料:渗透检测相关的国家标准或资料。

5. 完成工作任务的思路:知识点引导,根据任务要求,团队分工合作,完成技能训练。

6. 工作任务的技能点与知识点:焊接件渗透检测方法与步骤;其他工件的渗透检测方法与步骤。

【任务实施】

一、相关理论与知识学习

(一)渗透检测工艺基本步骤

1. 渗透检测步骤

根据不同类型的渗透剂。不同的表面多余渗透剂的去除方法与不同的显像方式,可以组合成多种不同的渗透检测方法,这些方法间虽然存在若干的差异,但都是按照下述 6 个基本步骤进行操作的。这 6 个基本步骤是:

(1)表面准备和预清洗——检测前工件表面的预处理和预清洗;

(2)施加渗透剂——渗透剂的施加及滴落;

(3)多余渗透剂的去除;

(4)干燥——自然干燥或吹干或烘干;

(5)施加显像剂;

(6)观察及评定——观察和评定显示的痕迹。

2. 渗透检测的时机

检测一般以最终成品为对象,但生产中和维修中的检验也常常使用渗透方法,时机安排原则一般如下。

(1)渗透检测应在喷漆、镀层、阳极化、涂层、装饰或其他表面处理工序前进行。表面处理后还需要局部机加工的,对该局部机加工表面需再次进行渗透检测。

(2)工件要求腐蚀检测时,渗透检测紧接在腐蚀工序后进行。

(3)焊接件在热处理后进行渗透检测。如果需进行两次以上热处理,可在温度较高的一次热处理后进行渗透检测,紧固件和锻件的渗透检测一般安排在热处理之后进行。

(4)使用过的工件应去除表面积炭层及漆层后进行渗透检测。但是,阳极化层可不去除,工件可直接进行渗透检测。完整无缺的脆漆层,可不必去除就直接进行渗透检测。在漆层上检测发现裂纹后,去除裂纹部位的漆层,再检查基体金属上有无裂纹。

(5)磨削、焊接、矫直、机械加工和热处理等操作,如果可能产生表面缺陷,渗透检测则应在这些操作完成后进行。对有延迟裂纹倾向的材料,至少应在焊接完成24h后进行焊接接头的渗透检测。

(6)渗透检测通常在喷丸和研磨操作前进行,如果在其后进行,则应进行包括腐蚀在内的预清洗操作,使表面开口缺陷成完全开口。

(二)表面准备和预清洗

检测部位的表面状况在很大程度上影响着渗透检测的检测质量,任何渗透检测成功与否,在很大程度上取决于被检表面的污染程度及粗糙程度,所有污染物会阻碍渗透剂进入缺陷。另外,清理污染过程中产生的残余物反过来也能同渗透剂起反应,影响渗透检测灵敏度。被检表面的粗糙程度也会影响渗透检测效果。

受检工件表面准备和预清洗的基本要求是,任何可能影响渗透检测的污染物必须清除干净;同时,又不得损伤受检工件的工作功能。例如:不得用钢丝刷打磨铝、镁、钛等软合金,密封面不得进行酸蚀处理等。被检工件经过机加工的被检表面一般要求粗糙度 $R_0 < 12.5\mu m$;非机加工表面粗糙度可以适当放宽,但不得影响渗透检测结果。对受检工件表面进行局部检测时,也应在渗透检测前,进行表面准备和预清洗。一般渗透检测工艺方法标准规定:渗透检测准备工作范围应从检测部位四周向外扩展25mm。

通常情况下,焊缝、轧制件、铸件、锻件的表面状态,是可以满足渗透检测要求的。当焊缝、轧制件、铸件、锻件表面的不规则外形,影响渗透检测效果;或铁锈、型砂、积炭等物,可能遮盖拒收缺陷痕迹,或对检验效果产生干扰时,必须用打磨方法或机械加工方法进行表面处理。打磨方法或机械加工方法可能堵塞表面缺陷的开口,降低渗透检测效果。特别是对铝、镁、钛等软合金。因此,打磨、机械加工后,应进行酸蚀处理;喷丸后,也应进行酸蚀处理。

在渗透检测的表面准备和预清洗中,要防止由于清理和清洗方法的不当,造成缺陷的堵塞。人们往往忽视清洗方法的正确运用，例如，采用化学方法和溶剂去除方法时，应尽量避免浸泡或刷洗法，杜绝压力水喷的方式。在不得已采用浸泡、刷洗或压力水喷法的场合，必须注意随后的干燥，防止可能造成的浸润堵塞。这是因为，任何残余的液体都会阻碍渗透剂的渗入。因此，必须采取相应措施，例如，烘烤或吸附方法，使缺陷重新暴露，其间只充满空气。

1. 污染物类别及其对渗透检测的影响

1）污染物类别

被检工件常见的污染物包括：

（1）铁锈、氧化皮、腐蚀产物；

（2）焊接飞溅、焊渣、铁屑、毛刺；

（3）油漆及其他有机防护层；

（4）发蓝层、阳极化层及磷酸盐、铬酸盐转化的涂层。

2）预清洗

预清洗是渗透检测的第一道工序，用于清洗受检工件表面液体污物。主要包括：

（1）防锈油、机油、润滑油及含有有机组分的其他液体；

（2）水和水蒸发后留下的化合物；

（3）强酸、强碱及包括卤素在内的有化学活性的残留物。

应当指出，不仅要清除被检面上原来的污物，而且要清除表面准备过程中所产生的残余物。

3）污染物对渗透检测的影响

污染物对渗透检测的影响至少有如下几点：

（1）妨碍渗透剂对受检工件的润湿，妨碍渗透剂渗入缺陷，甚至完全堵塞缺陷。

（2）妨碍显像剂对缺陷中的渗透剂的吸附，影响缺陷迹痕显示的效果。

（3）缺陷中的污染物，会与渗透剂混合，甚至发生作用，降低渗透剂的灵敏度及其性能；有些污染物，例如酸和铬酸盐，会影响荧光染料发光。

（4）有些污染物，会引起虚假显示；有些污染物，会掩盖显示；所有污染物，都会污染渗透剂、显像剂等渗透检测剂。

2. 清除污染物的方法

进行表面准备和预清洗前，选择合适的方法是非常重要的。通常用的方法有：机械清理、化学清洗、溶剂清洗。但是，不论选择哪种方法，都不是万能的。例如，溶剂清洗剂不能清洗锈蚀产物、氧化皮、焊瘤、飞溅物以及普通无机物；蒸气去油不能清洗无机型污物（夹渣、腐蚀、盐类等），也不能清除树脂型污物（塑料涂层、清漆、油漆等）。

选择预清洗方法时，必须考虑如下几点：

（1）必须了解污染物的类别，有针对性地选用合适的预清洗方法。因为，没有一种预清洗方法是万能的。应注意，溶剂蒸气除油、超声清洗及水基清洗剂在内的溶剂洗涤，是用于去除油脂及蜡等污染物的方法。碱清洗、酸蚀处理等化学清洗是用于清除油漆、釉子、锈皮、积炭或用溶剂清洗法去不掉的其他污染物的方法。机械清理与表面修整是用于清除焊渣、飞溅、泥土或用溶剂清洗和化学清洗不能清除的其他污染物的方法。

(2)必须了解选用的预清洗方法,对被检工件的影响。选用的预清洗方法,不得损伤被检工件的工作功能。例如,前已叙述,密封面不得进行酸蚀处理。应该注意,为个别部位选择的清洗用物质,例如化学清除剂、溶剂及腐蚀剂等,应与被清除的污染物相容,而且应不损伤被检工件表面及其预期功能。

(3)必须了解选用的预清洗方法的实用性。例如:被检大工件不能放在小型除油槽中去进行除油。

3. 常用的表面准备和预清洗的方法

1)机械清理与表面修整

包括振动光饰、抛光、干吹砂、湿吹砂、钢丝刷、砂轮磨等。振动光饰适用于去除轻微的氧化皮、毛刺、锈蚀、铸件型砂或模料等,不能用于铝、镁、钛等软金属材料。抛光适用于去除被检工件表面的积炭、毛刺等。干吹砂适用于去除氧化皮、熔渣、铸件型砂、模料、喷涂层和积炭等。湿吹砂可用于清除比较轻微的沉积物。如果不会使金属表面硬化或使表面缺陷被磨料封堵或污染的话,可以用吹砂打磨来清理金属表面。钢丝刷和砂轮磨用于去除氧化皮、熔渣、铁屑、铁锈等。应注意,涂层必须用化学法去除,不能用打磨法去除。

用机械方法清除污物时产生的金属细末、砂末等可能堵塞缺陷。所以,经过机械处理的受检工件,渗透检测前一般应进行酸洗或碱洗。焊接件和铸件吹砂后可不酸洗或碱洗而进行渗透检测;精密铸造的关键受检工件,如涡轮叶片等,吹砂以后必须酸洗方能渗透检测。喷丸法处理后的被检工件也应进行酸洗或碱洗。渗透检测通常安排在喷丸前进行。

2)碱洗及蒸汽清洗

碱洗适用于去除油污、抛光剂、积炭等,多用于铝合金。

碱洗液是一种不易燃的水溶液,含有经过特别选择的洗涤剂。该洗涤剂能够对各类污物起润湿、渗透、乳化及皂化作用。热的碱洗液还可用来除锈和除垢,清除掩盖表面缺陷的氧化皮。碱洗液应按照制造厂的建议使用。

注意,采用碱洗工艺清洗后的被检工件,必须把清洗剂冲洗干净;并在渗透检测前,将其整体加热干燥;施加渗透剂时,被检工件温度一般不得超过50℃。

蒸汽清洗是一种改进的热碱清洗方法,在容器内进行。适用于大型被检工件。能够清除被检工件表面的无机污物和各种有机污物,但无法清除较深缺陷底部的污物。此时,可采用溶剂浸泡法。

3)酸洗处理

酸洗处理可以清除被检表面的锈蚀。酸洗处理可以清除可能掩盖表面缺陷,并且可能妨碍渗透剂渗入表面开口缺陷的氧化皮。

被检工件经打磨、机械加工后,进行酸洗处理时,可以清除封闭表面开口缺陷的金属毛刺。喷丸后,进行酸洗处理,可以清除由于喷丸形成的封闭表面开口缺陷的细微金属物。例如:经过机加工的软金属经过酸洗后,可以去除可能掩盖开口缺陷的金属粉末。酸洗处理时的注意事项:

(1)酸和铬酸盐将会影响荧光染料的发光作用。因此,酸洗处理后的被检工件必须清洗干净,使被检表面呈中性;并且在施加渗透剂前,充分干燥。

(2)被检工件被酸洗液作用后,可能发生氢脆。因此,酸洗处理后的被检工件应进行去氢处理;并且在施加渗透剂前,将被检工件冷却至50℃以下。例如:高强度钢酸洗时,容易吸收氢气,产生氢脆现象。因此,应进行去氢处理。去氢条件一般为,在20℃左右温度下,烘烤3h。去氢应在酸洗后尽快进行。

(3)酸洗时,要严格控制时间,防止被检表面腐蚀严重。强酸溶液用于去除严重的氧化皮,中等强度的酸溶液用于去除轻微氧化皮,弱酸溶液用于去除被检表面薄层金属。

(4)酸洗后要进行中和处理,然后在流动水中进行彻底的清洗。清洗后要烘干被检工件,以去除被检表面上可能渗入缺陷中的水分。

(5)酸洗处理,应按制造厂推荐意见进行。

4)溶剂去除

溶剂去除包括溶剂蒸气除油和溶剂液体清洗。溶剂蒸气除油通常为三氯乙烯蒸气除油。溶剂液体清洗通常用酒精、丙酮或汽油、三氯乙烯等溶剂清洗或擦洗,常用于大工件局部区域的清洗。

有许多溶剂能有效地用来溶解油脂、油膜、蜡、密封胶、油漆及普通有机污物等。溶剂应无残留物,尤其是在采用手动、液浸法时更应特别注意。有些溶剂是易燃物质,有些则可能还有毒,所以,应按照制造厂说明书和注意事项进行操作使用。若需要将深缺陷中的油脂全部清除干净时,建议采用溶剂浸泡法。

溶剂不能去除锈蚀、氧化皮、焊瘤、飞溅物以及普通无机物。

钛合金被检工件容易与卤族元素作用,产生应力腐蚀裂纹,因此,钛合金应采用添加特殊抑制剂的三氯乙烯进行除油,并且在除油前必须进行处理,以消除应力。

橡胶、塑料及涂漆被检工件不能使用三氯乙烯蒸气除油,因为这些被检工件会受到三氯乙烯的破坏。也不得使用会对其产生有害影响的溶剂除油。必要时,应通过试验,确认所使用的溶剂是否会对被检橡胶、塑料工件产生有害影响。另外,还应注意温度对其的影响。

铝、镁合金被检工件在除油后,容易在空气中锈蚀,应尽快浸入渗透剂中。

5)洗涤剂清洗

洗涤剂清洗液是一种不易燃的水溶液,含有特殊的表面活性剂,能够对各类污染物(如油脂、油膜、切削加工润滑油等)起润湿,渗透、乳化及皂化作用。洗涤剂清洗液可分为碱性、中性和酸性三类。选定的清洗液对被检工件应无腐蚀作用。

采用洗涤剂清洗,可以很容易地将被检工件表面和缝隙内的污染物清除干净。清洗时间一般应为10~15min;清洗温度一般可为75~95℃。浓度应按照制造厂的推荐值(一般为45~50kg/m^3)。清洗时应做适当搅动。

6)超声波清洗

超声波清洗是利用超声波的机械振动,去除被检工件表面的油污。它常与洗涤剂或有机溶剂配合使用。这样可提高清洗效果、减少清洗时间,便于大批量小工件检测。如果是清除无机污物,例如,清除锈蚀。夹渣、盐类、腐蚀物等,则应辅以水和洗涤剂;如果是清除有机污物,如油脂、油膜等,则应辅以有机溶剂。

超声清洗后,施加渗透剂前,应加热被检工件,以去除溶剂或洗涤剂。然后,将被检工件冷却至5℃以下。

7)去漆处理

根据油漆的化学成分、有针对性地选择的去漆剂,能够有效地去除被检表面的油漆膜层。一般情况下,去除漆层时,可以采用热的碱洗液清洗,还可采用特殊的去漆剂。油漆膜层必须完全除掉,直至露出金属表面。去漆后,应使被检工件表面充分干燥。

(三)施加渗透剂

1. 渗透剂施加方法

渗透剂施加方法应根据被检工件大小、形状、数量和检查部位来选择。所选方法应保证被检部位完全被渗透剂覆盖,并在整个渗透时间内保持润湿状态。具体施加方法如下:

(1)喷涂。喷涂包括静电喷涂、喷罐喷涂或低压循环泵喷涂等。适用于大工件的局部或全部检查。

(2)刷涂。刷涂包括刷子、棉纱、抹布刷涂。适用于局部检查、焊缝检查。

(3)浇涂(流涂)。浇涂(流涂)是将渗透剂直接浇在受检工件表面上的一种施加方法,适用于大工件的局部检查。

(4)浸涂。浸涂是把整个被检工件全部浸入渗透剂中的一种施加方法。适用于小工件的表面检查。

2. 渗透时间及温度

1)渗透时间

渗透时间指施加渗透剂到开始去除处理之间的时间。采用浸涂法施加时,还应包括排液所需的时间。这时它是施加渗透剂时间和滴落时间之和。被检工件浸涂渗透剂后,应进行滴落,以减少渗透剂的损耗。滴落时,排除被检工件表面流淌的渗透剂所需的时间称滴落时间。因为渗透剂在滴落过程中仍在继续往缺陷中渗透,所以滴落时间是渗透时间的一部分。滴落过程中,渗透剂中的挥发物质被挥发掉,使渗透剂中的染料浓度相对提高,即提高了渗透检测灵敏度。

渗透时间又称接触时间或停留时间。被检工件不同,要求发现的缺陷种类和大小不同,被检表面状态不同及所用渗透剂不同,渗透时间的长短也不同。一般渗透检测工艺方法标准规定:在10~50℃的温度条件下,施加渗透剂的渗透时间一般不得少于10min。对于怀疑有缺陷的被检工件,渗透时间可相应延长,或者额外施加渗透剂,以保证缺陷内渗入足够的渗透剂。应力腐蚀裂纹特别细微,渗透时间需更长,甚至长达2h。

2)渗透温度

渗透温度一般控制在10~50℃范围内。温度太高,渗透剂易干在被检工件上,给清洗带来困难;温度太低,渗透剂变稠,动态渗透参量受影响。为提高检测细小裂纹的灵敏度,可将渗透温度控制在10~50℃范围的上限。当渗透检测不可能在10~50℃的标准温度范围内进行时,则应用铝合金淬火试块做对比试验,对操作方法进行修正。

3. 去除多余的渗透剂

本步骤要求去除被检工件表面上多余的渗透剂,又不将已渗入缺陷中的渗透剂清洗出来。水洗型渗透剂直接用水去除,后乳化型渗透剂经乳化后再用水去除,溶剂去除型渗透剂用有机溶剂擦除。去除渗透剂时,要防止过清洗或过乳化;同时,为取得较高灵敏度,可使荧光背景或着色底色保持在一定的水准上。但是,也应防止欠洗,防止荧光背景过浓或着色底色过浓。这一步骤完成得如何,在一定程度上取决于操作者以往取得的经验。

1)水洗型渗透剂的去除

水洗型渗透剂可用水喷法清洗。一般渗透检测工艺方法标准规定:水射束与被检面的夹角以30°为宜,水温为10~40℃,冲洗装置喷嘴处的水压应不超过0.34MPa。水洗型荧光渗透剂用水喷法清洗时,应使用粗水柱,喷头距离受检工件300mm左右,并注意不要溅入邻近槽的乳化剂中。应由下而上进行,以避免留下一层难以去除的荧光薄膜。水洗型渗透剂中含有乳化剂,所以水洗时间长,水洗压力高,水洗温度高。这便有可能把缺陷中的渗透剂清洗掉,产生过清洗,在得到合格背景的前提下,水洗时间越短越好。荧光渗透剂的去除,可在紫外灯照射下边观察边进行。着色渗透剂的去除应在白光下控制进行。除水喷洗外,去除方法还有手工水擦洗、空气搅拌水浸洗方法。

2)后乳化型渗透剂的去除

后乳化型渗透剂的去除方法因乳化剂不同而不同。施加亲水性乳化剂的操作方法是先用水预清洗,然后乳化。最后再用水冲洗。施加乳化剂时,只能用浸涂、浇涂或喷涂(喷涂浓度不超过5%),不能刷涂,因为刷涂不均匀。

预水洗的目的是尽量多地洗去工件表面多余的渗透剂,减少渗透剂对乳化剂的污染。预水洗可用压缩空气水喷枪喷洗或浸入搅拌水槽中清洗。要注意清洗工件上的凹槽、盲孔和内腔等容易残留渗透剂的部位,预水洗温度不高于40℃,预水洗时间控制在尽量短的时间范围内。

施加亲油性乳化剂的操作方法是直接用乳化剂乳化,然后用水冲洗。施加乳化剂时,只能用浸涂法或浇涂法、不能用刷涂法或喷涂,而且也不能在被检工件上搅动。

乳化工序是后乳化型渗透检测工艺中最关键的步骤,必须严格控制乳化时间,防止过乳化。在保证达到允许的着色背景及荧光背景的前提下,乳化时间应尽量短。

工件从乳化槽中取出后,均需进行滴落。滴落时间是乳化时间的一部分:即乳化时间等于浸入乳化剂中的时间与滴落时间之和。

乳化时间的影响因素:包括工件表面粗糙度、乳化剂浓度、乳化剂温度、乳化剂被污染程度和后乳化型渗透剂种类。需对具体工件,通过试验选择最佳乳化时间,并且要根据乳化剂被污染,乳化能力不断降低现象,修正乳化时间。当乳化时间增加到新配制乳化剂乳化时间的2倍以上,还达不到乳化效果时,应更换乳化剂。

一般渗透检测方法标准对乳化时间做了原则上的规定:亲油性乳化剂的乳化时间在2min内,亲水性乳化剂的乳化时间在5min以内。

乳化剂温度太低,会使乳化能力下降。一般规定,乳化温度在20~30℃范围较好。环境温度太低,可将乳化剂加温使用。

乳化结束后,即施加乳化剂后需将工件立即浸入温度不超过10℃的搅拌水中清洗,以迅速停止乳化剂的乳化作用。

亲水后乳化型渗透检测法最终水洗及亲油后乳化型渗透检测法施加乳化剂后水洗,需在白光或黑光灯下进行,以控制清洗质量。若在白光或黑光灯下发现清洗不干净,说明乳化时间不足。此时,应将工件烘干,重新对工件进行渗透检测,并增加乳化时间,以达到合格的清洗背景。当检验要求不太严格时,可直接将工件再次浸入乳化剂中补充乳化,以减少背景。只要乳化时间合适,即不过乳化,最终水洗时间就不像水洗型渗透检测工艺那样严格,但也应在尽量短的时间内清洗干净。

3)溶剂去除型渗透剂的去除

溶剂去除型渗透剂用清洗/去除溶剂去除。除特别难清洗的地方外,一般应先用干燥、洁净不脱毛的布依次擦拭,直至大部分多余渗透剂被去除后,再用蘸有清洗/去除溶剂的干净不脱毛布或纸进行擦拭,直至将被检表面上多余的渗透剂全部擦净。但应注意,不得反复擦拭,不得用清洗/去除溶剂直接冲洗被检面。

(四)干燥

1. 干燥的目的和时机

干燥的目的是除去被检工件表面的水分,使渗透剂充分地渗入缺陷或回渗到显像剂上。

干燥的时机与表面多余渗透剂的去除方法和使用的显像剂密切相关。原则上,溶剂去除法渗透检测时,不必进行专门的干燥处理,应在室温下自然干燥,不得加热干燥,用水清洗的被检工件。若采用干粉显像或非水湿式显像时,则在显像之前,必须进行干燥处理;若采用水湿式显像剂应在施加后进行干燥处理;若采用自显像,则应在水清洗后进行干燥。

2. 常用的干燥方法

干燥的方法有干净布擦干、压缩空气吹干、热风吹干、热空气循环烘干等。实际应用中是将多种干燥方法组合进行。例如,被检工件水洗后,先用干净布擦去表面明显的水分,再用经过过滤的清洁干燥的压缩空气吹去表面的水分,尤其要吹去盲孔、凹槽、内腔部位及可能积水部位的水,然后放进热空气循环干燥装置中干燥。另一种方法是在室温下使用环流风扇。使用这种方法的渗透检测,其灵敏度通常不及使用加热的干燥法。只有当被检工件由于尺寸或质量等原因,不能使用烘箱时,才使用环流风扇吹干方法。

为加快干燥速度,也可以采用“热浸”技术,即被检工件洗净后,短时间地在80~90℃的热水中浸一下,可提高工件的初始温度,加快干燥速度。由于“热浸”对被检工件具有一定的补充清洗作用,故一般不推荐采用。为确保不因“热浸”造成过洗,“热浸”时间严格控制在20s之内。光洁的机加工面不允许进行“热浸”。

3. 干燥温度和时间

干燥温度不能太高,干燥时间不能太长。否则会将缺陷中渗透剂烘干,不能形成缺陷显示。过度干燥还会造成渗透剂中染料变质。允许的最高干燥温度与所用渗透剂种类及被检工件材料有关。

正确的干燥温度需经试验确定。一般规定:金属被检工件干燥温度不宜超过80℃,塑料被检工件通常用40℃以下的温风吹干。干燥时间越短越好,一般规定不宜超过10min。

一般渗透检测工艺方法标准常做总体规定:干燥时被检工件表面的温度不得大于50℃;干燥时间5~10min。

干燥时间与被检工件材料、尺寸、被检工件水分的多少、工件初始温度和烘干装置的温度等因素有关,还与每批被干燥的工件的数量有关。为控制最短干燥时间,应控制每批放进烘干装置中的工件数量。另外,薄截面被检工件或高导热性被检工件不应与干燥速率缓慢的被检工件放在一起干燥，否则，干燥温度及干燥时间很难控制。

干燥时，要防止被检工件筐、吊具上的渗透检测材料及操作者手上的油污对被检工件造成污染，而产生虚假显示或遮盖缺陷显示。为防止污染，应将干燥后的操作与干燥前的操作隔离开来，例如在自动线上采用分离的两条流水线，第一条线进行除油、渗透和水洗，第二条线进行干燥和显像。在只有一条线操作的情况下，从干燥工序开始，换一种干净被检工件筐，用于干燥以后的工序，这样效果也很好。

（五）显像

显像的过程是在被检工件表面施加显像剂，利用毛细作用原理将缺陷中的渗透剂吸附至被检工件表面，从而产生清晰可见的缺陷显示图像。显像时间不能太长，显像剂不能太厚，否则缺陷显示会变模糊。

1. 显像方法

常用的显像方法有：干式显像、非水基湿式显像、水基湿式显像和自显像等。

1）干式显像

干式显像也称干粉显像，主要用于荧光渗透检测法。使用干式显像剂时，须先经干燥处理，再用适当方法将显像剂均匀地喷洒在整个被检工件表面上，并保持一段时间。多余的显像剂通过轻敲或轻气流清除方式去除。干粉显像可将被检工件埋入显像粉中进行，也可用喷枪或喷粉柜喷粉显像，但最好采用喷粉柜进行喷粉显像。喷粉柜喷粉显像是将被检工件放入显像粉末柜中，用经过过滤的干净干燥的压缩空气或风扇，将显像粉末吹扬起来，使呈粉雾状，将被检工件包围住，在被检工件表面上均匀地覆盖一层显像粉末，滞留的多余显像剂粉末，应用轻敲法或用干燥的低压空气吹除。

2）非水基湿式显像

也称溶剂悬浮显像。非水基湿式显像主要采用压力喷罐喷涂。喷涂前应摇动喷罐中的弹子，使显像剂重新悬浮，固体粉末重新呈细微颗粒均匀分散状。喷涂时要预先调节好，调节到边喷边形成显像剂薄膜的程度。喷嘴至被检面距离为300～400mm，喷涂方向与被检面夹角为30°～40°，非水基湿式显像有时也采用刷涂或浸涂，浸涂要迅速，刷涂笔要干净，一个部位不允许往复刷涂几次。

3）水基湿式显像

水基湿式显像分为水悬浮湿式显像及水溶解湿式显像。使用水湿式显像剂时，在被检面经过清洗处理后，可直接将显像剂喷洒或涂刷到被检表面上或将被检工件浸入到显像剂中，然后迅速排除多余显像剂，再进行干燥处理。水基湿式显像可采用浸涂、浇涂或喷涂，多数采用浸涂。涂覆后进行滴落，然后再在热空气循环烘干装置中烘干，干燥过程就是显像过程。水悬浮湿式显像时，为防止显像粉末的沉淀，浸涂时，要不定时地进行搅拌。被检工件在滴落和干燥期间，位置放置应合适，以确保显像剂不在某些部位形成过厚的显像剂层，以防可能掩盖缺陷显示。

4）自显像法

对灵敏度要求不高的检验，例如铝、镁合金砂型铸件及陶瓷件等，常可采用自显像法的显像工艺。即在干燥后不施加显像剂，停留10～120min，待缺陷中的渗透剂重新回渗到被检工件表面上后，再进行检验。为保证足够的灵敏度，通常采用较高一个等级的渗透剂进行渗透,在更强的黑光灯下进行检验。自显像法,省掉了显像剂施加步骤,简化了工艺,节约了检验费用。

2. 显像时间

所谓显像时间,不同的显像方式其含义是不同的。对于式显像剂而言,是指从施加显像剂起到开始观察检查缺陷显示的时间。对湿式显像剂而言,是指从显像剂干燥起到开始观察检查缺陷显示的时间。显像时间取决于显像剂和渗透剂的种类、缺陷大小以及被检工件温度。显然,非水基湿式显像(即溶剂悬浮式显像剂),由于有机溶剂挥发较快,显像时间则很短。

显像时间是很重要的,必须给以足够的时间让显像作用充分进行,但也应在渗透剂扩展的过宽及缺陷显示变得难于评定之前完成检验。检查非常小的缺陷时,较长的显像时间可能会有利。显像时间过长会使缺陷显示严重扩散,特别是缺陷中渗透剂回渗现象严重时,显像后更应当尽快地进行检验。

3. 干式显像与湿式显像比较

干式显像与湿式显像相比,干式显像剂只吸附在缺陷部位,即使经过一段时间后,缺陷轮廓图形也不散开,仍然能够显示出清晰的图像。所以使用干式显像剂时,可以分开显示出互相接近的缺陷。另外,通过缺陷轮廓图像进行等级分类时,误差也小,即干式显像剂,显像分辨力较高。

湿式显像后,如放置时间较长,缺陷显示图像会扩展,使其形状和大小发生变化,但湿式显像剂易于在被检表面上形成覆盖层,有利于形成缺陷显示并提供良好背景,对比度较高,从而检测灵敏度较高。尤其是溶剂悬浮显像剂中含有常温下易于挥发的有机溶剂,有机溶剂在显像表面上迅速挥发,能大量吸热。由于显像剂的吸附是放热过程,所以溶剂迅速挥发,大量吸热,能促进显像剂对缺陷中回渗的渗透剂的吸附,加剧了吸附作用,使显像灵敏度得以提高。

4. 显像剂的选择

渗透剂不同,表面状态不同,使用的显像剂也应不同。就荧光渗透剂而言:光洁光滑表面应优先选用溶剂悬浮湿式显像剂;粗糙表面应优先选用干式显像剂;其他表面应优先选用溶剂悬浮湿式显像剂,然后是干式显像剂,最后考虑水悬浮或水溶解湿式显像剂。就着色渗透剂而言,任何表面状态,都应优先选用溶剂悬浮湿式显像剂,然后是水悬浮湿式显像剂。注意,水溶解湿式显像剂不适用于着色渗透检测剂系统和水洗型渗透检测体系。

(六)观察和评定

1. 观察时机

观察显示应在显像剂施加后 7~60min 内进行。如显示的大小不发生变化,时间也可超过上述范围。对于溶剂悬浮显像剂,应遵照说明书的要求或试验结果进行操作。

2. 观察光源

着色渗透检测时,缺陷显示的评定应在白光下进行,显示为红色图像。通常被检工件被检面处白光照度应大于等于 1000 lx;当现场采用便携式设备检测,由于条件所限无法满足时,可见光照度可以适当降低,但不得低于 500 lx。

荧光渗透检测时，缺陷显示的评定应在暗室或暗处的黑光灯下进行，显示为明亮的黄绿色图像；暗室或暗处白光照度应不大于 20 lx；黑光辐照度要足够，一般规定：距离黑光灯 380mm 处，被检表面辐照度不低于 1 000 μW/cm^2。自显像检验时，距离黑光灯 150mm 处，被检表面辐照度不低于 3 000 μW/cm^2。

便携式荧光渗透检测，其观察区域（暗室）可利用黑色帐篷、照相用黑布或其他方法，将检验时可见光背景降低到最低限水准，但黑光辐照度应符合上述要求。

3. 观察的注意事项

（1）检测人员进入暗区，至少经过 3min 的黑暗适应后，才能进行荧光渗透检测。检测人员不能戴对检测有影响的眼镜。

（2）检测人员在黑光灯下发现显示后，需首先判别显示的类型：相关显示、非相关显示或虚假显示。判别方法是：用干净的布或棉球沾一点酒精，擦拭显示部位。如果被擦去的是真实缺陷显示，擦拭后，显示能再现；若在擦拭后撒上少许显像剂粉末，可放大缺陷显示，提高细微缺陷的重现性。如果被擦去的显示不再重现，一般是虚假显示。

确定为相关显示后，要进一步确定缺陷性质、长度和位置，并做好记录。按指定的验收标准，做出合格或拒收的结论，提出检验报告。

注意：缺陷迹痕显示尺寸比缺陷实际尺寸要大。但是对被检工件做出合格或拒收结论时，一般仍以缺陷迹痕显示尺寸为评定依据。对于缺陷性质不能确定的和缺陷尺寸怀疑超出验收标准的，须在白光灯下用放大镜或双目放大镜进一步检查。

（3）渗透检测一般不能确定缺陷的深度。因为深的缺陷内渗透剂较多，所以有时可根据这一现象来粗略地估计缺陷的深浅。渗透检测时，为确定宏观指示的特征和大小可使用 5 ~ 10 倍放大镜。

（4）荧光渗透检测人员要避免使用光敏眼镜，因为这种眼镜在紫外线辐射下会变黑，变黑程度与辐射入射量成正比，所以它直接影响检测效果。另外，那些在紫外线辐射下会发荧光的眼镜架也是不应该使用的，因为它们会带来不必要的干扰信息，荧光渗透检测时，可选用合适的红色眼镜。

（5）在暗室里检测，人员容易疲劳，所以在暗室里连续工作的时间不能太长，否则会影响检测灵敏度。检测时，应避免黑光直射或反射到检验者的眼睛，因为尽管黑光对人的细胞组织和眼睛没有永久性损伤，但黑光可使人的眼球发荧光，人眼在照射后，会出现模糊的感觉，加速眼睛疲劳，从而影响检测质量。

（6）检测完毕，应按有关规定，对被检工件加以标记。标记的方式和位置应对被检工件无损，并能避免在以后的搬运中被去除、弄脏或擦掉。当后续加工处理会除掉或覆盖渗透检测标记时，也可用其他方法标识。标记的方法有打印法、染色法、拴标签法及液体腐蚀法等。

（七）后清洗及复验

完成渗透检测之后，应当去除显像剂涂层、渗透剂残留痕迹及其他污染物，这就是后清洗。一般来说，去除这些物质的时间越早，则越容易去除。后清洗的目的是为保证渗透检测后，去除任何会影响后续处理的残余物，使其不对被检工件产生损害或危害。渗透检测完毕后，如果在工件表面上，仍然残留显像剂涂层、渗透剂或其他污物，则可能产生如下危害：

（1）残余渗透剂或显像剂有可能影响后面工序的加工。例如，对于要求返修的焊缝，则渗透检测剂的残留物，会对返修焊接区造成危害。又例如，渗透检测剂的残留物也会对阳极化等后续处理造成影响。

（2）残余渗透剂或显像剂有可能影响工件的使用性能。例如，如果被检工件用于液氧（LOX）设备中，则渗透检测剂中碳氢化合物的残留物，可能导致猛烈爆炸。

（3）残余渗透剂或显像剂有可能与使用中的其他因素结合产生腐蚀等。例如，显像剂涂层会吸收或容纳促进腐蚀的潮气，对被检工件造成腐蚀。如果被检工件用于原子核设施中，高度清洁尤其重要。

后清洗操作的方法如下：

干式显像剂可粘在湿渗透剂或其他液体物质的地方，或滞留在缝隙中，可用普通自来水冲洗，也可用无油压缩空气吹等方法去除。

水悬浮显像剂的去除比较困难。因为该类显像剂经过80℃左右干燥后，粘附在被检工件表面，故去除的最好方法是用加有洗涤剂的热水喷洗，有一定压力喷洗效果更好，然后用手工擦洗或用水漂洗。

水溶性显像剂用普通自来水冲洗即可去除，因为该类显像剂可溶于水中。

溶剂悬浮显像剂的去除，可先用湿毛巾擦，然后用干布擦，也可直接用清洁干布或硬毛刷擦；对于螺纹、裂缝或表面凹陷，可用加有洗涤剂的热水喷洗，超声溶剂清洗效果更好。

在后乳化型渗透检测中，如果被检工件数量很少，则用乳化剂乳化，而后用水冲洗的方法去除显像剂涂层及滞留渗透剂残留物也是有效的。

对碳钢的后清洗时，水中应添加硝酸钠或铬酸钠等防锈剂，洗涤后还应用防锈油防锈。镁合金材料也很容易腐蚀，后清洗时，常需要使用铬酸钠溶液处理。

关于多余渗透剂的去除方法，举例如下：

（1）蒸气去油（至少10min）；

（2）溶剂浸泡（至少15min）；

（3）超声溶剂清除（至少3min）。

某些情况下，要求先采用蒸气去油，然后用溶剂浸泡。所用时间取决于工件性质，应通过试验来确定。另外，蒸气去油应在显像剂清除后进行，否则将导致显像剂在工件表面凝结。

当出现下列情况之一时，需进行复验：

（1）检测结束后，用标准试块（例如B型试块）校验时发现检测灵敏度不符合要求；

（2）发现检测过程中操作方法有误或技术条件出现改变时；

（3）合同各方有争议或认为有必要时。

需要复验时，必须对被检表面进行彻底清洗，以去掉缺陷内残余渗透检测剂，否则会影响检测灵敏度。

图5-8是荧光和着色渗透检测工艺程序示意图。

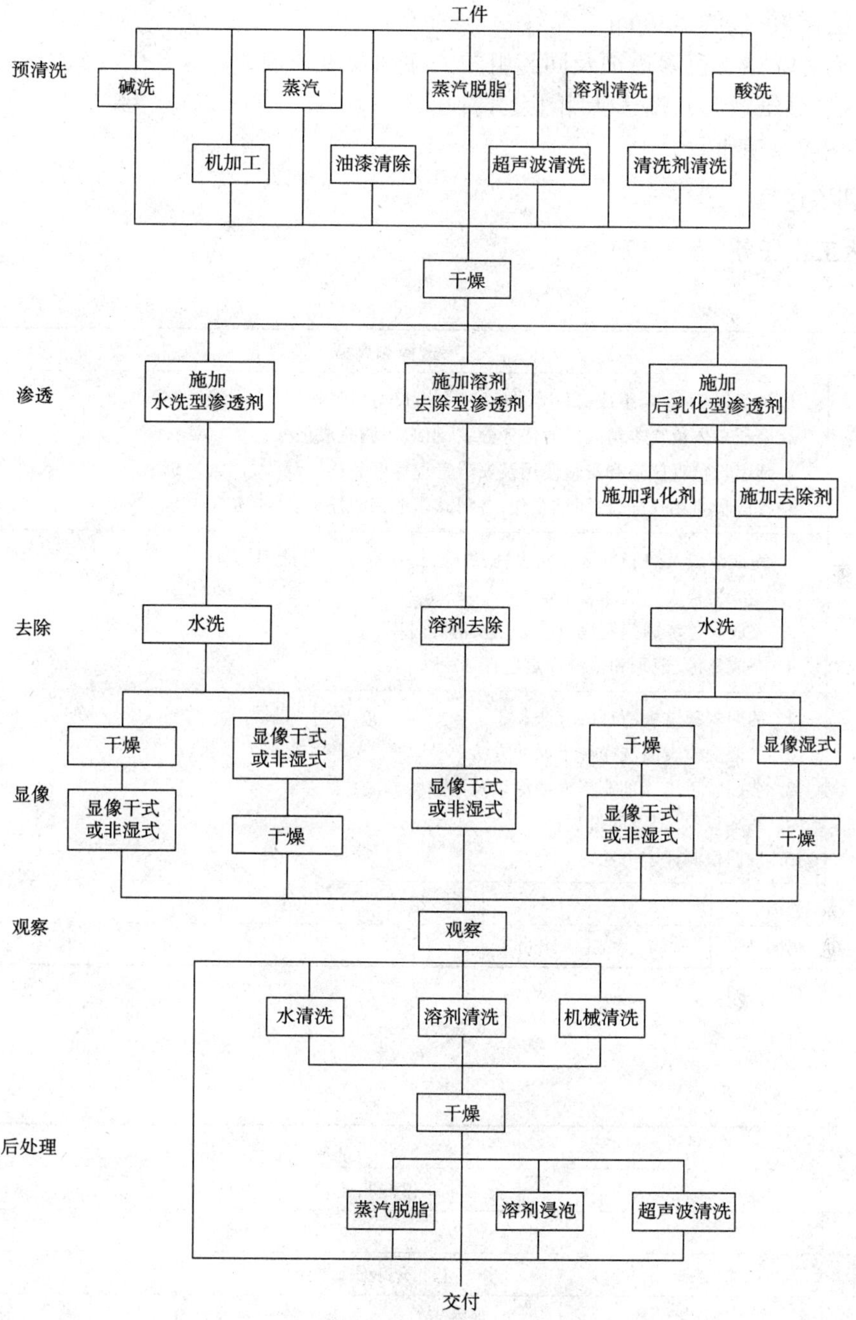

图 5-8　荧光和着色渗透检测工艺程序示意图

二、工作任务训练

(一)训练资料、设备和工具

(1)白光光源；

(2)不锈钢镀铬辐射状裂纹试块(B 型试块)；

(3)焊缝试板:长约200mm;

(4)溶剂去除型着色渗透剂及同族组的去除剂及显像剂;

(5)铁刷、砂纸、锉刀、凿子等钳工工具;

(6)丙酮或香蕉水。

(二)训练过程

1. 下达工作任务(表5-19)

表5-19

<table>
<tr><td>任务名称</td><td colspan="4">渗透检测典型工件焊缝</td></tr>
<tr><td>任务安排</td><td colspan="4">1. 小组以4~6人组成,每小组推选一名组长与副组长;
2. 组长总体负责本组人员的任务分工,组织协调完成任务;
3. 副组长负责仪器和资料使用及安全管理等事务;
4. 各成员要相互配合、团结合作、各司其职地完成任务。</td></tr>
<tr><td>任务要求</td><td colspan="4">1. 完成焊缝及热影响区表面飞溅、焊渣、铁锈等杂物的清理;
2. 完成受检表面洗净和干燥;
3. 完成着色渗透剂刷涂或喷涂以及清除过程;
4. 完成显像、记录和检测评定过程。</td></tr>
<tr><td>技术要求</td><td colspan="4">1. 掌握焊缝试板清理的方法;
2. 掌握受检表面洗净和干燥的方法;
3. 掌握着色渗透剂刷涂或喷涂以及清除的方法;
4. 熟悉显像、记录的过程;
5. 掌握检测评定方法。</td></tr>
<tr><td rowspan="2">成员组成</td><td>小组号</td><td></td><td>组长</td><td></td></tr>
<tr><td>副组长</td><td></td><td>组员</td><td></td></tr>
</table>

2. 制定工作计划

1)任务分工(表5-20)

表5-20

<table>
<tr><td>小组号</td><td colspan="2"></td><td>场地号</td><td></td></tr>
<tr><td>组长</td><td colspan="2"></td><td>仪器归还者</td><td></td></tr>
<tr><td>仪器号</td><td colspan="4"></td></tr>
<tr><td colspan="5">分 工 合 作</td></tr>
<tr><td>序号</td><td>操作者</td><td>观察者</td><td>记录或计算者</td><td>协助者</td></tr>
<tr><td>1</td><td></td><td></td><td></td><td></td></tr>
<tr><td>2</td><td></td><td></td><td></td><td></td></tr>
<tr><td>3</td><td></td><td></td><td></td><td></td></tr>
<tr><td>4</td><td></td><td></td><td></td><td></td></tr>
<tr><td>5</td><td></td><td></td><td></td><td></td></tr>
<tr><td>6</td><td></td><td></td><td></td><td></td></tr>
</table>

2)实施方案设计

(1)实训的步骤:

①熟悉渗透检测方法与步骤;

②将实训任务进行分解编号,由不同的成员承担完成不同的训练项目;

③记录实训过程中的测试结果;

④小组研究讨论;

⑤填表,完成实训任务。

(2)注意事项与技术要求:

①熟悉溶剂去除型着色渗透检测的设备、技术标准;

②熟悉溶剂去除型着色渗透检测安全操作方法和步骤;

③着色渗透剂喷涂时,喷嘴距受检表面20~30mm为宜,渗透环境温度15~50℃,渗透时间不得少于10min。在整个渗透时间内,着色渗透剂必须润湿全部受检表面;

④显像剂层应薄且均匀,厚度为0.05~0.07mm为宜。

喷涂时,喷嘴距受检表面不要太近,一般300~400mm为宜,喷洒方向与受检面夹角为30°~40°。

3. 实施工作计划,并完成相应记录

1)实施工作计划步骤

(1)布置实训任务;

(2)将实训任务进行分解编号;

(3)研究实训任务,查阅检测方法、设备仪器和标准;

(4)进行渗透检测操作:

①清理焊缝试板:使用铁刷、锉刀、砂纸、凿子等工具,清理焊缝试板的焊缝与热影响区;

②预清洗:使用丙酮或香蕉水擦拭受检表面,即擦拭焊缝试板表面及B试块表面;

③渗透:将着色渗透剂刷涂或喷涂于受检表面;

④去除:达到规定的渗透时间后,先用干布擦去受检表面多余的"着色渗透剂",然后用沾有"去除剂"的布擦洗;

⑤显像:将显像剂刷涂或喷涂于受检表面;

⑥ 检查:显像时间结束后,即可在白光下进行检查。先检查B型试块表面,观察辐射状裂纹显示是否符合要求。如果显示符合要求,即可说明整个渗透检测系统及操作符合要求。此时,方可检查焊缝试板表面。观察红色图像。必要时,用5~10倍放大镜观察;

⑦ 记录与评定:记录下检测结果并根据有关技术文件对所发现缺陷做出合格与否的结论。

(5)填表完成实训任务。

2)渗透检测典型工件记录表(表5-21)

表 5-21

<table>
<tr><td>任务名称</td><td colspan="5">渗透检测典型工件</td><td colspan="3">小组号</td><td colspan="2"></td></tr>
<tr><td>组长</td><td colspan="2"></td><td colspan="3">组员</td><td colspan="5"></td></tr>
<tr><td colspan="11">着色渗透检测工件记录表（渗透检测报告）</td></tr>
<tr><td rowspan="3">工件</td><td colspan="2">部件名称</td><td colspan="3"></td><td colspan="3">材料牌号</td><td colspan="2"></td></tr>
<tr><td colspan="2">部件编号</td><td colspan="3"></td><td colspan="3">表面状态</td><td colspan="2"></td></tr>
<tr><td colspan="2">检测部位</td><td colspan="3"></td><td colspan="3"></td><td colspan="2"></td></tr>
<tr><td rowspan="7">器材
及参数</td><td colspan="2">渗透剂种类</td><td colspan="3"></td><td colspan="3">检测方法</td><td colspan="2"></td></tr>
<tr><td colspan="2">渗透剂</td><td colspan="3"></td><td colspan="3">乳化剂</td><td colspan="2"></td></tr>
<tr><td colspan="2">清洗剂</td><td colspan="3"></td><td colspan="3">显像剂</td><td colspan="2"></td></tr>
<tr><td colspan="2">渗透剂施加方法</td><td colspan="3"></td><td colspan="3">渗透时间</td><td colspan="2"></td></tr>
<tr><td colspan="2">乳化剂施加方法</td><td colspan="3"></td><td colspan="3">乳化时间</td><td colspan="2"></td></tr>
<tr><td colspan="2">显像剂施加方法</td><td colspan="3"></td><td colspan="3">显像时间</td><td colspan="2"></td></tr>
<tr><td colspan="2">工件温度</td><td colspan="3"></td><td colspan="3">对比试块类型</td><td colspan="2"></td></tr>
<tr><td rowspan="2">技术
要求</td><td colspan="2">检测比例</td><td colspan="3"></td><td colspan="3">合格级别</td><td colspan="2"></td></tr>
<tr><td colspan="2">检测标准</td><td colspan="3"></td><td colspan="3">检测工艺编号</td><td colspan="2"></td></tr>
<tr><td rowspan="10">检测
部位
缺陷
情况</td><td rowspan="3">序号</td><td rowspan="3">焊缝
（工件）
部位
编号</td><td rowspan="3">缺陷
编号</td><td rowspan="3">缺陷
类型</td><td rowspan="3">缺陷
痕迹
尺寸
（mm）</td><td colspan="4">缺陷处理方式及结果</td><td rowspan="3">最终评级
（级）</td></tr>
<tr><td colspan="2">打磨后复检缺陷</td><td colspan="2">补焊后复检缺陷</td></tr>
<tr><td>性质</td><td>痕迹
尺寸
（mm）</td><td>性质</td><td>痕迹
尺寸
（mm）</td></tr>
<tr><td></td><td></td><td></td><td></td><td></td><td></td><td></td><td></td><td></td><td></td></tr>
<tr><td></td><td></td><td></td><td></td><td></td><td></td><td></td><td></td><td></td><td></td></tr>
<tr><td></td><td></td><td></td><td></td><td></td><td></td><td></td><td></td><td></td><td></td></tr>
<tr><td></td><td></td><td></td><td></td><td></td><td></td><td></td><td></td><td></td><td></td></tr>
<tr><td></td><td></td><td></td><td></td><td></td><td></td><td></td><td></td><td></td><td></td></tr>
<tr><td></td><td></td><td></td><td></td><td></td><td></td><td></td><td></td><td></td><td></td></tr>
<tr><td></td><td></td><td></td><td></td><td></td><td></td><td></td><td></td><td></td><td></td></tr>
<tr><td colspan="11">检测结论：</td></tr>
</table>

【任务小结】

一、学生自我评估(表5-22)

表5-22

实训项目	渗透检测典型工件				
小组号			任务号		实训者
序号	检查项目	分值	要　求		自我评定
1	任务完成情况	40	按要求按时完成实训任务		
2	实训记录	20	记录规范、完整		
3	实训纪律	20	不在实训场地打闹,无事故发生		
4	团队合作	20	服从组长的任务分工安排,能配合小组其他成员工作		

实训总结:

小组评分:________　　组长:________　　____年____月____日

二、教师评定反馈(表5-23)

表5-23

实训项目					
小组号			任务号		实训者
序号	检查项目	分值	要　求		教师评定
1	设备使用	20	使用正确		
2	测试方法与步骤	20	方法与步骤正确		
3	效率检查	10	按时完成实训		
4	信息记录	20	记录规范、完整		
5	成果检测	10	成果符合要求		
6	团队合作	20	小组各成员能相互配合,协调工作		

存在问题:

考核教师:________　　____年____月____日

【拓展提高】

比较焊缝荧光和着色渗透探伤。

1. 训练目的

(1)掌握荧光、着色渗透探伤方法;

(2)了解灵敏度试片的用途和使用方法。

2. 训练设备

(1)荧光渗透探伤仪一台(YC—125);

(2)着色渗透探伤液一组;

(3)有焊缝的钢板一块(或在现场检查);

(4)灵敏度试片一组。

3. 实验原理

渗透法是一种表面缺陷探伤法,主要用于金属和非金属材料表面开口性缺陷的检测,操作简单成本低,适用于现场探伤。

荧光渗透法,采用含有荧光物质的渗透液来进行渗透探伤,显像时是用波长 3500 埃左右的紫外线光进行照射,使缺陷显示痕迹发出黄绿色的荧光。

着色探伤法,采用含红色染料的渗透液来进行渗透探伤。显像观察时是用自然光或在白光下用肉眼观察出红色的显示痕迹。

4. 实验步骤

水洗型荧光和着色渗透剂探伤方法对比:

→显像→干燥→
(湿式)
预处理→渗透→清洗→干燥→显像→观察→记录
(快干式)
→干燥→显像→
(干式)

5. 实验结果分析并写出实验报告

(1)缺陷显示特点;

(2)缺陷的灵敏度对比;

(3)评判结果及结论。

【课后自测】

问答题:

1. 渗透检测前,为什么要对待检测表面进行表面准备和预清洗?它们包括哪些主要内容?

2. 清除被检工件渗透检测表面污物有哪几种主要方法?这几种方法应注意哪些事项?

3. 渗透检测被检工件表面的如下污物,运用哪种方法清除较为适宜?

(1)焊接件表面的飞溅、焊渣及铁屑等;

(2)铝合金表面的油污;

(3)锻件表面的氧化皮、积炭等;

(4)受检工件表面的油漆及其他保护层。

4. 施加渗透剂的基本要求是什么?有哪几种施加方法?适用范围是什么?

5. 施加渗透剂时,渗透时间及温度应如何控制?

6. 去除工序的基本要求是什么?水洗型、后乳化型及溶剂去除型渗透剂的去除方法有何不同?去除时应注意哪些问题?

7. 试分析不同的去除方法对缺陷中渗透剂被除掉的可能性大小。

8. 简述使用不同的渗透剂与显像剂时,干燥工序应如何安排?

9. 干燥的方法有哪几种?实际检测中如何应用这些方法?

10. 比较干式显像与湿式显像的性能有何不同?

11. 简述溶剂悬浮显像的基本要求。

12. 观察和评定对光源有何要求?

任务六　判定渗透显示缺陷

【任务目标】

1. 熟悉渗透检测检验结果的分析评级的过程与标准;

2. 掌握渗透检测显示的记录方法;

3. 具有记录渗透检测结果与分析评级的能力。

【任务解析】

1. 工作任务名称:判定渗透显示缺陷。

2. 工作任务背景:焊接无损检测。

3. 完成工作任务要达到的技术标准:《船舶钢焊缝磁粉检测、渗透检测工艺和质量分级》CB/T 2598—2004。

4. 完成工作任务所需要的资料:渗透检测相关的国家标准或资料。

5. 完成工作任务的思路:知识点引导,根据任务要求,团队分工合作,完成技能训练。

6. 工作任务的技能点与知识点:显示的解释和分类;缺陷显示的特点;缺陷的判定和评级。

【任务实施】

一、相关理论与知识学习

渗透检测中的显示是缺陷存在的反映,但并非所有的显示都是由缺陷引起的。因此,必须对显示做解释,确定这些显示产生的原因,即是否由缺陷引起,确定显示属于缺陷显示后,对缺陷的严重程度进行评定的过程称为缺陷评定。

(一)显示的解释和分类

1. 显示的解释

渗透检测显示(又称为迹痕、迹痕显示)的解释,是对肉眼所见的着色或荧光显示进行观察和分析,确定这些显示产生原因的过程。即通过渗透检测显示的解释,确定出肉眼所见的显示究竟是由缺陷引起的,还是由工件结构等原因所引起的,或仅是由于表面未清洗干净而残留的渗透剂所引起的。渗透检测后,对于观察到的所有显示均应做出解释,对有疑问不能做出明确解释的显示,应擦去显像剂直接观察,或重新显像、检查,必要且可能时,应从预处理开始重新处理。

2. 显示的分类

渗透检测显示一般可分为三种类型:由缺陷引起的相关显示、由于工件的结构等原因所引起的非相关显示、由于表面未清洗干净而残留的渗透剂等所引起的虚假显示。

1)相关显示

相关显示又称为缺陷迹痕显示、缺陷迹痕或缺陷显示,是指从裂纹,气孔、夹杂、折叠、分层等缺陷中渗出的渗透剂所形成的迹痕显示,它是缺陷存在的标志,渗透检测相关显示的原因包括不连续和缺陷,不连续是工件正常组织结构或外形的任何间断。不连续可能会(也可能不会)影响工件的使用。不连续是这样的缺陷:其尺寸、形状、取向、位置或性质对工件的有效使用会造成损害或不满足验收标准要求。超标缺陷是这样的缺陷:其尺寸、形状、取向、位置或性质对工件的有效使用会造成损害且超出验收标准规定。

形成显示的原因很多,有必要评定的只是与影响工件有效使用的缺陷或不连续相关联、反映缺陷或不连续存在的显示。因此,渗透检测人员应具有丰富的工程实际经验,并能够结合工件的材料、形状和加工工艺。熟练掌握各类显示的特征、产生原因及鉴别方法,必要时还应采用其他无损检测方法进行验证,尽可能使检测评定结果准确可靠,渗透检测显示分析和解释的意义,其一是正确的显示分析和解释可以避免误判,如果把由缺陷或不连续引起的显示误判为其他的显示,则会产生漏检,造成重大的质量隐患;相反时,则会把合格工件拒收或报废,造成不必要的经济损失。其二是由于显示能反映出缺陷的位置、大小、形状和严重程度,并可大致确定缺陷的性质,可为产品的设计和工艺改进提供较可靠的信息。其三是对设备进行渗透检测时重点发现和监测疲劳裂纹和应力腐蚀裂纹等危害性缺陷,能够及早预防、避免设备和人身事故的发生。

2)非相关显示

非相关显示又称为无关迹痕显示,是指与缺陷无关的、外部因素所形成的显示,通常不能作为渗透检测评定的依据。其形成原因可以归纳为三种情况:

(1)加工工艺过程中所造成的显示,例如装配压印、铆接印和电阻焊时未焊接的搭接部分等所引起的显示,这类显示在一定范围内是允许存在的,甚至是不可避免的;

(2)由工件的结构外形等所引起的显示,例如键槽、花键和装配结合的缝隙等引起的显示,这类显示常发生在工件的几何不连续处;

(3)由工件表面的外观(表面)缺陷引起的显示,包括机械损伤、划伤、刻痕、凹坑、毛刺或松散的氧化皮等,由于这些外观(表面)缺陷经目视检验可以发现,通常不是渗透检测的对象,故该类显示通常也被视为非相关显示。

非相关显示引起的原因通常可以通过肉眼目视检验来证实,故对其的解释并不困难。通常不将这类显示作为渗透检测质量验收的依据。

3)虚假显示

虚假显示是由于渗透剂污染等所引起的渗透剂显示,往往因不适当的方法或处理产生,或称为操作不当引起。它不是由缺陷引起的,也不是由工件结构或外形等原因所引起的,但有可能被错误地认为是由缺陷引起,故也称为伪显示。产生虚假显示的常见原因包括:

(1)操作者手上的渗透剂污染;

(2)检测工作台上的渗透剂污染;

(3)显像剂受到渗透剂的污染;

(4)清洗时,渗透剂飞溅到干净的工件上;

(5)擦布或棉花纤维上的渗透剂污染;

(6)工件筐、吊具上残存的渗透剂与清洗干净的工件接触造成的污染;

(7)工件上缺陷处渗出的渗透剂污染了邻近的工件等。

渗透检测时,由于工件表面粗糙、焊缝表面凹凸、清洗不足等原因而产生的局部过度背景也属于虚假显示。它容易掩盖相关显示。从显示特征上分析,虚假显示是能够很容易识别的。若用沾湿少量清洗剂的棉布擦拭这类显示,很容易擦掉,且不重新显示。

渗透检测时、应尽量避免引起虚假显示。一般应注意,渗透检测操作者的手应保持干净,应无渗透剂污染;工件筐、吊具和工作台应始终保持洁净;应使用干净不脱毛的无绒布擦洗工件;荧光渗透时应在黑光灯下清洗。

4)不同显示的区别

虽然相关显示、非相关显示和虚假显示都是迹痕显示,但其区别在于:相关显示和非相关显示均是由某种缺陷或工件结构等原因引起的、由渗透剂回渗形成的显示,而虚假显示不是。相关显示影响工件的使用性能,需要进行评定;而非相关显示和虚假显示都不影响工件使用性能,故不必进行评定。

(二)缺陷显示

缺陷评定是对观察到的渗透相关显示进行分析,确定产生这种显示的原因及其分类过程。

1. 缺陷的分类

按照形成缺陷的不同阶段,一般可分为原材料缺陷、工艺缺陷和使用缺陷。

1)原材料缺陷

原材料缺陷也称为冶金缺陷、原材料的固有缺陷,它是金属在冶炼过程中,金属材料由液态凝固成固态时产生的缩孔、夹杂物、气孔、钢锭裂纹等缺陷。钢锭等经过开坯、冷热加工变形后,这些缺陷的形状、名称可能会发生改变,但仍然属于原材料缺陷。例如原钢锭中的夹杂或气孔,在棒材上的发纹;原钢锭中的气孔、缩孔或夹杂等经轧制后,在板材上的分层;钢锭中的裂纹残留在棒坯中经变形而产生的缝隙缺陷等。

2)工艺缺陷

工艺缺陷是与工件制造的各种工艺因素有关的缺陷,这些制造工艺包括铸造、冲压、锻

造、挤压、滚轧、机加工、焊接、表面处理和热处理等。工艺缺陷又称为加工缺陷,通常有下列几种情况:

第一种情况是钢锭等原材料经过一定的变形加工后,在棒材、板材、丝材、管材或带材上,由于变形加工工艺上的原因而形成的工艺缺陷。这些变形加工工艺有锻造、挤压、滚轧、拉拔、冲压、弯曲等,产生的缺陷有锻造裂纹、折叠、缝隙、冲压裂纹、弯曲裂纹等。

第二种情况是在焊接和铸造时产生的缺陷,例如裂纹、气孔、疏松、夹杂、冷隔、未焊透、未熔合等。对于铸造工件中的铸造缺陷,尽管在性质上与钢锭中的铸造缺陷相同,但由于铸造是工件的一种制造工艺,故铸件中的缺陷通常被纳入工艺缺陷。

第三种情况是工件在车、铣、磨等机械加工,电解腐蚀加工,化学腐蚀加工,热处理、表面处理等工艺过程中产生的缺陷,如磨削裂纹、镀铬层裂纹、淬火裂纹、金属喷涂层裂纹等。

3)使用缺陷

使用缺陷是工件在使用、运行过程中产生的新生缺陷,如针孔腐蚀、疲劳裂纹、应力腐蚀裂纹和磨损裂纹等。

2. 缺陷显示的分类

缺陷显示的分类一般是根据其形状、尺寸和分布状况进行的,渗透检测的质量验收标准不同,对缺陷显示的分类也不尽相同。实际工作中,通常应根据受检工件所使用的渗透检测质量验收标准进行具体分类。

仅仅依据缺陷显示的图形来对缺陷进行评定,通常是困难的。所以,渗透检测标准对缺陷迹痕显示进行等级分类时,一般将其分为线状缺陷显示、断续线状显示圆形缺陷显示和密集型缺陷显示等类型。显示的分类示意图如图 5-9 所示。

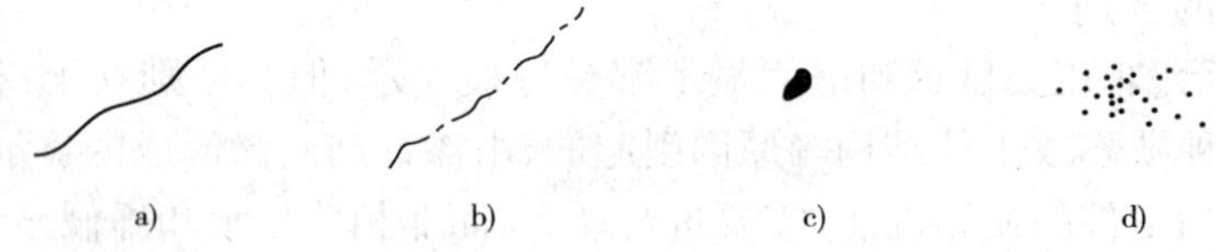

图 5-9　缺陷迹痕显示分类示意图

a)线状显示;b)断续线状显示;c)圆形显示;d)密集型显示

对于承压类特种设备的渗透检测而言,通常将缺陷迹痕分为线性、圆形、密集型、纵(横)向显示等类型。

1)线性缺陷显示

线性(也称为线状)缺陷显示通常是指长度 L 与宽度 B 之比 $L/B>3$ 的缺陷显示。裂纹、冷隔或锻造折叠等缺陷通常产生典型的连续线性缺陷显示。

线性缺陷显示包括连续和断续线状缺陷显示两类。断续线状缺陷显示可能是排列在一条直线或曲线上的相邻很近的多个缺陷引起的,也可能是单个缺陷引起的。当工件进行磨削、喷丸、吹砂、锻造或机加工,原来表面上的连续线性缺陷部分地堵塞住了,渗透检测时也会呈现为断续的线状迹痕显示。对于这类缺陷显示,应作为一个连续的长缺陷处理,即按一条线性缺陷进行评定。

2)圆形缺陷迹痕

圆形缺陷显示通常是指长度 L 与宽度 B 之比 $L/B<3$ 的缺陷显示。即除了线性缺陷显

示之外的其他缺陷显示,均属于圆形缺陷显示。圆形缺陷显示通常是由工件表面的气孔、针孔、缩孔或疏松等缺陷产生的。较深的表面裂纹在显像时能渗出大量的渗透剂,也可能在缺陷处扩散成圆形缺陷迹痕。小点状显示是由针孔、显微疏松产生的,由于这类缺陷较为细微,深度较小,故显示较弱。

3)密集型缺陷显示

对于在一定区域内存在多个圆型缺陷显示,通常称为密集型缺陷显示。由于采用标准不同,不同类型工件的质量验收等级要求不同,对一定区域的大小规定也不同,缺陷显示大小和数量的规定也不同。

4)纵(横)向缺陷显示

对于轴类、棒类等工件的缺陷显示,当其长轴方向与工件轴线或母线存在一定的夹角(一般为大于等于30°)时,通常按横向缺陷显示处理,其他则可按纵向缺陷显示处理。

3. 常见缺陷及其显示特征

1)气孔

气孔是一种常见的缺陷,气孔的存在使工件的有效截面积减少,从而降低其抗外载的能力,特别是对弯曲和冲击韧性的影响较大,是导致工件破断的原因之一:

(1)焊接气孔。焊接气孔是指焊接时,熔池中的气体未在金属凝固前逸出,残存于焊缝之中所形成的空穴。其气体可能是熔池从外界吸收的,也可能是焊接冶金过程中反应生成的。焊接气孔是焊接件一种常见的缺陷,可分为表面气孔(外气孔)和埋藏气孔(内气孔)。根据分布情况不同,又可分为分散气孔、密集气孔和连续气孔等。气孔的大小差异也很大。

形成气孔的主要气体是氮和一氧化碳,其来源是原来溶解于母材或焊条药皮中的气体,但更主要的是焊接工艺方面的原因,例如焊件未清理干净;焊缝区有水、油、锈、油漆或气体残留等;焊条药皮偏芯或磁偏吹,造成电弧不稳,保护不够。焊条受潮尤其是碱性焊条手工电弧焊时,焊条未很好清理;焊条未按规定要求烘焙;焊条药皮变质剥落;酸性焊条烘干温度过高(超过150℃),造气剂成分变质失效;使焊缝已失去了保护;采用过大的电流,使后半截焊条烧红等。

(2)铸造气孔。铸件中的气孔是由于工件在浇铸过程中,砂型所含的水分形成蒸汽,致使金属液体吸入了过多的气体,在铸件凝固时,气体没有及时排出,而在工件内部形成的大致为梨形或球形的气孔缺陷。这种气孔的尖端与铸件表面相通,在机加工后露出表面。渗透检测很容易发现。铝、铜合金砂型铸件表面常发现这种气孔,其一般目视可见,在放大镜下观察,可看到气孔内表面是光滑的。

渗透检测时,表面气孔的显示一般呈圆形、椭圆形或长回条形红色亮点或黄绿色荧光亮点,并均匀地向边缘减淡。由于回渗现象较为严重,气孔的缺陷痕迹显示通常会随显像时间的延长而迅速扩展。

2)裂纹

工件中材料原子结合遭到破坏,形成新的界面而产生的缝隙称为裂纹。裂纹除降低工件的强度外,还由于裂纹有尖锐的缺口,会引起较高的应力集中,因而使裂纹尖端扩展,由此导致整个工件的破坏。裂纹对于承受动载荷的工件是很危险的缺陷。因此,裂纹是危害性极大的缺陷。裂纹的种类很多,渗透检测中,常见的裂纹有下列几种:

(1)焊接裂纹。焊接裂纹是指在焊接过程中或焊接以后,在焊接接头出现的金属局部破裂现象。焊接裂纹是焊接接头中不能允许的缺陷。

焊接裂纹按其产生的部位不同,可分为纵向裂纹、横向裂纹、熔合区裂纹、根部裂纹、火口裂纹及热影响区裂纹等。按裂纹产生的温度和时间不同,可分为热裂纹和冷裂纹。

①热裂纹。金属从结晶开始,一直到相变以前所产生的裂纹都称为热裂纹,又称为结晶裂纹。沿晶开裂,具有晶间破坏性质。当它与外界空气接触时,表面呈氧化色彩(蓝色、蓝黑色)。热裂纹常产生在焊缝中心(纵向),或垂直于焊缝鱼鳞波纹呈不规则锯齿状;也有产生在断弧的弧坑(火口)处的呈放射状、微小的弧坑裂纹,用肉眼往往是不容易发现的。

渗透检测时,热裂纹显示一般呈略带曲折的波浪状或锯齿状红色细条线或黄绿色细条状,但也有热裂纹呈星状。较深的热裂纹有时因渗透剂回渗较多使显示扩展而呈圆形,但如用沾有清洗剂的棉球擦去显示后,裂纹的特征可清楚地显示出来。

②冷裂纹。冷裂纹是指在相变温度下的冷却过程中和冷却以后出现的裂纹。这类裂纹多出现在有淬火倾向的高强钢中。一般低碳钢工件,在刚性不大时不易产生这类裂纹。冷裂纹通常产生在焊接接头的热影响区,有时也在焊缝金属中出现。冷裂纹的特征是穿晶开裂。

冷裂纹不一定在焊接时产生,它可以延迟几个小时、甚至更长的时间以后才发生,所以又称延迟裂纹。由于其延迟特性和快速脆断特性,故具有很大的危害性。它常产生于焊层下紧靠熔合线处,并与熔合线平行,有时焊根处也可能产生冷裂纹,这主要是由于缺口处造成了应力集中,如果此时钢材淬火倾向较大,则可能产生冷裂纹。

渗透检测时,冷裂纹的显示一般呈直线状红色或明亮黄绿色细线条。中部稍宽,两端尖细,颜色或亮度逐渐减淡,直到最后消失。

(2)铸造裂纹。铸造裂纹是铸造金属液在接近凝固温度时,相变区域冷却速度不同而产生了内应力,在凝固收缩过程中,由于内应力作用而产生的一种线状缺陷。根据产生裂纹时的温度不同,铸造裂纹分热裂纹和冷裂纹,热裂纹是在高温下产生的,出现在热应力集中区,一般比较浅,冷裂纹是在低温时产生的,一般产生在厚薄交界处。

渗透检测时,其显示特征与焊接裂纹相似,若铸造裂纹深度和宽度比较大时,渗透剂渗入较多,则容易发现,裂纹迹痕显示呈锯齿状和端部尖细的特点。但深的裂纹迹痕显示,由于回渗的渗透剂较多,而会失去了裂纹的外形,有时甚至呈圆形迹痕显示,如用清洗剂沾湿的布擦去迹痕显示部位,裂纹的外形特征可清楚地显现出来。

(3)淬火裂纹。淬火裂纹是工件在热处理淬火过程中产生的裂纹一般起源于刻槽、尖角等应力集中区。渗透检测时,通常呈现红色或明亮黄绿色的细线条。形状呈线状、树枝状或网状,裂纹起源处宽度较宽,沿延伸方向逐渐变细。

(4)磨削裂纹。工件在磨削加工时,由于砂轮粒度不当,砂轮太钝、磨削进刀量太大、冷却条件不好或工件上碳化物偏析等原因,都可能引起磨削加工表面局部过热,在加工应力作用下而产生磨削裂纹。磨削裂纹一般比较浅微,其方向通常垂直于磨削方向,由热处理不当产生的磨削裂纹有的与磨削方向平行,并沿晶界分布或呈网状、鱼鳞状、放射状或平行线状分布。渗透检测时磨削裂纹显示呈红色断续条纹,有时呈现为红色网状条纹或黄绿色荧光亮网状条纹。

(5)疲劳裂纹。工件在使用过程中,长期受到交变应力或脉动应力作用,可能在应力集中区产生疲劳裂纹。疲劳裂纹往往从工件上划伤、刻槽、陡的内凹拐角及表面缺陷处开始,开口于工件表面,其方向与受力方向垂直,中间粗,两头尖,渗透检测时,缺陷显示呈红色光滑线条或黄绿色荧光亮线条。

(6)白点。白点是钢材在锻压或轧制加工时,在冷却过程中未逸出的氢原子聚集在显微空隙中并结合成分子状态,对钢材产生较大的内应力。再加上钢材在热压力加工中产生的变形力和冷却过程相变产生的组织应力的共同作用下,导致钢材内部的局部撕裂。白点多为穿晶裂纹。渗透检测时,缺陷显示为在横向断口上为辐射状不规则分布的小裂纹,在纵向断口上呈弯曲线状或圆形或椭圆形斑点。

3)未熔合

未熔合是指焊缝金属和母材之间或焊缝金属与焊缝金属之间未熔合在一起的缺陷。按其所在部位,未熔合可分为坡口未熔合、层间未熔合和根部未熔合。未熔合是虚焊,实际上也是未被电弧熔化焊合而留下的空隙。与未焊透不同之处仅仅是没有熔化焊合的位置而已,未熔合是一种面积型缺陷。受外力作用时极易开裂,其危害性很大,因此是不允许存在的缺陷。

渗透检测通常无法发现层间未熔合,焊道未熔合延伸到表面时渗透检测才能发现。未熔合显示呈现为直线状或椭圆状的红色条状或黄绿色荧光亮条线。

4)未焊透

未焊透是指母材金属未被电弧熔化,焊接接头根部的母材金属之间未熔合在一起的缺陷。产生未焊透的部位也往往存在夹渣。未焊透能降低接头的机械性能。未焊透的缺口与尖角易产生应力集中,严重降低焊接接头的疲劳强度。

渗透检测中,能发现的未焊透显示呈一条连续或断续的红色线条或黄绿色荧光亮线条,宽度一般较均匀。

5)缩孔和疏松

铸件在凝固结晶过程中,收缩或补缩不足所形成的不连续的形状、不规则的孔洞称为缩孔。当缩孔产生于铸件内部呈多孔性组织分布时,称为疏松。经抛光或机加工后,有的能露出表面。

露出工件表面的疏松,渗透检测时,能够较容易地显示出来。根据疏松形态不同,渗透检测时的缺陷显示,有的呈密集点状,有的呈密集条状,有的呈聚集块状。每个点、条、块的显示又是由无数个靠得很近的小点显示连成一片而形成的。

6)冷隔

冷隔是铸件在浇铸时,由于浇铸温度太低,金属熔液在铸模中不能充分流动而在铸件表面形成的不熔合,呈现为紧密的、断续的或连续的线状表面缺陷。产生原因有浇注温度过低、浇注时间过长、金属液会合时已接近凝固点,以及浇注时金属流中断等。冷隔常出现在远离浇注的薄壁截面处、过渡区或其他部位。

渗透检测时,冷隔显示为连续的或断续的光滑红色线条或黄绿色荧光亮线条。

7)折叠

在锻造和轧制工件的过程中,由于模具太大、材料在模具中放置位置不正确,坯料太大等原因而产生的一部分金属重叠在工件表面上的缺陷,称为折叠。

折叠通常与工件表面结合紧密,渗透剂渗入比较困难,但只要是露出表面的,仍然可以发现,渗透检测缺陷显示呈连续或断续红色线条或黄绿色荧光亮线条。

8)其他缺陷

焊接夹渣和铸造夹渣均为常见缺陷,缺陷形状多种多样,很不规则,夹渣露出表面时,渗透检测可以发现。

缝隙是滚、轧、拉制棒材时,由于金属表面存在局部凹陷,滚轧后产生的沿棒材纵长方向分布且长而直的缺陷。拉制丝材时也可能产生这种缺陷,渗透检测容易发现这种缺陷。

(三)缺陷的判定和评级

1.缺陷显示的评定

1)缺陷显示等级评定的一般原则

对确认为缺陷的显示,均应进行定位、定量及定性等评定,然后再根据引用的标准或技术文件,进行质量分级,判定被检工件合格与否。应注意,由于渗透剂的扩展。渗透检测缺陷迹痕显示尺寸通常均远远大于缺陷实际尺寸。显像时间对缺陷评定的准确性有明显影响,这在定量评定中应特别注意。当显像时间太短时,缺陷显示甚至不会出现。而在湿式显像中,随着显像时间的延长,缺陷显示呈不断扩散、放射状,相邻缺陷的显示图形,可能就像一个缺陷一样。因此,随着显像时间的延长,不断地观察缺陷显示的形貌变化,才能够比较准确地评价缺陷大小和种类。因此,在进行缺陷显示的分类和等级评定时,按照渗透检测标准或技术说明书上所规定的渗透检测显像时间进行观察是十分必要的。

缺陷显示的等级评定均只针对由缺陷引起的显示进行。即只针对相关显示进行,当能够确认显示是由外界因素或操作不当等因素造成时,不必进行显示的记录和评定。对缺陷显示评定等级后,需按指定的质量验收等级验收,对被检工件做出合格与否的结论。对于明显超出质量验收标准的超标缺陷显示,可立即做出不合格的结论。对于那些尺寸接近质量验收标准的缺陷显示,需在适当的观察条件下(必要时借助放大镜)进一步仔细观察,测出缺陷显示的尺寸和确定缺陷的性质后,才能做出结论。发现超标缺陷而又允许打磨或补焊的工件,应在打磨后再次进行渗透检测,确认缺陷已经被消除后,然后进行补焊。补焊后还需要再次进行渗透检测,或采用其他无损检测方法进行确认。

2)渗透检测质量验收标准

应当指出,渗透检测得到的缺陷显示图形,只给出了呈现在表面的二维平面形状和长度、宽度尺寸,既缺乏关于深度方向的尺寸、缺陷尖端形状等信息,也缺乏缺陷内部形状、缺陷性质等信息,难于按照缺陷对工件结构安全性、完整性的影响大小来进行等级分类。因此,渗透检测质量验收标准规定的质量等级分类,仅仅是针对工件表面上缺陷的形状和尺寸(长、宽)进行的,属于质量控制范畴。渗透检测质量验收标准,通常按以下方法制定:

(1)引用类似工件的现有质量验收标准,这些现有标准都是经过长时间的实际使用考核后,被证明是可靠的。

(2)按一定的工艺试生产一批工件,进行渗透检测,对渗透检测发现存在缺陷的工件进行破坏性试验,如强度试验、疲劳试验等,根据试验结果制定出合适的质量验收标准。

(3)根据经验或理论的应力分析,制定出质量验收标准;还可通过对存在典型类型缺陷的工件进行模拟实际工况的试验，然后制定出质量验收标准。

对于承压类特种设备工件，渗透检测标准、缺陷显示的质量验收标准通常由相关标准或技术规范给予规定。

3）缺陷显示评定的一般要求

对能够确定为是由裂纹类缺陷（如裂纹、白点等）引起的缺陷显示，由于其严重影响工件结构的安全性、完整性，是最危险的缺陷类型，绝大多数渗透检测标准均对其不进行质量等级分类，而直接评定为不允许的缺陷显示。

对于小于人眼所能够观察的极限值尺寸的显示，难于进行定量测定和性质判断，一般可以忽略不计。

进行渗透检测缺陷显示的评定时，长度与宽度之比大于3的，一般按线性缺陷处理；长度与宽度之比小于或等于3的缺陷显示，一般按圆形缺陷评定、处理；圆形缺陷显示的直径一般是指其在任何方向上的最大尺寸。

对于线性缺陷显示的长轴方向与工件（轴类或管类）轴线或母线的夹角大于或等于30°时，一般按横向缺陷进行评定、处理，其他按纵向缺陷进行评定、处理。

对于两条或两条以上线性缺陷显示迹痕，当在同一条直线上且间距较小时，应合并为一条缺陷显示进行评定、处理。

2. 缺陷的记录

非相关显示和虚假显示不必记录和评定。

对缺陷显示迹痕进行评定后，有时需要将发现的缺陷形貌记录下来。缺陷记录方式一般有如下几种：

1）草图记录

画出工件草图，在草图上标注出缺陷的相应位置、形状和大小，并说明缺陷的性质。这是最常见的缺陷迹痕显示的记录方式。

2）照相记录

在适当光照条件下，用照相机直接把缺陷拍照下来。着色渗透显示在白光下拍照，最好用数码照相机，这样记录的缺陷迹痕显示图像更真实、方便。荧光渗透检测显示须在紫外线灯下拍照，拍照时，镜头上要加黄色滤光片，且采用较长的曝光时间。可采用在白光下极短时间曝光以产生工件的外形，再在不变的曝光条件下，继续在紫外线下进行曝光，这样可得到在清楚的工件背景上的缺陷迹痕显示图像的荧光显示。

3）可剥性塑料薄膜等方式记录

采用溶剂蒸发后会留下一层带有显示的可剥离薄膜层（或称可剥性塑料薄膜）的液体显像剂，显像后，将其剥落下来，贴到玻璃板上保存起来。剥下的显像剂薄膜包含有缺陷迹痕显示图像。着色渗透检测时在白光下、荧光渗透检测时在紫外线灯下，可看见缺陷迹痕显示图像。

4）录像记录

对于渗透检测过程和缺陷，也可以在适当的光照条件下，采用模拟或数字式录像机完整记录缺陷迹痕显示的形成过程和最终形貌。

3. 渗透缺陷的评级

（1）不允许任何裂纹和白点，紧固件和轴类零件不允许任何横向缺陷显示。

(2)焊接接头和坡口的质量分级按表5-24进行。

焊接接头和坡口的质量分级　表5-24

等级	线性缺陷	圆形缺陷(评定框尺寸35×100)
Ⅰ	不允许	d≤1.5,且在评定框内少于或等于1个
Ⅱ	不允许	d≤4.5,且在评定框内少于或等于4个
Ⅲ	L≤4	d≤8,且在评定框内少于或等于6个
Ⅳ	大于Ⅲ级	
注:L为线性缺陷长度,mm;d为圆形缺陷在任何方向上的最大尺寸,mm。		

其他部件的质量分级评定见表5-25。

其他部件的质量分级　表5-25

等级	线性缺陷	圆形缺陷(评定框尺寸2500mm²其中一条矩形边的最大长度为150mm)
Ⅰ	不允许	d≤1.5,且在评定框内少于或等于1个
Ⅱ	L≤4	d≤4.5,且在评定框内少于或等于4个
Ⅲ	L≤8	d≤8,且在评定框内少于或等于6个
Ⅳ	大于Ⅲ级	
注:L为线性缺陷长度,mm;d为圆形缺陷在任何方向上的最大尺寸,mm。		

二、工作任务训练

(一)训练资料、设备和工具

(1)白光光源;

(2)不锈钢镀铬辐射状裂纹试块(B型试块);

(3)焊缝试板:长约200mm。

(4)溶剂去除型着色渗透剂及同族组的去除剂及显像剂;

(5)铁刷、砂纸、锉刀、凿子等钳工工具;

(6)丙酮或香蕉水。

(二)训练过程

1. 下达工作任务(表5-26)

表5-26

任务名称	判定渗透显示缺陷
任务安排	1. 小组以4~6人组成,每小组推选一名组长与副组长; 2. 组长总体负责本组人员的任务分工,组织协调完成任务; 3. 副组长负责仪器和资料使用及安全管理等事务; 4. 各成员要相互配合、团结合作、各司其职地完成任务。

续上表

任务要求	1. 完成渗透检测的工件检测表面的清洗； 2. 完成渗透显示处理； 3. 完成渗透检测的判定和废品隔离； 4. 完成检测报告。			
技术要求	1. 熟悉渗透检测工件表面清洗的要求； 2. 熟悉渗透处理的时间和温度要求； 3. 掌握渗透检测方法的操作及其结果判定。			
成员组成	小组号		组长	
	副组长		组员	

2. 制定工作计划

1）任务分工表（表5-27）

表5-27

小组号			场地号	
组长			仪器归还者	
仪器号				
分工合作				
序号	操作者	观察者	记录或计算者	协助者
1				
2				
3				
4				
5				
6				

2）实施方案设计

（1）实训的步骤：

①熟悉渗透检测的方法和步骤；

②将实训任务进行分解编号，由不同的成员承担完成不同的训练项目；

③记录实训过程中的测试结果；

④小组研究讨论；

⑤填表，完成实训任务。

（2）注意事项与技术要求：

①熟悉渗透检测的设备、工具的使用方法；

②熟悉渗透处理的时间和温度要求；

③掌握渗透检测的结果判定。

3. 实施工作计划，并完成如下记录

1）实施工作计划

（1）布置实训任务；

(2)将实训任务进行分解编号;

(3)研究实训任务,查阅检测方法、设备仪器和标准;

(4)进行渗透检测:

①进行除去工件表面异物的前处理;

②进行渗透处理:将清洗和干燥后的工件,浸入在渗透剂中,浸泡时间15分钟左右,温度要求在15~50℃之间,对疲劳裂纹、磨削裂纹,应根据情况,将渗透时间适当加长2倍,在温度较低时进行渗透探伤也要加长其浸泡时间;

③清洗处理:将浸泡后的工件进行清洗处理,用丙酮或汽油除去被检工件表面上的渗透剂,不得有残留物存在以免引起伪缺陷;

④干燥处理:将被检工件清洗处理后,进行擦干或晾干后,立即进行显示;

⑤显示处理:将被检工件干燥后,立即进行白色显像剂涂敷,在涂敷过程中,不得往返多次,要按一个方向一次性涂敷;

⑥干燥处理:将涂敷后的被检工件晾干1~2分钟左右,气温较低时需加长时间,直至干燥为止;

⑦观察:要观察缺陷的实际状态,不仅在显像后进行观察,而且要在显像过程中进行多次观察,以便清楚缺陷显示痕迹的呈现状态;

⑧后处理:结合缺陷的分布情况,按标准评级或者根据使用情况和用户意见协商解决,最后将废品隔离。

(5)填表完成实训任务。

2)渗透显示缺陷的判定记录表(表5-28)

表5-28

<table>
<tr><td>任务名称</td><td colspan="4">判定渗透显示缺陷</td><td colspan="2">小组号</td><td></td></tr>
<tr><td>组长</td><td colspan="2"></td><td colspan="2">组员</td><td colspan="3"></td></tr>
<tr><td colspan="8">渗透显示缺陷的判定记录表</td></tr>
<tr><td rowspan="2">被检工件</td><td>名称</td><td>编号</td><td>规格</td><td>材质</td><td>坡口型式</td><td>焊接方法</td><td>热处理状况</td></tr>
<tr><td></td><td></td><td></td><td></td><td></td><td></td><td></td></tr>
<tr><td rowspan="2">渗透剂</td><td colspan="3">渗透检测剂名称</td><td colspan="4">渗透检测剂牌号</td></tr>
<tr><td colspan="3"></td><td colspan="4"></td></tr>
<tr><td rowspan="6">检测规范</td><td>检测比例</td><td>试块名称</td><td>观察方法</td><td>预清洗方法</td><td>干燥方法</td><td colspan="2">去除方法</td></tr>
<tr><td></td><td></td><td></td><td></td><td></td><td colspan="2"></td></tr>
<tr><td>检测灵敏度校验</td><td>渗透剂施加方法</td><td>乳化剂施加方法</td><td>显像剂施加方法</td><td>后清洗方法</td><td colspan="2">渗透温度</td></tr>
<tr><td></td><td></td><td></td><td></td><td></td><td colspan="2"></td></tr>
<tr><td>渗透时间</td><td>乳化时间</td><td>水压及水温</td><td>干燥温度</td><td>干燥时间</td><td colspan="2">显像时间</td></tr>
<tr><td></td><td></td><td></td><td></td><td></td><td colspan="2"></td></tr>
</table>

续上表

渗透显示记录 及工件草图 （或示意图）			
渗透探伤报告 PENETRATING INSPECTION REPORT 报告编号： REPORT NO：			
委托单位： UNIT		零件名称或部件 NAME AND LOCATION OF PART	
工程编号： A/C NO：		参考手册或规范 REFERENCE MANUAL &SPECTFICATION	
件号/序号： P/N&S/N		工卡号/工作指令号： JOB CARD/WORK ORDER NO.	
数量： QUANTITY		探伤方法： INSP METHOD	
检查结果： INSPECTION RESULTS：			
工作者： OPERATOR：	检验员： INSPECTOR：	日期:20XX-XX-XX DATE：	

【任务小结】

一、学生自我评估(表5-29)

表5-29

实训项目	判定渗透显示缺陷				
小组号			任务号	实训者	
序号	检查项目	分值	要求	自我评定	
1	任务完成情况	40	按要求按时完成实训任务		
2	实训记录	20	记录规范、完整		
3	实训纪律	20	不在实训场地打闹,无事故发生		
4	团队合作	20	服从组长的任务分工安排,能配合小组其他成员工作		
实训总结: 小组评分:________ 组长:________ ____年____月____日					

二、教师评定反馈(表5-30)

表5-30

实训项目	判定渗透显示缺陷				
小组号			任务号	实训者	
序号	检查项目	分值	要求	教师评定	
1	设备仪器使用	20	使用正确		
2	测试方法与步骤	20	方法与步骤正确		
3	效率检查	10	按时完成实训		
4	信息记录	20	记录规范、完整		
5	成果检测	10	成果符合要求		
6	团队合作	20	小组各成员能相互配合,协调工作		
存在问题: 考核教师:________ ____年____月____日					

【拓展提高】

渗透检测安全防护。

1. 防火安全

渗透检测所使用的渗透检测剂,除干粉显像剂、乳化剂以及金属喷罐内使用的氟利昂气体是不燃性物质外,其他大部分是可燃性有机溶剂。因此,在使用这些可燃性渗透检测剂时,一定要和使用普通油类或有机溶剂一样,应采取必要的防火措施。

1)储存渗透检测剂注意事项

(1)储装渗透检测剂的容器应加盖密封;

(2)储存地点应尽量挑选冷暗处,并且避免烟火、热风、阳光直射等;

(3)压力喷罐严禁在高温处存放。因为在高温时,罐内的压力将增大,有发生爆炸的危险。

2)压力喷罐制品的防火

压力喷罐内充填渗透检测剂的同时,还要充填丙烷气或氟利昂等高压液化气。渗透检测剂本身是一种可燃性物质,充填丙烷气后,着火可能性更大。所以,操作压力喷罐制品时,必须充分注意防火。

3)灭火器的设置

使用可燃性渗透检测剂时,不仅必须充分注意防火,而且为了防止万一,还应该在操作现场及渗透检测剂储存处设置灭火器。

4)防火安全措施

(1)操作现场应做到文明整洁,并有切实可行的防火措施。

(2)操作现场应备有专人管理的灭火器。

(3)除使用的渗透检测剂外,操作现场应尽量避免大量储藏渗透检测剂。

(4)盛装渗透检测剂的容器应加盖密封;对于清洗剂和显像剂等挥发性大的物质,使用后必须密封保管。

(5)避免阳光直射盛装渗透检测剂的容器,特别是对压力喷罐更要注意。

(6)避免在火焰附近以及在高温环境下操作,特别是压力喷罐;如果环境温度超过50℃时应特别引起注意;操作现场禁止明火存在。

(7)当环境温度较低时,压力喷罐内压力将降低,喷雾将减弱且不均匀。此时,可将其放入30℃以下的温水中,待加热之后再使用。但绝不允许将压力喷罐直接放在火焰附近,从而达到加温的目的。

2. 卫生安全

渗透检测中使用多种有机溶剂。有些有机溶剂,例如三氯乙烯等对人体有毒。因此,如果将它们的蒸气或雾状气体大量吸入体内,可能会引起人体的中毒。渗透检测中,毒性试剂造成人体的中毒,以慢性中毒居多,且多属累积性毒性。另外,渗透检测剂如果沾在皮肤上,有可能引起斑疹。有些试剂,例如胶棉液,本身基本无毒,但遇明火燃烧,则可生成剧毒的氢氰酸和过氧化氮气体。因此,采取积极的卫生安全防护措施是十分必要的。

荧光渗透检测时,应限制操作人员暴露在强紫外线辐射之中,防止眼球处于黑光中导致眼球荧光效应,特别要防止黑光灯滤光片或屏蔽罩破裂,短波紫外线直接照射操作人员,使操作人员可能患角膜炎等眼病。

苯和苯衍生物大多有一定毒性,其中以苯和硝基苯的毒性最大。苯的其他衍生物,例如甲苯、二甲苯等也都有一定毒性,但比苯、硝基苯的毒性为小。

四氯化碳、三氯乙烯、二氯乙烷、甲醇等试剂都有较强毒性。还有一些化学试剂,例如丙酮、松节油、乙醚等,对人有刺激作用或麻醉作用,系低毒性溶剂。

除化学试剂外,染料和显像剂微粒的粉尘在空气中超过一定浓度,人们吸入后也可能引起上呼吸道黏膜的炎症,例如鼻炎、咽炎、支气管炎等,长期吸入会造成硅肺。

1)有毒化学品对人体危害的途径

有毒化学品对人体的毒害大致有三种途径:

(1)经呼吸道进入人体,在肺泡中进行交换,渗入血液而进入全身,引起人体机能失调和障碍。该类毒物一般以气态、烟雾、粉尘状态污染操作场所的空气而危害人体。

(2)经消化道进入人体,由肠胃吸收而运至全身。这类中毒一般是因误食毒物或因毒物污染饮食器具而造成。

(3)经人体皮肤渗透进入人体。这种中毒是由于接触某些渗透力极强的化学品后才能引起的。

2)卫生安全防护措施

(1)在不影响渗透检测灵敏度,满足工件技术要求前提下,尽可能采用低毒配方来代替有毒和高毒的配方。

(2)采用先进技术,改进渗透检测工艺和完善渗透检测设备,特别是增设必要的通风装置,降低毒物在操作场所空气中的浓度。

(3)严格遵守操作规程,正确使用个人防护用品,例如口罩、防毒面具、橡皮手套、防护服和涂敷皮肤的防护膏等。

(4)当紫外线通过三氯乙烯时,会产生有害光气。在除油过程中,注意不要让三氯乙烯滞留在工件的盲孔里或其他凹陷之处。

(5)波长在320nm以下的短波紫外线对人眼有害,所以严禁使用不带滤波片或滤波片破裂的紫外线灯。

(6)操作现场严禁吸烟,一是防火安全所必须,二是防止吸入有毒气体。

(7)用三氯乙烯蒸气除油时,要经常向槽内添加三氯乙烯溶液,防止加热器露出液面,否则会引起过热,产生剧毒气体。

(8)显像粉会使皮肤干燥,刺激人的气管,所以,操作者应戴橡皮手套,工作现场应有抽风装置。

(9)工作前,操作者手上应涂防护油,最好戴上防护手套并系好围裙,可避免皮肤与渗透检测剂直接接触而污染,并防止皮肤干燥或开裂,甚至引起皮炎。

(10)人员预检和定期体检也是重要的防护措施。预检是对新参加渗透检测的工作人员进行体检,以便及早发现不宜从事这项工作的某些健康问题。这种问题有哮喘、血液病、肝和肾的实质性疾病及精神病等。定期体检可以早期发现毒物对人体危害致病情况,早期治疗,并采取必要的预防措施。

3)强紫外线辐射的卫生安全防护

荧光渗透检测中使用的黑光是高压黑光汞灯的光辐射中滤出的强紫外线。众所周知,紫外线会产生物理、化学及生理效应。紫外线产生的各种生理效应明显与波长有关,较短的紫外线(波长小于320 nm)是有害的。而用于荧光渗透检测的长波紫外线(波长320~450 nm)不太会引起晒黑或其他严重后果,例如,刺伤眼睛或引起癌症。

但是,眼球处于黑光中会导致眼球荧光效应,眼睛会被辐射刺伤,使视力变得模糊,还会产生其他不舒适感。若长期暴露在黑光下,该刺激会引起头痛,极端情况下甚至会引起恶心。然而,一般情况下,是无害的,且这种现象不是长期效应。

眼球荧光是可以避免的。主要途径是防止眼球直接接触黑光,或者将这种直接接触降低到最低限度,也可戴紫外线防护镜,这种眼镜不允许紫外线通过,只允许可见黄绿色光通过。如果黑光灯滤光片或屏蔽罩破裂,那些小于320nm波长的短波紫外线就可能泄漏出来。此时,与这些短波紫外线辐射接触的操作人员眼睛就有可能患光角膜炎及结膜炎。这种病症类似雪盲症,开始时感到眼睛中有“沙粒”,对光过敏及流泪,可能发展到暂时性失明。这种症状通常在接触短波紫外线辐射6~12h后开始出现,并延续到12~24h,一般在48h后又会消失。这种症状无累积效应。因此,黑光灯滤光片或屏蔽罩一旦破裂,灯就不得投入使用。

【课后自测】

问答题

1. 渗透检测时,缺陷痕迹显示分成哪几类?其各自是如何形成的?试举例说明。
2. 渗透检测时,常见缺陷分为哪几类?其各自是如何形成的?试举例说明。
3. 渗透检测时,缺陷显示记录有哪些记录方式?
4. 渗透检测时,原始记录及检测报告应包括哪些内容?
5. 焊接气孔分成哪几类?如何形成的?渗透检测时,缺陷痕迹显示有何特点?
6. 什么叫热裂纹、冷裂纹?它们各有何特征?简述其产生原因。渗透检测时,热裂纹及冷裂纹痕迹显示各有何特征?
7. 什么叫未熔合?它分成几类?简述其产生原因。渗透检测时,未熔合痕迹显示有何特征?
8. 什么叫未焊透?简述其产生原因。渗透检测时,未焊透痕迹显示有何特征?
9. 制定工件质量验收标准有哪几种方法?

项目六 涡流检测

能力要求

1. 熟悉涡流检测的原理及性质；
2. 掌握涡流检测仪器的使用规程与方法；
3. 掌握涡流检测工件的技能与方法；
4. 掌握涡流检测缺陷的判断与分级。

工作任务

1. 使用涡流检测仪器；
2. 选择涡流检测工艺参数；
3. 涡流检测管件；
4. 涡流检测材质；
5. 涡流检测厚度。

任务一 使用涡流检测仪器

【任务目标】

1. 了解涡流检测的原理；
2. 熟悉涡流检测仪器；
3. 掌握涡流检测仪器的操作规程；
4. 初步具备操作涡流检测仪器的能力。

【任务解析】

1. 工作任务名称：使用涡流检测仪器。

2. 工作任务背景：涡流检测。

3. 完成工作任务要达到的技术标准：《钢管涡流探伤方法》GB/T 7735—2004，《承压设备无损检测》JB/T 4730.6—2005。

4. 完成工作任务所需要的资料：涡流检测安全操作规程。

5. 完成任务的思路，完成任务的技能点和知识点：

(1)完成任务的思路：了解涡流检测的原理；熟悉涡流检测仪器的构造；掌握涡流检测安

全操作规程;完成涡流检测准备的任务。

(2)完成任务的技能点和知识点:涡流检测的原理;涡流检测仪器的构造;涡流检测安全操作规程。

【任务实施】

一、相关理论与知识学习

(一)涡流检测的原理

金属在变动着的磁场中或相对于磁场运动时,金属体内会感生出漩涡状流动的电流,称为涡流。涡流检测是以电磁感应为基础,当载有交变电流的检测线因靠近导电材料时,由于线圈磁场的作用,材料中会感生出涡流。涡流的大小、相位及流动形式受到材料导电性能的影响,而涡流产生的反作用磁场又使检测线圈的阻抗发生变化,因比,通过测定检测线圈阻抗的变化,可以得到被检材料有无缺陷的结论。

涡流检测只适用于能够产生涡流的导电材料,同时,由于涡流是电磁感应产生的,所以在检测时不必要求线圈与被检材料紧密接触,也不必在线圈和工件之间充填耦合剂,从而容易实现自动化检测。因此,对管、棒、丝材的表面缺陷,涡流检测法有很高的速度和效率。缺点是只限用于导电材料,对形状复杂件难检查,由于存在趋肤效应只能检查薄试件或厚试件的表面、近表面部位,干扰多,检测时难以判断缺陷的种类和形状。

涡流及其反作用磁场对金属材料工件的物理和工艺性能的多种参数有反应,因此是一种多用途的检测方法。然而,正是由于对多种试验参数有敏感反应,也就会给试验结果带来干扰信息,影响检测的正确进行。

在进行涡流检测时,对工件中涡流产生影响的因素主要有,电导率、磁导率、缺陷、工件的形状与尺寸以及线圈与工件之间的距离,还有试样中应力和试样温度等。因此,涡流检测可以对材料和工件进行电导率测定、探伤、厚度测量以及尺寸和形状检查等。由于涡流信号的分离和提取并不是一件容易的事情,对此我们应有足够的认识。

应用涡流法还可以对高温状态下的导电材料进行涡流检测,如热丝、热线、热管、热棒材。尤其重要的是加热到居里点温度以上的钢材,检测时不再受磁导率的影响,可以像非磁性金属那样用涡流进行探伤、材质检验以及棒材直径、管材壁厚、板材厚度等测量。

与交流电一样,涡流在被检验工作中流过时,分布是不均匀的,涡流密度在金属表面最大,离表面愈远衰减愈大。不同导电材料(电导率和磁导率不同)因从通过的交变电流的频率不同,电流密度在工件横截面上的分布也有所不同,它是按指数规律从工件表面向工件内部衰减的。把电流密度下降到表面密度的37%(1/e)处的深度,称为趋肤深度,它与电流的频率、金属材料的电导率和磁导率的关系为:

$$d = \frac{1}{\sqrt{\pi f \mu \sigma}}(\mathrm{m})$$

式中:f——交流电流的频率(Hz);

μ——材料的磁导率(H/m);

σ——材料的电导率[$\mathrm{m/(\Omega \cdot mm^2)}$]。

根据公式,频率、电导率和磁导率越大,趋肤深度就越小。表面下缺陷检出灵敏度取决于缺陷所在深度处的涡流密度。在表面下 $3d$ 处得涡流密度仅为表面涡流密度的5%,因此将 $3d$ 作为涡流探伤的实际深度极限。工件表面的涡流密度最大,它的检测灵敏度最高,离工件表面愈深,涡流密度愈小,检出灵敏度愈低。

按线圈励磁与接收信号的方式可把线圈划分为:只采用单一线圈产生主磁场并探测涡流信号的绝对线圈。只用一个检测线圈进行涡流检测的方式称为绝对式。用这种方式进行检测时,要先将标准试样放入线圈,并调节仪器使线圈上的信号输出为零,然后再将被检工件或材料放入线圈。此时若有信号输出,再依据检测目的的不同判断线圈阻抗变化的原因。以这种方式工作的线圈可用于材质分选和涂层测厚,也可用于材料探伤。

为了消除线圈与工件间隙变化、工件材质与温度改变等对线圈阻抗的影响,采取双线圈反向连接形成有互补功能的差动线圈。励磁与接收线圈分开的单线圈输出方式,称为双线圈。在励磁与接收分离的双线圈结构中再以差动线圈方式输出的称为差动输出双线圈,差动工作方式又有标准比较式和自比较式之分。

(1)标准比较式:两个参数完全相向,反向连接的线圈分别放置在标准试样和被检工件或材料上,根据两个检测线圈的输出信号有无差异来判断被检工件或材料的性能即所谓标准比较式。

(2)自比较式:自比较是标准比较的特例,比较的标准为同一被检工件或材料上的不同部分。用两个参数完全相同、差动连接的线圈同时对同一工件或材料的相邻部分进行检测时,被测部位材料的物理性能及工件几何参数的变化对线圈阻抗的影响通常较为微弱,而被检部位若存在裂纹,则线圈经过裂纹时会感应出急剧变化的信号。检测线圈的自比较工作方式特别适用于检测管(棒)材表面的局部缺陷。不同的线圈有不同的功能并适合于对应的检测要求。

(二)涡流检测仪器的电路

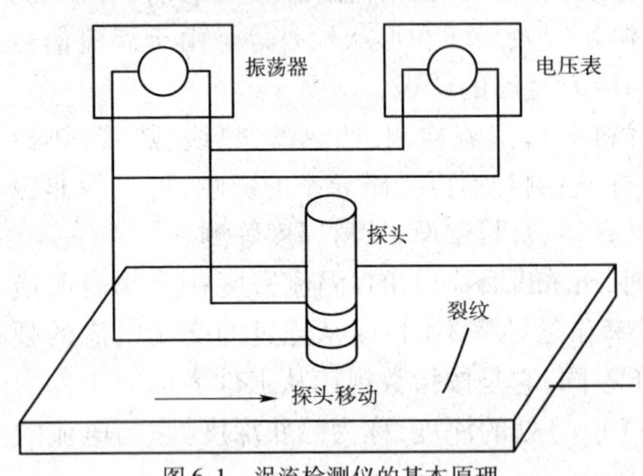

图 6-1 涡流检测仪的基本原理

涡流检测仪的基本原理如图 6-1 所示。当振荡器产生的交变电流流过置于导电体上的线圈时,在线圈周围形成交变磁场,并在导体表面产生涡流。当检测线圈位置发生变化时,由于线圈所处位置下面存在缺陷,导体形状、尺寸或材料电磁特性有所变化,都会引起涡流的大小发生改变并通过二次磁场作用于检测线圈,使线圈阻抗发生变化,通过并联于检测线圈的电表可以显示这一变化。

为了实现上述的过程,涡流检测仪要具有产生激励信号、检测涡流信息、鉴别影响因素、指示检测结果的作用。因此,其电子电路主要由两部分组成,一部分是基本电路,包括振荡器、信号检出电路、放大器、显示器和电源;另一部分是信号处理电路,用于鉴别影响因素和抑制干扰电路。

涡流检测时,为了把试件中待测因素通过检测线圈的阻抗变化反映出来,需要完成一些相同的任务。产生激励信号,检测涡流信息,鉴别影响因素,指示结果。涡流检测仪器主要包括振荡器、测量系统、分析系统、记录器、显示器和自动分选装置。

测量系统包括探头和测量电路。测量方法有绝对法和差分法。绝对法可用不同的配置把探头放到试样需要测量的区域进行。在测量时不进行任何比较,如测量电导率、厚度、间隙等。差分法具有良好的温度稳定性和较小的尺寸变化敏感性,经常用于探伤。

测量电路的主要作用在于从总的涡流信号中将与工件有关的信号分离出来,然后放大到所需要的电平,以供分析和显示。分析系统的作用是把有用信号从干扰信号中分离出来,或者把几种有用信号相互隔开。

涡流检测中分析系统通常采用的信号分析技术主要有相敏检波、调制分析和幅度鉴别分析。

显示器通常为示波器,用来显示测量系统的平衡状态,显示探头线圈阻抗的变化和缺陷的波形。

记录器记录测试结果,以及和标准样品的记录进行比较,判定工件是否合格。

自动分选装置对被检工件进行分选,在工件上发现缺陷的部位进行喷漆标记。

1. 振荡器

振荡器主要用来激励测量系统,同时输出的正弦电压作为参考相位。振荡器就是正弦波信号发生器。振荡器常配以功率放大器,用以向激励线圈提供所需频率及幅度的电流,以便试件中感生所需强度的涡流。原则上可采用符合要求的任何形式的正弦波振荡器,但一般的涡流检测仪中多采用LC 荡器,因为它具有起振容易、调整频率方便(范围从几千赫到几十兆赫)、能产生较大幅度正弦振荡、频率稳定度可达 10^{-4}等优点。当频率稳定度要求更高时可采用晶体振荡器;当要求频率较低时,则常采用 RC 振荡器。

2. 放大器

在正常情况下涡流检测线圈中所产生的信号(载波信号)在出现有关参量变化时其幅度及/或相位可做相应的改变(调制),但这种调制量通常是很小的,信号必须经过相当大的放大。对这种放大器的要求是:①输入级有低的噪声;②动态范围广;③畸变小。这种放大器通常是分立元件和集成电路的组合。集成电路具有高而稳定的增益、尺寸小、直流漂移小等优点,缺点是较分立元件噪声高。

3. 抑制电路

为抑制无关信号可采用很多方法,例如信号插入法就可将 3 个不同信号相加使所得净信号为零,如图 6-2 所示。此时仅需一个移相器,其余控制器可为电位器。

4. 检出电路

在线圈信号被放大到合适大小后,必须予以处理以提取出由有关参量所施加的调制,即需要用检出电路来解调,这可用幅度探测器、相敏探测器。

最普通的幅度探测器是二极管探测器。简单二极管探测器的动态范围在低端受限于非理想的限幅响应,在高端则受限于驱动电路所提供的最大电压,现今有高线性的幅度探测器可供利用。

在涡流检测系统中相敏探测器可用于辨别由不同源引起的信号改变。在典型的相敏涡流检测系统中常采用两个相敏探测器。可调移相器使提供给相敏探测器的参考电压的相位提前或滞后,使无关信号的抑制成为可能;分相器用于产生两个相位探测器参考信号,两者的相位分离 90°。当此两相位探测器的输出加到示波器的两对偏转板上时,荧光屏直接显示电相位角,这种两维的信号相位显示即为阻抗平面图或称相位显示图。

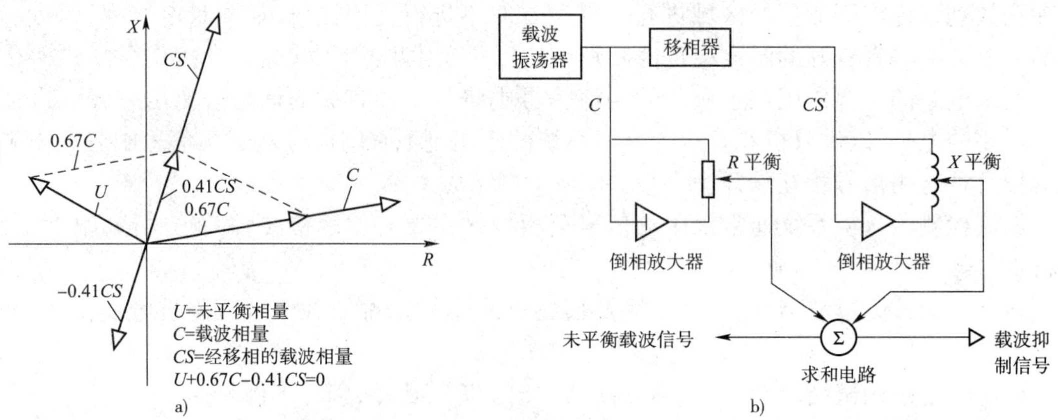

图 6-2 通过信号插入进行载波抑制

a)相量分析;b)电路图

5. 信号显示

在示波器上良好的相位显示图可给出涡流信号的最大信息。

在试验程序已很好地确定或当只需显示重要情况响应的大小时,可采用简单和便宜的输出指示装置,如各式电表就已足够。

当希望以两维形式显示相位信息而阴极射线管显示尺寸或功率消耗又不能使用时,可采用点矩阵显示,它包含一个两维的基元阵。复杂的电子线路可接收通常去阴极射线管偏转板的模拟信号并将之转换成适合于触发点矩阵显示的行和列驱动器。

点矩阵显示可采用液晶技术,可给出与阴极射线管基本相同的信息,只是分辨力稍低(受限于可用的基元数),较适用于对信号细节不做要求的场合。

(三)涡流检测设备

涡流检测设备主要由涡流检测线圈、检测仪器、辅助装置等组成。

1. 涡流检测线圈

涡流检测线圈通常又称为探头,它是用直径非常细的铜线按一定方式缠绕而成,在通以交流电时能够产生交变磁场,并在与其接近的导电体中激励产生涡流;同时,电磁线圈还具有接收感应电流(即涡流)所产生的感应磁场、将感应磁场转换为交变电信号的功能,并将检测信号传输给检测仪器。检测线圈对缺陷的检测灵敏度及分辨率有很大的影响,是探伤设备的重要组成部分。涡流检测仪是涡流检测系统的核心部分。根据不同的检测对象和检测目的,研制出各种类型和用途的检测仪器。尽管各类仪器的电路组成和结构各不相同,但工作原理和基本结构是相同的。涡流检测仪的基本组成部分和工作原理是:激励单元的信号发生器产生交变电流供给检测线圈,放大单元将检测线圈拾取的电压信号放大并传送给处理单元,处理单元抑制或消除干扰信号,提取有用信号,最终由显示单元给出检测结果。

2. 检测仪器

(1)根据检测对象和目的的不同,涡流检测仪器一般可分为涡流探伤仪、涡流电导率仪和涡流测厚仪三种。

(2)按照检测结果显示方式的不同,涡流检测仪可分为阻抗幅值型和阻抗平面型,这一般是针对涡流探伤仪而言,不包括涡流电导率仪和测厚仪。阻抗幅值型仪器在显示终端仪给出检测结果幅度的相关信息,不包含检测信号的相位信息,如电表指针的指示、数字表头的读数及示波器时基线上的波形显示等。

(3)按照仪器的工作频率特征,涡流检测仪可分为单频涡流检测仪和多频涡流检测仪。单频涡流检测仪并非仅限于只有单一激励频率的仪器,如涡流测厚仪和大部分涡流电导率仪,而且包括激励频带非常宽的涡流探伤仪。尽管宽频带的涡流探伤仪可以激励不同工作频率的线圈进行检测,但由于同一时刻仅以单一的选定频率工作,因此仍归类于单频涡流检测仪。多频涡流检测仪是指同时可以选择两个或两个以上检测频率工作的涡流探伤仪和具有两种或两种以上工作频率的涡流电导率仪。对于多频涡流探伤仪而言,是指仪器具有两个或两个以上的信号激励与检测的工作信道,因此又称作多信道涡流探伤仪。随着涡流检测仪器制造技术的发展,出现了多种型号的同时具备探伤、电导率测量、膜层厚度测量功能的通用型仪器,这些通用仪器中的大部分仪器能够以阻抗幅值和阻抗平面两种形式显示探伤信号。

3. 辅助装置

涡流检测的辅助装置是指除检测线圈和检测仪器外,对材料或零件实施可靠的涡流检测时所必要的装置,主要包括磁饱和装置、试样传动装置、探头驱动装置、标记装置等。

1)磁饱和装置

由于铁磁性材料经过加工后,其内部会出现明显的磁性不均匀现象,这种磁性不均匀形成的噪声信号往往大于缺陷的响应信号,给缺陷的检出带来困难。同时,与非铁磁性材料相比,铁磁性材料的相对磁导率一般远大于1,一些材料的最大相对磁导率甚至达到1000以上,由于集肤效应的影响,而大大限制了涡流的透入深度。磁饱和装置就是对铁磁性材料在检测前进行磁饱和处理,消除磁性的不均匀、提高涡流透入深度,其结构如图6-3所示。

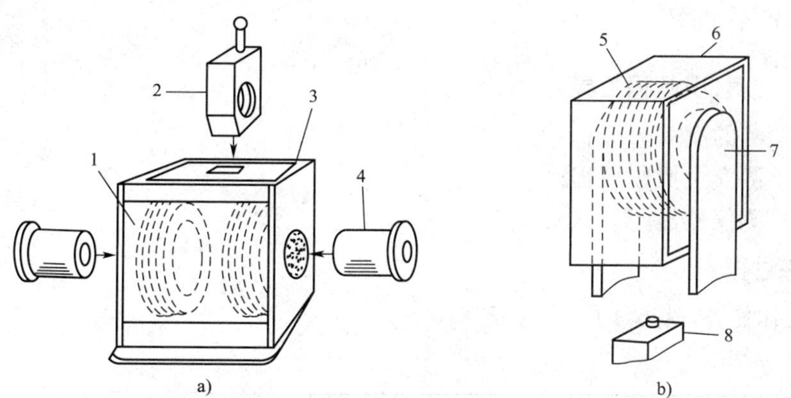

图6-3 磁饱和装置的结构

a)通过式线圈的管、棒材的涡流检测;b)采用扇形线圈的有缝管的涡流检测;

1、5-磁饱和线圈;2、8-探头;3、6-外壳;4-导套;7-磁轭

2)试样传动装置

试样传动装置由上料、进料和分料装置组成。主要用于形状规则产品的自动化检测,在

管材、棒材生产线上的应用最为广泛。一套典型的管、棒材涡流自动检测的传动装置如图6-4所示。上料装置可以将管材或棒材送到进料装置中;进料装置是将管、棒材输送到涡流检测线圈检测部分,传动的过程中,要尽量做到无振动和偏摆,减小对涡流检测的影响;分料装置是检测系统按验收标准确定的不同等级管和棒材实施自动分离的装置。一般可将产品分为合格、可疑和不合格组。

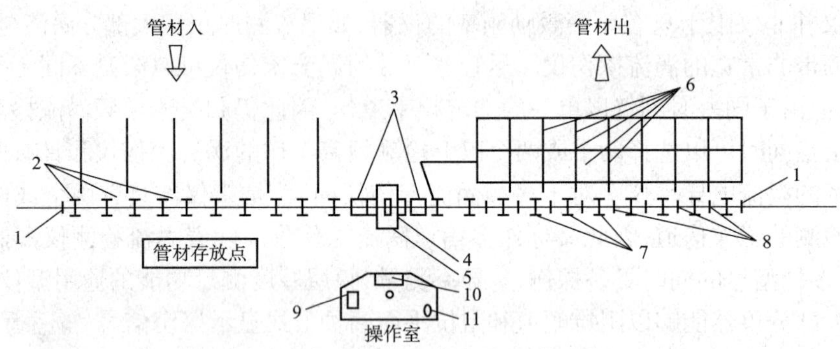

图6-4 管和棒材涡流自动检测的传动装置

1-挡板;2-传送装置;3-夹送辊;4-线圈;5-线圈支撑台;6-分选杆;7-输送辊;8-翻管装置;9-探伤仪;10-操作台;11-空调机

3)探头驱动装置

探头驱动装置是用于控制探头的旋转方向、速度和进给位置的装置,可以实现在管、棒材进行涡流检测时,管、棒材做直线平移运动的同时,驱动放置式线圈沿管棒材做周向旋转。

4)标记装置

标记装置是对被检测对象出现异常信号的位置自动实施记录和标识的装置。当检测系统发现超出设定水平的信号时,输出一个报警信号,标记装置接收到报警信号后会自动驱使相关的机械装置在试件的对应部位以设定的方式进行标记。

二、工作任务训练

(一)训练资料、设备和工具

(1)涡流检测的有关标准;

(2)涡流检测安全操作规程;

(3)涡流检测仪器、探头、试块。

(二)训练过程

1.下达工作任务(表6-1)

表6-1

任务名称	使用涡流检测仪器
任务安排	1.小组以4~6人组成,每小组推选一名组长与副组长; 2.组长总体负责本组人员的任务分工,组织协调完成任务; 3.副组长负责仪器和资料使用及安全管理等事务; 4.各成员要相互配合、团结合作、各司其职地完成任务。

续上表

<table>
<tr><td>任务要求</td><td colspan="4">完成涡流检测仪器操作训练。</td></tr>
<tr><td>技术要求</td><td colspan="4">1. 涡流检测的有关标准;
2. 熟悉涡流检测安全操作规程;
3. 完成涡流安全操作。</td></tr>
<tr><td rowspan="2">成员组成</td><td>小组号</td><td colspan="2"></td><td>组长</td></tr>
<tr><td>副组长</td><td></td><td>组员</td><td></td></tr>
</table>

2. 制定工作计划

1)任务分工(表6-2)

表6-2

小组号			
组长		资料借领与归还者	
资料号			
分　工　安　排			
任务编号	任务内容	任务实施者	结论记录者
1			
2			
3			
4			
5			
6			

2)实施方案设计

(1)实训的步骤:

①查阅涡流检测安全操作方面的有关标准;

②将实训任务进行分解编号,由不同的成员承担完成相应的项目;

③记录实训中心相关设备构造名称与型号;

④小组研究讨论;

⑤填表,完成实训任务。

(2)注意事项与技术要求:

①熟悉涡流检测安全方面的有关标准;

②熟悉涡流检测仪器安全操作规程;

③掌握涡流检测仪器构造与操作。

3. 实施工作计划,并完成如下记录

1)实施工作计划

(1)布置实训任务;

(2)将实训任务进行分解编号;

(3)研究实训任务,查阅安全标准和操作规程,熟悉设备仪器;

(4) 进行涡流检测仪器安全操作；

(5) 填表完成实训任务。

2) 操作涡流检测仪器记录表(表 6-3)

表 6-3

任务名称	使用涡流检测仪器	小组号	
组长		组员	
使用涡流检测仪记录表			
序号	实训项目	实 训 记 录	
1	涡流检测仪器机构造	部件名称	型号和作用
2	涡流检测仪器安全操作要点	操作要点	注意事项
3	操作涡流检测仪器步骤	操作步骤	注意事项

【任务小结】

一、学生自我评估（表 6-4）

表 6-4

实训项目	使用涡流检测仪器				
小组号		任务号		实训者	
序号	检 查 项 目	分值	要　求		自 我 评 定
1	任务完成情况	40	按要求按时完成实训任务		
2	实训记录	20	记录规范、完整		
3	实训纪律	20	不在实训场地打闹，无事故发生		
4	团队合作	20	服从组长的任务分工安排，能配合小组其他成员工作		
实训总结： 小组评分：________　组长：________　____年____月____日					

二、教师评定反馈（表 6-5）

表 6-5

实训项目					
小组号		任务号		实训者	
序号	检 查 项 目	分值	要　求		教 师 评 定
1	资料、设备查阅	20	资料、设备查阅正确、针对性强		
2	操作步骤	20	操作规范正确		
3	效率检查	10	按时完成实训		
4	信息记录	20	记录规范、完整		
5	成果检测	10	成果符合要求		
6	团队合作	20	小组各成员能相互配合，协调工作		
存在问题： 考核教师：________　____年____月____日					

【拓展提高】

案例:多频涡流检测仪器操作。

【课后自测】

问答题

1. 涡流检测仪器的组成有哪些部分?
2. 涡流检测仪器的工作原理是什么?
3. 涡流检测仪器的操作步骤有哪些?
4. 涡流检测的特点是什么?

任务二　选择涡流检测工艺参数

【任务目标】

1. 熟悉涡流检测仪器;
2. 掌握涡流检测仪器的操作规程;
3. 掌握选择涡流检测工艺参数的方法和步骤。

【任务解析】

1. 工作任务名称:选择涡流检测工艺参数。
2. 工作任务背景:涡流检测。
3. 完成工作任务要达到的技术标准:《钢管涡流探伤方法》GB/T 7735—2004,《承压设备无损检测》JB/T 4730.6—2005。
4. 完成工作任务所需要的资料:涡流检测安全操作规程。
5. 完成任务的思路,完成任务的技能点和知识点:

(1)完成任务的思路:了解涡流检测的原理;熟悉涡流检测仪器的构造;掌握涡流检测安全操作规程;完成涡流检测工件的任务。

(2)完成任务的技能点和知识点:涡流检测的原理;涡流检测仪器的构造;涡流检测安全操作规程;选择涡流检测工艺参数。

【任务实施】

一、相关理论与知识学习

(一)涡流检测的原理

涡流检测的工作原理是,振荡发生器产生的各种频率的振荡电流经检测线圈,线圈产生交变磁场并在工件中感应涡流;同时,受导电工件影响的涡流会使检测线图的电性能发生变化,通过信号输出电路将检测线圈电性能的变化(包含待测信息的)转变成电信号输出,经放大器放大,信号处理器消除各种干扰,然后输入显示器显示检测结果。对涡流检测来说,抑制干扰特别重要,随着检测目的和要求的不同,各种涡流检测仪中的信号处理器是不相同的,它们包括用于相位分析的同步检波器和移相器,用于频率分析的滤波器,用于振幅分析的幅度鉴别器以及用于抑制提离效应的不平衡电桥和谐振抑制电路等。

1. 检测频率的选择

涡流检测所用频率范围从 200Hz 到 6MHz 或更大。大多数非磁性材料的检查采用的频率是数千赫兹,检测磁性材料时采用较低频率,例如 1kHz,在任何具体的涡流检测中,实际所用的频率由被检材料的厚度、所希望的透入深度、要求达到的灵敏度或分辨力以及不同的检测目的等所决定。

对透入深度来说,频率越低透入深度越大。但降低频率的同时检测灵敏度也随之下降,检测速度也可能降低。因此,在正常情况下,检测频率要选得尽可能高,只要在此频率下仍能有必需的透入深度即可。若只是需要检测工件表面裂纹,则可采用高到几 MHz 的频率。若需检测相当深度处的缺陷,则必须牺牲灵敏度而采用非常低的频率,这时候,它不可能检测出细小的缺陷。

由于在铁磁性材料中透入深度低,因此,通常采用较低的频率。即使在检测工件表面裂纹时采用较高频率,但与检测非磁性材料表面裂纹时采用的频率相比仍然是相当低的。

2. 标准试样与对比试样

涡流检测与其他无损检测方法一样,对于被检测对象质与量的评价和检测都是通过与已知样品质与量的比较而得出的,涡流检测所用的试样有标准试样与对比试样两类。

标准试样及对比试样的用途,标准试样是按相关标准规定的技术条件加工制作,并经被认可的技术机构认证的用于评价检测系统性能的试样。标准试样的本质用途是评价检测系统的性能,而不是用于产品的实际检验。

对比试样是针对被检测对象和检测要求按照相关标准规定的技术条件加工制作,并经相关部门确认的用于被检对象质量符合性评价的试样。由于对比试样的作用是用于评价被检对象的质量,因此,对比试样与标准试样有两点不同:①对比试样的材料特性必须与被检对象相同或相近,如材料的牌号、热处理状态、规格或形状等;②对比试样上人工缺陷的形状和大小应根据检测要求确定。

标准试样是按照相关标准加工制作并用于仪器性能测试与评价的标准样品,并不直接与被检测对象的材质相关和用于具体产品的检验。大多数涡流检测标准对试样的选材、加工制作和人工缺陷的形式、大小都做了规定,但对涡流仪器的使用性能,如检测能力、周向灵敏度、端部盲区、分辨力及线性度等性能指标均未做规定,因此也就未涉及用于涡流仪器性能测试与评价的标准试样。

1)标准试样

以德国 DIN 54141 标准第 2 部分“无损检测管材的涡流检测穿过式线圈涡流检测系统性能的测试方法”为例,为使测试、评价结果具有良好的可重复性和可比性,该标准对系统测试用标准样管的规格、尺寸及材料做了统一规定:建议采用外径为 25mm、壁厚为 2mm、长度为 2000mm 的铜、奥氏体不锈钢、铜-锌合金和铁磁性钢管制作。不同材料的选用是根据测试的频率范围和所期望的内部缺陷与表面缺陷信号间相位角的差异所决定的。

在管材试样一端管壁同一素线位置上加工10个间距为20mm、直径为1mm的通孔缺陷。该标准试样用于评价涡流检测系统对靠近管材端部缺陷的检测分辨能力,即检测系统的端部效应。

2)对比试样

由于对比试样的形状和材质相对被检测产品必须具有代表性,因此对比试样的形状和材质必然是千差万别、各不相同的。按照对比试样上人工缺陷的形式不同,可分为孔形缺陷对比试样和槽形缺陷对比试样。按照涡流探伤应用对象的不同,也可分为外通过式线圈探伤用对比试样、内穿过式线圈探伤用对比试样和放置式线圈探伤用对比试样。无论是用于哪一类产品探伤的对比试样,其上人工缺陷的形式并没有统一的限定,而是由产品制造或使用过程中最可能产生缺陷的性质、形态所决定。

通孔形人工缺陷能较好地代表穿透性孔洞,虽然穿透性孔洞在管材制造过程中较少出现,但由于通孔缺陷最易于加工,因此被广泛采用。平底盲孔缺陷对于管壁的腐蚀具有较好的代表性,因此在在役管材的涡流检测中较多采用。槽形人工缺陷能更好地代表管、棒材制造过程产生的折叠及使用过程中出现的开裂等条状缺陷和各种机械零件使用过程产生的疲劳裂纹,可以说槽形人工缺陷在多数情况下比通孔缺陷对于自然缺陷具有更广泛、真实的代表性,但由于槽形缺陷的加工与测量比通孔缺陷难度大,因此在涡流对比试样制作中并没有更广泛地选择槽形人工缺陷。

图6-5所示试样是一典型的管材缺陷检测用对比试样。试样上3个通孔缺陷沿轴向等距离排列,在圆周方向上以120°均匀分布在圆周面上,其作用是检测周向灵敏度和传动系统的对中状态;在接近对比样管某一端部位置上的通孔的作用是评价涡流检测系统的端部盲区。

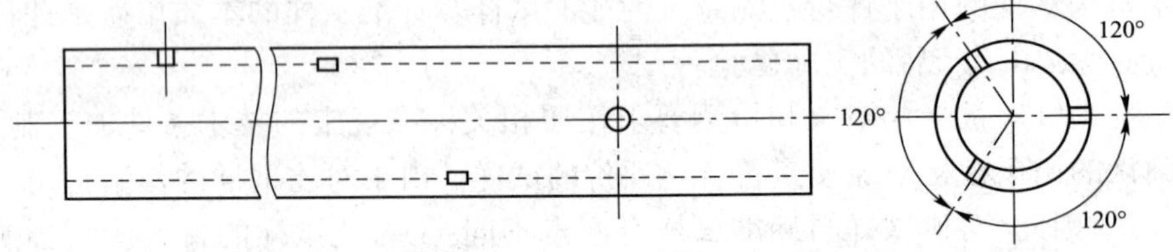

图6-5 评价检测系统周向灵敏度差的标准试样

图6-6所示试样是一典型的热交换器管缺陷检测用对比试样。试样外表面从左至右加工有5个深度分别为管材壁厚10%、20%、30%、40%和50%的周向刻槽,内表面刻有1个深度为壁厚10%的周向刻槽,槽深允许偏差为0.075mm。各槽宽度均为50mm,间距均为25mm,槽宽和间距允许偏差均为1.5mm。

图6-7给出了平板零件探伤用典型对比试样。槽的深度如图6-7所示,宽度为0.15mm,允许偏差均为±0.05mm。

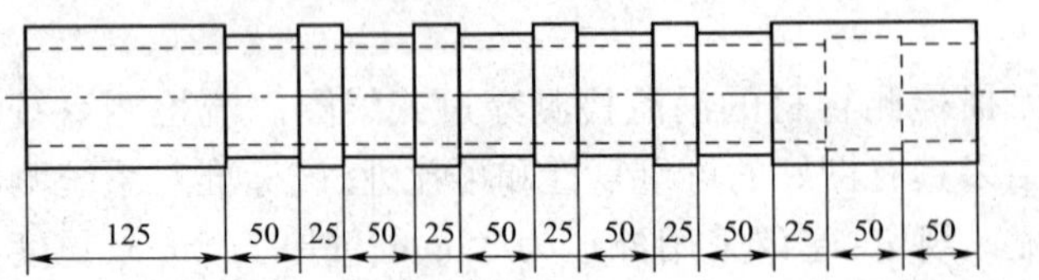

图6-6 热交换器管缺陷检测用对比试样

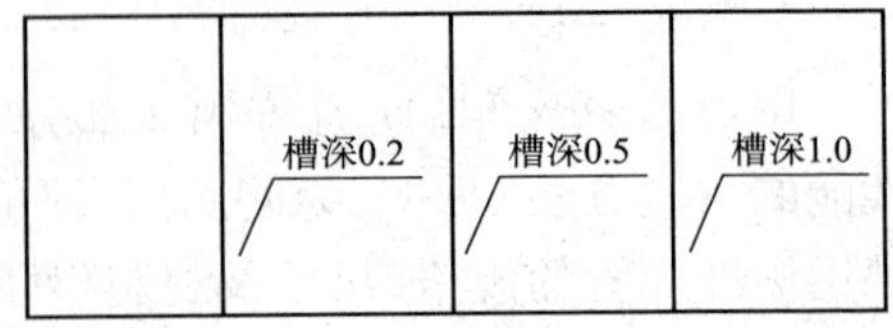

图6-7 平板零件探伤用典型对比试样

3)电导率的测量试样

电导率的测量是采用已知量值的电导率标准试样校准涡流电导率仪后对材料或零件的电导率进行测量,不需再选择与被检测对象材料、热处理状态相同或相近的材料制作对比试样,因此在电导率测试中只有标准试样而不存在对比试样。

4)膜层厚度测量的标准试样

膜层厚度测量是采用标准厚度片校准测厚仪后对涂层厚度进行测量,用作校准仪器使用的标准试片必须有明确的标值。膜层厚度测量用标准试片主要有两类:一类是不带有基体的薄膜(片),这类标准试片可覆盖在各种制作的基体上进行仪器校准,具有良好的适用性;第二类是带有基体的标准试片,这类试片的覆盖层与基体结合成一体,在使用上有一定的局限性。校准仪器使用的标准厚度片与被测量覆盖层的厚度越接近,测量结果越准确。

(二)涡流检测工艺过程

涡流检测的工艺过程主要包括:检测前准备工作、检测条件的调定、检测及结果分析、消磁、标记和记录。

1. 检测前准备工作

(1)检测方法和仪器的选择。检测方法和仪器必须根据试样的性质、形状、尺寸、欲检出缺陷的种类和大小来决定。

(2)检测线圈的选择。检测线圈的选择与线圈的结构及使用特点有关,应根据试样的大小、探伤仪的电特性等选择合适的检测线圈。

(3)预处理。检测前去除吸附在试样上的金属屑、氧化膜和油污等杂质。一般用压缩空气或清洗剂去除附着物。

(4)对比试样的制备。根据检测的目的和要求,制作对比试样。

(5)仪器的预运转。检测仪器使用前应先通电预运转,待稳定后才能调整仪器进行检测,特别是用电子管的仪器,需要较长的预运转时间才能稳定工作,一般需要 20 ~ 30min。

(6)传送装置的调整。进行检测前,要调整传送装置,使试样通过线圈时无偏心、无振动。

2. 检测条件的调定

进行检测前要调整检测频率、桥式平衡电路、灵敏度、相位调定、滤波器频率调定、拒斥器调定、磁饱和装置的调定。

3. 检测及结果分析

准备工作和仪器各种检测条件都调好后,就可以进行检测操作。在检测过程中,应尽量保持固定的传送速度,并在每批检验完毕后或每隔 2h 对仪器进行检验。出现下列情况时,应重新检测:

(1)对显示信号不能肯定为缺陷信号,而可能是由于别的原因产生的信号时。

(2)定时检验检测条件,发现有异常时。

4. 消磁

铁磁材料检测后必须进行消磁处理,这样可以避免:

(1)剩磁对后续加工或检验产生不良影响。

(2)试样间或试样与其他物件相互摩擦。

(3)影响其他检测仪器。

5. 标记和记录

检测完毕的工件,应根据评定结果做好标记,并做好检测记录,检测记录应包括检测条件、检测结果等。

二、工作任务训练

(一)训练资料、设备和工具

(1)涡流检测仪器;
(2)探头;
(3)标准试块;
(4)直尺;
(5)国家标准与规范。

(二)训练过程

1. 下达工作任务(表6-6)

表6-6

<table>
<tr><td>任务名称</td><td colspan="4">选择涡流检测工艺参数</td></tr>
<tr><td>任务安排</td><td colspan="4">1. 小组以4~6人组成,每小组推选一名组长与副组长;
2. 组长总体负责本组人员的任务分工,组织协调完成任务;
3. 副组长负责仪器和资料使用及安全管理等事务;
4. 各成员要相互配合、团结合作、各司其职地完成任务。</td></tr>
<tr><td>任务要求</td><td colspan="4">完成涡流检测工艺参数选择训练。</td></tr>
<tr><td>技术要求</td><td colspan="4">1. 涡流探伤方面的有关标准;
2. 熟悉涡流检测安全操作规程;
3. 完成涡流探伤仪工艺参数选择。</td></tr>
<tr><td rowspan="2">成员组成</td><td>小组号</td><td colspan="2"></td><td>组长</td></tr>
<tr><td>副组长</td><td></td><td>组员</td><td></td></tr>
</table>

2. 制定工作计划(表6-7)

1)任务分工

表6-7

<table>
<tr><td>小组号</td><td colspan="3"></td></tr>
<tr><td>组长</td><td></td><td>资料借领与归还者</td><td></td></tr>
<tr><td>资料号</td><td colspan="3"></td></tr>
<tr><td colspan="4">分 工 安 排</td></tr>
<tr><td>任务编号</td><td>任务内容</td><td>任务实施者</td><td>结论记录者</td></tr>
<tr><td>1</td><td></td><td></td><td></td></tr>
<tr><td>2</td><td></td><td></td><td></td></tr>
</table>

续上表

任务编号	任务内容	任务实施者	结论记录者
3			
4			
5			
6			

2)实施方案设计

(1)实训的步骤:

①查阅熟悉涡流探伤方面的有关标准;

②将实训任务进行分解编号,由不同的成员承担完成相应的项目;

③记录实训中心相关条件的选择;

④小组研究讨论;

⑤填表,完成实训任务。

(2)注意事项与技术要求:

①熟悉国家标准与规范;

②掌握涡流探伤工艺参数选择。

3. 实施工作计划,并完成如下记录

1)实施工作计划

(1)布置实训任务;

(2)将实训任务进行分解编号;

(3)研究实训任务,查阅涡流探伤国家标准;

(4)选择涡流探伤工艺参数;

(5)填表完成实训任务。

2)选择涡流检测工艺参数记录表(表6-8)

表6-8

<table>
<tr><td>任务名称</td><td colspan="2">选择涡流检测工艺参数</td><td>小组号</td><td></td></tr>
<tr><td>组长</td><td></td><td>组员</td><td colspan="2"></td></tr>
<tr><td colspan="5">选择涡流检测工艺参数记录表</td></tr>
<tr><td>序号</td><td>实训项目</td><td colspan="3">实训记录</td></tr>
<tr><td rowspan="4">1</td><td rowspan="4">选择涡流探头</td><td>探头选择</td><td colspan="2">选择结果</td></tr>
<tr><td></td><td colspan="2"></td></tr>
<tr><td></td><td colspan="2"></td></tr>
<tr><td></td><td colspan="2"></td></tr>
</table>

续上表

序号	实训项目	实训记录	
2	选择频率	频率	
3	选择标准试块	标准试块	选择结果
4	选择对比试块	对比试块	选择结果
5	选择消磁装置	消磁装置	选择结果

【任务小结】

一、学生自我评估(表6-9)

表6-9

实训项目	选择涡流检测工艺参数				
小组号			任务号		实训者
序号	检查项目	分值	要求		自我评定
1	任务完成情况	40	按要求按时完成实训任务		
2	实训记录	20	记录规范、完整		
3	实训纪律	20	不在实训场地打闹,无事故发生		
4	团队合作	20	服从组长的任务分工安排,能配合小组其他成员工作		
实训总结: 小组评分:________ 组长:________ ____年____月____日					

二、教师评定反馈(表6-10)

表6-10

实训项目	涡流检测工件				
小组号		任务号		实训者	
序号	检查项目	分值	要求		教师评定
1	资料、设备查阅	20	资料、设备查阅正确、针对性强		
2	操作步骤	20	操作规范正确		
3	效率检查	10	按时完成实训		
4	信息记录	20	记录规范、完整		
5	成果检测	10	成果符合要求		
6	团队合作	20	小组各成员能相互配合,协调工作		
存在问题: 考核教师:________ ____年____月____日					

【拓展提高】

案例:远场涡流检测。

【课后自测】

问答题

1. 标准试块有什么作用?
2. 探头频率如何选择?
3. 涡流检测的工艺过程有哪些?
4. 检测后为什么要进行消磁处理?
5. 怎样进行涡流检测结果记录?

任务三 涡流检测管件

【任务目标】

1. 熟悉涡流检测管件的方法与步骤;
2. 掌握涡流检测管件的标准;

3. 初步具有操作涡流检测管件的能力。

【任务解析】

1. 工作任务名称:涡流检测管件。

2. 工作任务背景:涡流仪器操作。

3. 完成工作任务要达到的技术标准:《钢管涡流探伤方法》GB/T 7735—2004,《承压设备无损检测》JB/T 4730.6—2005。

4. 完成工作任务所需要的资料:国家标准与规范,船舶行业标准,工厂技术要求。

5. 完成任务的思路,完成任务的技能点和知识点:

(1)完成任务的思路:熟悉涡流检测管件的方法与步骤;掌握涡流检测管件的标准;完成涡流检测管件的操作。

(2)完成任务的技能点和知识点:涡流探伤仪;探头;标准试块;对比试块。

【任务实施】

一、相关理论与知识学习

涡流探伤能发现导电材料表面和近表面的缺陷,且具有简便、不需用耦合剂和易于实现高速、自动化检测等优点,故而在金属材料及其零部件的探伤中得到了广泛应用。

(一)涡流探伤类型

1. 金属管材探伤

用高速、自动化的涡流探伤装置可以对成批生产的金属管材进行无损检测。管材从自动上料给进装置等速、同心地进入并通过涡流检测线圈,然后分选下料机构根据涡流检测结果,按质量标准规定将经过探伤的管材分别送入合格品、次品和废品料槽。

用于管材探伤的检测线圈是多种多样的。小直径管材(直径 $\phi \leq 75$mm)探伤通常采用激励线圈与测量线圈分开的感应型穿过式线圈。当管材为铁磁性材时,外层还要加上磁饱和线圈用直流电对管材进行磁化。这种线圈最适宜检测凹坑、锻屑、发裂、折叠和裂纹等缺陷,检测速度一般为0.5m/s,穿过式线圈对管材表面和近表面的纵向裂纹有良好的检出灵敏度,由于其感生出的涡流沿管材周向流动,故而该线圈对周向裂纹的检测不敏感。管材直径过大,使得缺陷面积在整个被检面积中占的比率很小时,检测的灵敏度会显著降低。为此,当为检测管材的周向裂纹或管材的直径超过75mm时,宜采用小尺寸的探头式线圈以探测管材上的短小缺陷。探头数量的多少取决于管径的大小。探头式线圈的优点是提高了检测灵敏度,但其探伤的效率要比穿过式线圈低。用于管材探伤的涡流探伤仪种类很多。管材涡流探伤仪的性能不断向多功能、智能化方向发展,充分利用计算机技术来进行参数控制、数据分析和图形处理。

2. 管材探伤

管材涡流探伤仪的另一用途是对在役管道进行维修检查。例如检查管式换热器中管材的腐蚀开裂或腐蚀减薄情况时,先将外径略小于被检管件内径的内通式检测线圈放进一根与被检管件材质相同的校准管中,记录下该管件上每个人工缺陷显示信号的波幅的不同高度,然后将该检测线圈送进待检管内直达其底部,再将其匀速拉出。一旦发现缺陷信号,即与校准管的人工缺陷信号比较以确定该缺陷的当量。在这种情况下,需要配备各种用途的内通式线圈和探头传动机构。

3. 金属棒材、线材和丝材的探伤

可采用类似于管材的自动探伤装置对大批量生产的棒材、线材和丝材进行涡流探伤。但为了要检出棒材表面以下较深的缺陷,应选用比同直径的管材探伤低一些的工作频率;进行金属丝材探伤所选用的频率则要较高,以获得较好的检测效果。

4. 结构件疲劳裂纹探伤

服役中的结构件上可能产生各种缺陷,其中尤以疲劳裂纹为多见。飞机维修中常用涡流探伤方法来检测这种危险缺陷。例如用专用探头式线圈可检出在机翼大梁、桁条与机身框架连接的紧固件孔周围、发动机叶片、起落架、旋翼和轮毂等部位产生的疲劳裂纹,还可对飞机上容易产生疲劳裂纹的部位或重要的零部件实施飞行监控,以此来保证飞行安全。

(二)参数选择

1. 填充系数

填充系数(在穿过式线圈中用来表示线圈与试样尺寸关系的系数,同时涉及检测线圈所产生的磁场用于试样的百分比值)是管棒材涡流检测中一个非常重要的概念,也是影响管棒材涡流检测灵敏度的一个重要因素。从电磁感应原理讲,检测线圈与管棒材接近程度越高,检测灵敏度越高。由于管棒材的平直度、轴对称性和椭圆度总是存在一定的偏差,加上传动装置运行中可能造成管棒材出现微小的偏离,如果仅仅追求填充系数的提高,必然会增大检测线圈被高速运行的管棒材撞击的概率和摩擦损耗。面对被检测的管棒材,如何选择适当尺寸的检测线圈,并没有其他更复杂的影响因素,只要将尽可能提高填充系数和防止检测线圈受撞击或过度磨损这两个基本原则协调处理好即可。如果管棒材的平直度、同心度、表面粗糙度都很好,检测系统传动装置运行的稳定性和精确度也比较高,则可选择填充系数值大的条件实施检测;否则应适当降低填充系数。

2. 检测频率的确定

检测频率的确定主要有特征频率参数计算法、利用频率选择图法、利用半无限大平面导体上的涡流透入深度公式计算非铁磁性管材的检测频率法、利用对比试样上的人工缺陷的响应情况确定法。

3. 检测线圈与扫查间距的选择

检测线圈的结构和类型对管棒材涡流探伤有很大的影响。绝对式线圈对被检测对象材质、尺寸变化的影响最为敏感。如果对检测频率和填充系数的影响不必特别关注时,可以选择能克服检测频率和填充系数影响的差动式线圈。选用通过式线圈具有很高的检测效率,但对于沿管棒材轴向的条状缺陷,如果其深度比较一致,则采用该类型线圈容易造成漏检,因此,可以考虑增加放置式线圈的扫查。

4. 对比试样人工缺陷的制作

对比试样上人工缺陷制作的形式和大小取决于被检测管棒材的生产工艺和检测要求。带人工通孔缺陷的对比试样在管材涡流检测中的应用比较广泛,但代表性不如槽形缺陷。

如果管棒材在制造过程中容易形成条状缺陷,如折叠、重皮、裂纹等,在对比试样上加工制作纵向人工缺陷比较合理。在加工槽形人工缺陷时,为了保证内外表面都有一定的检测灵敏度,采用外通过式线圈时,除在外表面加工槽形缺陷外,在内表面也需要考虑加工槽形缺陷。管材对比试样上几种典型的人工槽形缺陷如图 6-8 所示。

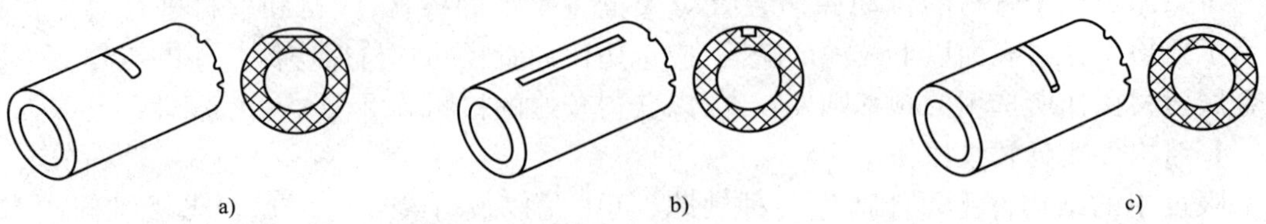

图 6-8　管材对比试样上几种典型的人工槽形缺陷
a)横向锉槽;b)铣削或电火花加工成的纵向开槽;c)铣削或电火花加工成的横向开槽

二、工作任务训练

(一)训练资料、设备和工具

(1)实训室安全操作规程,探伤标准;
(2)涡流探伤仪器;
(3)斜探头;
(4)检测线圈;
(5)标准试块;
(6)对比试块;
(7)钢直尺。

(二)训练过程

1. 下达工作任务(表 6-11)

表 6-11

<table>
<tr><td>任务名称</td><td colspan="4">涡流检测管件</td></tr>
<tr><td>任务安排</td><td colspan="4">1. 小组以 4 ~6 人组成,每小组推选一名组长与副组长;
2. 组长总体负责本组人员的任务分工,组织协调完成任务;
3. 副组长负责仪器和资料使用及安全管理等事务;
4. 各成员要相互配合、团结合作、各司其职地完成任务。</td></tr>
<tr><td>任务要求</td><td colspan="4">完成涡流检测管件训练。</td></tr>
<tr><td>技术要求</td><td colspan="4">1. 熟悉实训室涡流安全操作规程、船舶标准;
2. 熟悉涡流检测管件的过程;
3. 完成涡流检测管件。</td></tr>
<tr><td rowspan="2">成员组成</td><td>小组号</td><td colspan="2"></td><td>组长</td></tr>
<tr><td>副组长</td><td></td><td>组员</td><td></td></tr>
</table>

2. 制定工作计划

1）任务分工（表6-12）

表6-12

<table>
<tr><td>小组号</td><td colspan="3"></td></tr>
<tr><td>组长</td><td></td><td>资料借领与归还者</td><td></td></tr>
<tr><td>资料号</td><td colspan="3"></td></tr>
<tr><td colspan="4">分 工 安 排</td></tr>
<tr><td>任务编号</td><td>任务内容</td><td>任务实施者</td><td>结论记录者</td></tr>
<tr><td>1</td><td></td><td></td><td></td></tr>
<tr><td>2</td><td></td><td></td><td></td></tr>
<tr><td>3</td><td></td><td></td><td></td></tr>
<tr><td>4</td><td></td><td></td><td></td></tr>
<tr><td>5</td><td></td><td></td><td></td></tr>
<tr><td>6</td><td></td><td></td><td></td></tr>
</table>

2）实施方案设计

（1）实训的步骤：

①将实训任务进行分解编号，由不同的成员承担完成相应的项目；

②记录实训中心相关步骤；

③小组研究讨论；

④填表，完成实训任务。

（2）注意事项与技术要求：

①熟悉国家标准与规范，船舶专业标准；

②仔细分析和认真掌握涡流检测的每个操作过程；

③掌握涡流检测管件的技能。

3. 实施工作计划，并完成如下记录

1）实施工作计划

（1）布置实训任务；

（2）将实训任务进行分解编号；

（3）研究实训任务，查阅涡流探伤国家标准；

（4）实施涡流检测管件；

（5）填表完成实训记录。

2）涡流检测管件记录表（表6-13）

表 6-13

任务名称	涡流检测管件	小组号	
组长		组员	
涡流检测管件记录表			
序号	实训内容	实 训 记 录	
1	选择实训参数	实训参数	结果记录
2	安全检测程序	检测项目	结果记录
3	超声波仪器测试步骤	步骤名称	结果记录
4	现场检测	步骤名称	结果记录

【任务小结】

一、学生自我评估(表6-14)

表6-14

实训项目	涡流检测管件				
小组号		任务号		实训者	
序号	检查项目	分值	要　求	自我评定	
1	任务完成情况	40	按要求按时完成实训任务		
2	实训记录	20	记录规范、完整		
3	实训纪律	20	不在实训场地打闹,无事故发生		
4	团队合作	20	服从组长的任务分工安排,能配合小组其他成员工作		
实训总结: 小组评分:________　组长:________　年　月　日					

二、教师评定反馈(表6-15)

表6-15

实训项目					
小组号		任务号		实训者	
序号	检查项目	分值	要　求	教师评定	
1	资料、设备查阅	20	资料、设备查阅正确、针对性强		
2	操作步骤	20	操作规范正确		
3	效率检查	10	按时完成实训		
4	信息记录	20	记录规范、完整		
5	成果检测	10	成果符合要求		
6	团队合作	20	小组各成员能相互配合,协调工作		
存在问题: 考核教师:________　___年___月___日					

【拓展提高】

案例:在役管件检验时,如何选择合适的工艺参数。

【课后自测】

问答题

1. 管材检测时填充系数的确定?
2. 管材检测时检测频率如何确定?
3. 管材检测时扫查间距如何确定?
4. 对比试样如何制作?
5. 试说明棒材的一般涡流探伤方法。

任务四　涡流检测材质

【任务目标】

1. 熟悉涡流检测材质的方法与步骤;
2. 掌握涡流检测材质的标准;
3. 初步具有操作涡流检测材质的能力。

【任务解析】

1. 工作任务名称:涡流检测材质。
2. 工作任务背景:涡流仪器操作。
3. 完成工作任务要达到的技术标准:标准与规范,涡流检测标准。
4. 完成工作任务所需要的资料:国家标准与规范,船舶行业标准,工厂技术要求。
5. 完成任务的思路,完成任务的技能点和知识点:

(1)完成任务的思路:熟悉涡流检测材质的方法与步骤;掌握涡流检测材质的标准;完成涡流检测材质的操作。

(2)完成任务的技能点和知识点:涡流探伤仪;探头;标准试块;对比试块。

【任务实施】

一、相关理论与知识学习

因材料的电导率是影响检测线圈阻抗的重要因素,故而在涡流检测中,可以据此来评价材料的材质及其他性能。这种评价不会损伤害部件的加工表面,且特别适合现场检测。

1. 材料成分及杂质含量的鉴别

金属的电导率值受其纯度的影响，杂质含量增加电导率就会降低。在铜的生产中，用测定电导率的方法可以估计铜中杂质的含量。例如通过测定电导率可以确定磷铜中磷的含量，而且从提取液态的熔融样品到用涡流电导仪完成电导率的测量只需要很短的时间，充分体现了涡流检测简单、方便、高效的优点。

2. 热处理状态的鉴别

由于相同的材料经过不同的热处理后不仅硬度不同，而且电导率也不同，因而可以用测量电导率的方法来间接评定合金的热处理状态或硬度。例如通过测量电导率可以对沉淀硬化材料（如 Al、Ti、Mg 合金）的硬度变化进行准确的跟踪。用涡流检测也可以评价某些材料的强度。钛合金 Ti6A14V 的强度与电导率之间存在对应关系，通过测定电导率即可评价其强度，为此，涡流检测是保证飞机飞行安全的重要手段。

3. 材料分选

如果混杂材料或零部件的电导率的分布带不相互重合，就可以利用涡流法先测出混料的电导率，再与已知牌号或状态的材料和零部件的电导率相比较，从而将混料区分开。

用测量电导率的方法进行混料分选时应注意：

（1）材料厚度的影响。若材料厚度小于或等于涡流的渗透深度，电导率的测量值就会受厚度变化的影响。一般要求进行混料分选时，材料厚度至少应为涡流渗透深度的 3 倍。

（2）环境温度的影响。温度每变化 1℃，电导率大约变化 0.05×10^{6}s/m。

（3）材料表面状态的影响。表面曲率、粗糙度、涂层厚度和有无缺陷等因素都会对电导率的测定结果产生影响，实际操作时要注意排除这些干扰。

比较而言，磁性材料的磁特性受材料材质变化影响的程度要比电导率大得多。剩磁、矫顽磁力等物理量都与材质的状态相关，受材料的组织成分、热处理状态和力学性能变化的影响。利用这种相关关系，即可根据测得的材料的磁滞回线参量来推断被检材料的热处理状态，进行混料分选。但由于这种方法的物理基础是电磁感应而非感生涡流，因而严格说来，应称其为材质分选的“电磁方法”。某些钢种分选仪就是这种电磁感应式仪器。

二、工作任务训练

（一）训练资料、设备和工具

（1）实训室安全操作规程，探伤标准；

（2）涡流探伤仪器；

（3）斜探头；

（4）检测线圈；

（5）标准试块；

（6）对比试块；

（7）钢直尺。

(二)训练过程

1. 下达工作任务(表6-16)

表6-16

任务名称	涡流检测材质			
任务安排	1. 小组以4~6人组成,每小组推选一名组长与副组长; 2. 组长总体负责本组人员的任务分工,组织协调完成任务; 3. 副组长负责仪器和资料使用及安全管理等事务; 4. 各成员要相互配合、团结合作、各司其职地完成任务。			
任务要求	完成涡流检测材质训练。			
技术要求	1. 熟悉实训室涡流安全操作规程,船舶标准; 2. 熟悉涡流检测材质的过程; 3. 完成涡流检测材质。			
成员组成	小组号		组长	
	副组长		组员	

2. 制定工作计划

1)任务分工(表6-17)

表6-17

小组号			
组长		资料借领与归还者	
资料号			
分 工 安 排			
任务编号	任务内容	任务实施者	结论记录者
1			
2			
3			
4			
5			
6			

2)实施方案设计

(1)实训的步骤:

①将实训任务进行分解编号,由不同的成员承担完成相应的项目;

②记录实训中心相关步骤;

③小组研究讨论;

④填表,完成实训任务。

(2)注意事项与技术要求:

①熟悉国家标准与规范,船舶专业标准;

②仔细分析和认真掌握涡流检测的每个操作过程;

③掌握涡流检测材质的技能。

3. 实施工作计划,并完成如下记录

1)实施工作计划

(1)布置实训任务;

(2)将实训任务进行分解编号;

(3)研究实训任务,查阅涡流探伤国家标准;

(4)实施涡流检测材质;

(5)填表完成实训记录。

2)涡流检测材质记录表(表6-18)

表6-18

任务名称	涡流检测材质	小组号	
组长		组员	
涡流检测材质记录表			
序号	实训内容	实 训 记 录	
1	选择实训参数	实训参数	结果记录
2	安全检测程序	检测项目	结果记录
3	超声波仪器测试步骤	步骤名称	结果记录
4	现场检测	步骤名称	结果记录

【任务小结】

一、学生自我评估(表6-19)

表6-19

实训项目	涡流检测材质				
小组号		任务号		实训者	
序号	检查项目	分值	要求		自我评定
1	任务完成情况	40	按要求按时完成实训任务		
2	实训记录	20	记录规范、完整		
3	实训纪律	20	不在实训场地打闹,无事故发生		
4	团队合作	20	服从组长的任务分工安排,能配合小组其他成员工作		
实训总结: 小组评分:______ 组长:______ ___年___月___日					

二、教师评定反馈(表6-20)

表6-20

实训项目	涡流检测材质				
小组号		任务号		实训者	
序号	检查项目	分值	要求		教师评定
1	资料、设备查阅	20	资料、设备查阅正确、针对性强		
2	操作步骤	20	操作规范正确		
3	效率检查	10	按时完成实训		
4	信息记录	20	记录规范、完整		
5	成果检测	10	成果符合要求		
6	团队合作	20	小组各成员能相互配合,协调工作		
存在问题: 考核教师:______ ___年___月___日					

【拓展提高】

案例:非磁性材料检验时,如何选择合适的工艺参数?

【课后自测】

问答题

1. 材质检测时如何进行电导率的确定?
2. 材质检测时检测的特点是什么?
3. 材质检测时曲面对电导率有何影响?

任务五　涡流检测厚度

【任务目标】

1. 熟悉涡流检测厚度的方法与步骤;
2. 掌握涡流检测厚度的标准;
3. 初步具有操作涡流检测厚度的能力。

【任务解析】

1. 工作任务名称:涡流检测厚度。
2. 工作任务背景:涡流仪器操作。
3. 完成工作任务要达到的技术标准:标准与规范,涡流检测标准。
4. 完成工作任务所需要的资料:国家标准与规范,船舶行业标准,工厂技术要求。
5. 完成任务的思路,完成任务的技能点和知识点:

(1)完成任务的思路:熟悉涡流检测厚度的方法与步骤;掌握涡流检测厚度的标准;完成涡流检测厚度的操作。

(2)完成任务的技能点和知识点:涡流探伤仪;探头;标准试块;对比试块。

【任务实施】

一、相关理论与知识学习

涡流测厚:用涡流方法可以测量金属基体上的覆层以及金属薄板的厚度。

1. 覆层厚度测量

覆层是指覆盖在金属材料表面之上,满足防护、装饰等功能性要求的涂层、镀层或渗层。常见的基体与覆层材料的功能组合有如下几种:

(1)绝缘材料/非磁性金属材料:例如铝合金零件表面的阳极化覆膜、涂层等。

(2)顺(抗)磁性材料/顺磁性材料:如顺磁性材料表面的铜、铬、锌镀层及奥氏体不锈钢表面的渗氮层。

(3)绝缘或顺磁性材料/铁磁性材料:例如钢表面的涂层、镀铬层等。

常用涡流方法测定(1)和(2)两种材料组合的覆膜厚度。第(3)种材料组合的覆膜厚度的测定。更常用电磁感应方法,因为此时材料的磁效应远大于其涡流效应。用涡流法测定覆膜的厚度利用的是探头式线圈的提离效应。

当将探头式线圈靠近被检工件时,线圈阻抗的故变量不仅与材料的电导率、检测频率等因素有关,而且还受线圈至工件表面距离变化的影响:放在非磁性材料表面上的某探头式线圈的阻抗,当检测频率和电导率取定值时,探头至被检材料表面距离变化对线圈阻抗产生的影响,即所谓"提离效应"。若其他检测参数不变、则探头式线圈的阻抗(感应电压)将随材料表面覆膜厚度的不同而变,进而通过线圈阻抗的变化即可很快测得材料表面覆膜的厚度。这一厚度一般在几 μm 至几百 μm 的范围内。在涡流测厚时,提离效应(覆膜厚度效应)是需要检测的变量。而电导率变化和工件太薄都会影响测厚的精度。为了抑制这两种干扰,以适应不同材料(电导率变化)及其厚度的变化,涡流测厚时要使用较高的工作频率(如25MHz)。

涡流测厚仪可用于测量非磁性材料表面各种绝缘膜的厚度,如铝合金的阳极化层、高温合金的珐琅层及各种族层的厚度。对于两种材料组合的导电覆膜,只有当基体与覆膜之间的电导率相差较大时,才有可能利用提离效应测定其厚度。

2. 金属薄板或箔厚度的测量

用涡流法测量金属薄板厚度的设备简单,检测方便。板材厚度越薄,测量精度越高。

用涡流法测量金属薄板的厚度时,检测线圈即可按反射工作方式布置在被检薄板的同一侧,也可按透射工作方式布置在其两侧。但无论哪一种工作方式都是根据在测量线圈上测得的感应电压值来推算金属薄板的厚度。

涡流检测的应用是多方面的。例如用涡流检测方法还可以测定金属轴的径向振动或微小的轴向位移,以及管(体)材的直径和椭圆度等。近年来,涡流检测不断向更广阔的领域扩展,出现了一些非常规的涡流检测新技术,扩大了涡流检测的应用范围。

二、工作任务训练

(一)训练资料、设备和工具

(1)实训室安全操作规程,探伤标准;

(2)涡流探伤仪器;

(3)斜探头;

(4)检测线圈;

(5)标准试块;

(6)对比试块;

(7)钢直尺。

(二)训练过程

1. 下达工作任务(表6-21)

表6-21

<table>
<tr><td>任务名称</td><td colspan="4">涡流检测厚度</td></tr>
<tr><td>任务安排</td><td colspan="4">1. 小组以4~6人组成,每小组推选一名组长与副组长;
2. 组长总体负责本组人员的任务分工,组织协调完成任务;
3. 副组长负责仪器和资料使用及安全管理等事务;
4. 各成员要相互配合、团结合作、各司其职地完成任务。</td></tr>
<tr><td>任务要求</td><td colspan="4">完成涡流检测材质训练。</td></tr>
<tr><td>技术要求</td><td colspan="4">1. 熟悉实训室涡流安全操作规程;船舶标准
2. 熟悉涡流检测厚度的过程;
3. 完成涡流检测厚度。</td></tr>
<tr><td rowspan="2">成员组成</td><td>小组号</td><td colspan="2"></td><td>组长</td></tr>
<tr><td>副组长</td><td></td><td>组员</td><td></td></tr>
</table>

2. 制定工作计划

1)任务分工(表6-22)

表6-22

<table>
<tr><td>小组号</td><td colspan="3"></td></tr>
<tr><td>组长</td><td></td><td>资料借领与归还者</td><td></td></tr>
<tr><td>资料号</td><td colspan="3"></td></tr>
<tr><td colspan="4">分　工　安　排</td></tr>
<tr><td>任务编号</td><td>任务内容</td><td>任务实施者</td><td>结论记录者</td></tr>
<tr><td>1</td><td></td><td></td><td></td></tr>
<tr><td>2</td><td></td><td></td><td></td></tr>
<tr><td>3</td><td></td><td></td><td></td></tr>
<tr><td>4</td><td></td><td></td><td></td></tr>
<tr><td>5</td><td></td><td></td><td></td></tr>
<tr><td>6</td><td></td><td></td><td></td></tr>
</table>

2)实施方案设计

(1)实训的步骤:

①将实训任务进行分解编号,由不同的成员承担完成相应的项目;

②记录实训中心相关步骤;

③小组研究讨论;

④填表,完成实训任务。

(2)注意事项与技术要求:

①熟悉国家标准与规范,船舶专业标准;

②仔细分析和认真掌握涡流检测的每个操作过程;

③掌握涡流检测厚度的技能。

3. 实施工作计划,并完成如下记录

1)实施工作计划

(1)布置实训任务;

(2)将实训任务进行分解编号;

(3)研究实训任务,查阅涡流探伤国家标准;

(4)实施超声波检测厚度;

(5)填表完成实训记录。

2)涡流检测厚度记录表(表6-23)

表6-23

任务名称	涡流检测厚度	小组号	
组长		组员	
涡流检测厚度记录表			
序号	实训内容	实训记录	
1	选择实训参数	实训参数	结果记录
2	安全检测程序	检测项目	结果记录
3	超声波仪器测试步骤	步骤名称	结果记录
4	现场检测	步骤名称	结果记录

【任务小结】

一、学生自我评估(表6-24)

表6-24

实训项目	涡流检测厚度				
小组号		任务号		实训者	
序号	检查项目	分值	要求		自我评定
1	任务完成情况	40	按要求按时完成实训任务		
2	实训记录	20	记录规范、完整		
3	实训纪律	20	不在实训场地打闹,无事故发生		
4	团队合作	20	服从组长的任务分工安排,能配合小组其他成员工作		
实训总结: 小组评分:________　　组长:________　　___年___月___日					

二、教师评定反馈(表6-25)

表6-25

实训项目	涡流检测厚度				
小组号		任务号		实训者	
序号	检查项目	分值	要求		教师评定
1	资料、设备查阅	20	资料、设备查阅正确、针对性强		
2	操作步骤	20	操作规范正确		
3	效率检查	10	按时完成实训		
4	信息记录	20	记录规范、完整		
5	成果检测	10	成果符合要求		
6	团队合作	20	小组各成员能相互配合,协调工作		
存在问题: 考核教师:________　　___年___月___日					

【拓展提高】

案例:非导电材料厚度检验时,如何选择合适的工艺参数?

【课后自测】

问答题

1. 金属厚度检测是如何进行的?
2. 厚度检测时检测的特点是什么?
3. 厚度检测时曲面对电导率的影响如何?
4. 非铁磁性覆层厚度如何进行厚度测量?

参 考 文 献

[1] 王怡之. 中国船级社超声检测技术[M]. 人民交通出版社,2001

[2] 张企耀. 中国船级社射线检测技术[M]. 人民交通出版社,2001

[3] 王钧强. 中国船级社磁粉检测技术[M]. 人民交通出版社,2001

[4] 林猷文. 中国船级社渗透检测技术[M]. 人民交通出版社,2001

[5] 宋崇民,李玉军. 锅炉压力容器无损检测[M]. 黄河水利出版社,2000

[6] 全国锅炉压力容器无损检测人员资格鉴定考核委员会. 射线探伤[M]. 劳动人事出版社,1996

[7] 全国锅炉压力容器无损检测人员资格鉴定考核委员会. 超声波探伤[M]. 劳动安全杂志社,1995

[8] 全国锅炉压力容器无损检测人员资格鉴定考核委员会. 磁粉探伤[M]. 劳动人事出版社,1989

[9] 全国锅炉压力容器无损检测人员资格鉴定考核委员会. 渗透探伤[M]. 劳动人事出版社,1989

[10] 日本无损检测学会. 射线探伤 B[M]. 机械工业出版社,1988

[11] 日本无损检测学会. 超声探伤 B[M]. 吉林科学技术出版社,1985

[12] 郑晖,林树青. 超声检测[M]. 中国劳动社会保障出版社,2008

[13] 强天鹏. 射线检测[M]. 中国劳动社会保障出版社,2007

[14] 叶代平,苏李广. 磁粉检测(国防科技工业无损检测人员资格鉴定与认证培训教材)[M]. 机械工业出版社,2004

[15] 胡学知. 渗透检测[M]. 中国劳动社会保障出版社,2007

[16] 李喜孟. 无损检测[M]. 机械工业出版社,2011

[17] 李家伟. 无损检测手册[M]. 机械工业出版社,2012

[18] 宋天民. 无损检测新技术[M]. 中国石化出版社有限公司,2012